Mathematica でトライ！

試して分かる高校数学

大塚 道明 ＝ 著

現代数学社

まえがき

　本書は，高校から大学初年級レベルの数学を，数式処理ソフト Mathematica によって学ぶ新しいタイプのテキストです．以下のような特徴を持っています．

・試せる数学

　Mathematica を用いれば，簡単な命令で様々な文字計算の結果を出すことができます．また，豊富なグラフィックスの機能を用いて，図形やグラフを描き，数学をいろいろな角度から見ることができます．さらには，アニメーションによって数学が動き出します．そこでは黒板やノートで表現できない，ダイナミックな数学が展開されます．このソフトに触れながら，数学を体験的に学んでゆく流れを作りました．

　本書は数学の内容に重点を置いていますが，Mathematica の操作を繰り返す中で，このソフトに慣れていきます．ソフトに親しむことができれば，数学を試行錯誤して楽しむようになるでしょう．試してナットクし，さらにいろいろな例を試みるという習慣が身につけばしめたもの．それこそが，数学の力を上達させる最強コースです．

・ストーリーのある数学

　よきドラマには，それを支える優れた脚本があります．素直に主人公に感情移入できる設定があり，先のわからない展開があり，作品の余韻にひたれるラストがあります．数学もまた，先人たちが築いてきた壮大なドラマです．

　Mathematica を用いれば，数学を自分で操ることができます．そして，予想もできない結果に出会うこともあります．先が見えると興味がそがれることもあるので，本書では掲載する図を必要最小限に抑えました．次に何がでるのだろうかという楽しみをとってあるのです．重要な事項の多くは Mathematica に命令をして出力させ，その結果を自分で確認するスタイルにしました．

　また，本書では，全体を通じて数学の流れをたどるような構成にしました．最初は関数を中心に学び，それが微分・積分につながる様を見ます．さらに，ベクトル・行列の関連もビジュアルに理解できます．高校数学は，通常，学ぶ単元が何冊かの教科書に分かれていますが，1冊の本で見渡すことにより，大学数学に連なる背景がつかみやすくなるでしょう．

・リズムのある数学

　学習は，リズムが作れると，はかどるものです．本書では，見開き2ページ×2の4ページで各章を構成しました．ちょうどB4版表裏1枚で収まる量です．この中に，各テーマのエッセンスが凝縮されています．各章とも基礎事項解説から始まり，要所にMathematicaやポイントとなる練習問題で確認していく **トライ！** を配置しました．Mathematicaの命令は短くて入力しやすく，かつ効果のあるものに絞りましたので，リズミカルに学習できるはずです．

　また，受験生にも役立つように，多くの章の最後には厳選された入試問題を用意しました．

　それでは，試行錯誤が許される数学の醍醐味を存分に味わってください．

　2003年1月　　　　　　　　　　　　　　　　　　　　　　　　　　　　　　　著者

目　次

まえがき

第 0 章	Mathematica に触れよう　〜基本操作〜	2
第 1 章	式って何？　〜Mathematica の演算〜	6
第 2 章	Plot におまかせ　〜２次関数 (1)〜	10
第 3 章	Plot で探ろう　〜２次関数 (2)〜	14
第 4 章	グラフィックスの入り口　〜図形と式〜	18
第 5 章	回転と波と　〜三角関数〜	22
第 6 章	動から静へ　〜軌跡〜	26
第 7 章	関数を聴く　〜指数関数〜	30
第 8 章	指数を見つめて　〜対数関数〜	34
第 9 章	瞬間をとらえる　〜微分〜	38
第 10 章	数を紡ぐ　〜数列〜	42
第 11 章	組合せの妙味　〜二項定理〜	46
第 12 章	無限の彼方へ　〜数列の極限〜	50
第 13 章	微小和で測る　〜区分求積法〜	54
第 14 章	合流のとき　〜微分積分学の基本定理〜	58
第 15 章	「限りなく」を形に　〜関数の極限〜	62
第 16 章	変化を探る　〜微分の計算〜	66
第 17 章	解のある風景　〜中間値の定理・平均値の定理〜	70
第 18 章	技に理あり　〜不定積分〜	74
第 19 章	力を累積　〜定積分〜	78
第 20 章	求積の広がり　〜積分の応用〜	82
第 21 章	シンプルなベース　〜ベクトル〜	86
第 22 章	縦横無尽　〜行列と連立１次方程式〜	90

第 23 章	空間をつかむ　～3次元ベクトル～	94
第 24 章	行列の作用　～線形変換～	98
第 25 章	変換の特質をさぐる　～固有値・固有ベクトル～	102
第 26 章	i が開く世界　～複素数～	106
第 27 章	無限に展開　～テイラー級数～	110
第 28 章	再帰的構造　～フィボナッチ数列～	114
トライ！	略解と答	118
参考文献		139
あとがき		140

第0章　Mathematicaに触れよう　〜基本操作〜

Mathematicaは，数学の広い世界を旅する時のよきパートナーです．
さりげなくそばにいて，必要な時はいつでも助けてくれる友との最初の出会いを味わってください．

§1．ノートブック

Mathematicaを起動させると，下図のような画面になります．

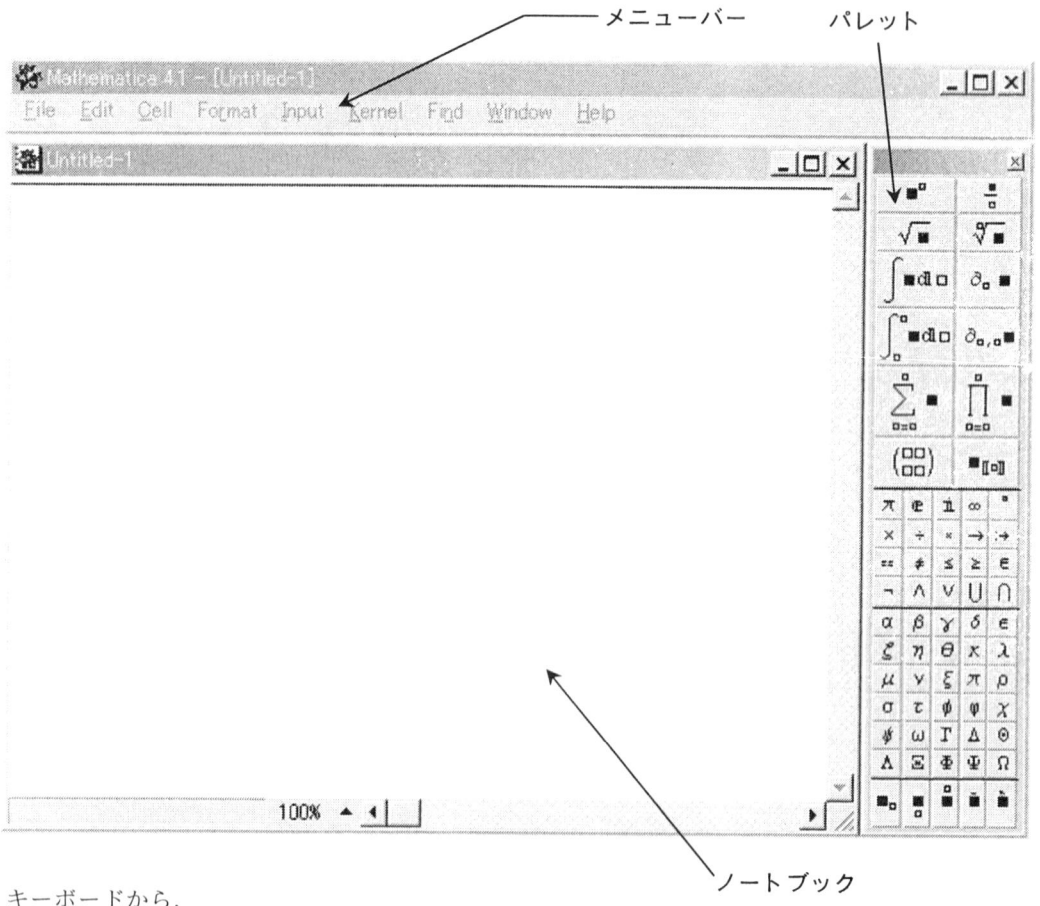

キーボードから，

　　　　2 + 3

と入力してみてください．空白部分に表示されるはずです．この計算を実際にさせるためには，
SHIFT キー を押しながら ENTER キーを押します．結果が現れるまで，最初だけ少し時間がかかるか
もしれません．これは，Mathematicaが，カーネルと呼ばれる計算のプログラムを呼び出すためで
す．実行すると，次のように表示されます．

　　　In[1]:= **2 + 3**

　　　Out[1]= 5

第 0 章　Mathematicaに触れよう

In[1]:= は，こちらが入力したものに対し，コンピュータが勝手に入力番号をふったものです．
Out[1]= は，同じ番号に対応する出力結果を表しています．

入力した式や結果が表示される部分は**ノートブック**とよばれます．あたかも帳面に記入していくかのように，いろいろな数式を書き込み，計算そのものは自動的にしてくれる便利な空間です．本書では，ノートブックに入力する式は，太字で表すことにします．

次に，

2 ^ 3

と入力してみましょう．[SHIFT]+[ENTER]で結果を表示させると，

In[2]:= **2^3**

Out[2]= 8

2 ^ 3 は，2の3乗を表しています．

出力番号が **Out[2]** と，2に変化していることにも注目してください．この番号は，こんなことにも使えます．次を入力してみましょう．

%1 + %2

結果は何を表しているでしょうか．

これは，出力番号1の値と，出力番号2の値を足しているのです．

%1 ／ %2

はどうなるでしょうか．

さて，ノートブックに 2^3 とそのままの形で書きたいのであれば，画面の右にあるパレットを使うとよいでしょう．

[■□] をマウスで押すと，ノートブックに同じような枠が現れます．ここで2を入力すると

$2^□$

となります．2の右上の枠にカーソルを移すには，キーボードの[TAB]キーを押します．移動後に3を入力すれば，2^3 となり，計算することもできます．分数を入力する [□/□] などのパレットも，枠の移動は[TAB]キーで行います．いろいろ試してみるとよいでしょう．

トライ！1　　パレットを使って次の式をノートブックに入力し，計算させましょう．

(1)　3^8　　(2)　$\dfrac{3}{12}$　　(3)　$\dfrac{1}{2}+\dfrac{4}{3}$　　(4)　$\sqrt{18}$　　(5)　$\dfrac{\sqrt{364}}{\sqrt{7}}$

次は，もう少し長い式の入力に挑戦してください．もし間違えても，ワープロと同じように，[←BACKSPACE]キーや[DEL]キーで削除したり，カーソルを移動して挿入したりすることができますのでご安心を．

Plot [x ^ 2, {x, -2, 2}]

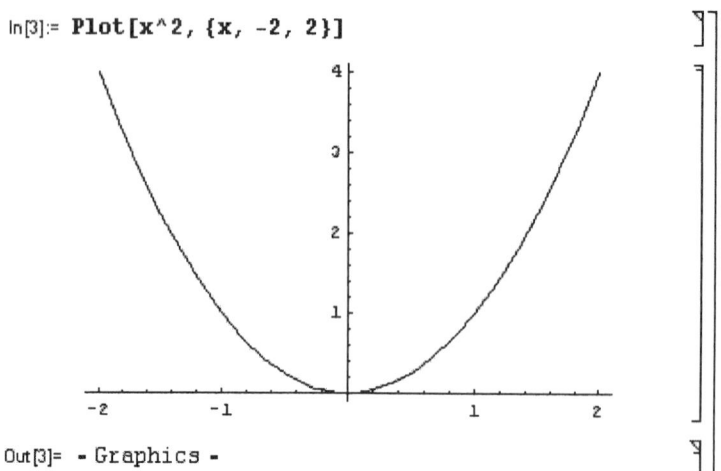

ずいぶん手軽にグラフが書けますね．Mathematica を使うと，数学でいろいろ楽しめそうな気がしてきませんか．

ところで，さっきから横の縦棒が気にかかっているという人がいたら，その人はなかなかの慧眼をお持ちです．この棒は，**セル**という単位を表しています．一番長い縦棒（セル記号）にマウスのカーソルを持っていき，ダブルクリックをしてみましょう．

入力をした行だけ残り，出力の行は畳まれてしまいますね．もう一度外側の矢印をダブルクリックすると，出力部分が現れます．このように，セル記号はノートブックの表示を制御することができます．例えば，先生が問題だけ表示しておき，生徒が自分で解いた後にセルを展開して答えを確認できるような，コースウェアに利用することもできますね．更には，タイトル，サブタイトルなどをつけて，ノートブック全体を本のように構成することすらできるのです．セル記号は，ノートブックの構造をさりげなく示し，いざというときには活躍する，頼りになる相棒です．

さて，もう少しセル記号の便利な使い方を見ておきましょう．
上図で，　**Plot[x^2,{x,-2,2}]** の横にある内側のセル記号をクリックしてください．

      In[3]:= **Plot[x^2, {x, -2, 2}]**

その後，メニューバーの **Edit**(編集)をクリックし，下に出てきたメニューの **Copy**(コピー)を選択してクリックします．この操作により，セルの内容が内部に登録されます．続けて，ノートブックのまだ何も表示されていない下の部分にマウスカーソルをもってゆき，クリックをすると横線が引かれるはずです．ここで，メニューバーの **Edit**(編集)をクリックし，サブメニューの **Paste**(ペースト)をクリックすると，選択したセルの **Plot[x^2,{x,-2,2}]** がコピーできます．この行を編集して，新たな計算をさせることができます．例えば，　**x^2** を **x^3** と変えて，[SHIFT]+[ENTER] を押せば，3次関数のグラフが出力されます．このように，ノートブックではセル単位でのコピー&ペーストができるため，効率的に操作をすることができるのです．

Mathematica を終了するためには，メニューバーの **File**(ファイル) をクリックし，サブメニューの **Exit**(終了)を選びます．ノートブックを最初から作ったときには，ボックスが出てノートブックを保存するかどうか聞いてきますので，保存したい場合は **Save**(保存) を選び，ファイル名をつけ

て保存します．練習しただけだからいいやという場合には，**Don't Save**（保存しない）を選べば，保存せずに終了します．

保存したノートブックを開くには，Mathematicaを起動した後，メニューバーの**File**（ファイル）から**Open**（開く）をクリックし，開きたいファイルを選びます．

また，命令を調べたい場合には，**Help**（ヘルプ）メニューが役に立つでしょう．

§2．Mathematica 入手法

Mathematicaは，Wolfram Research Inc. が開発しています．Mathematicaの産みの親であるStephen Wolfram 氏が起こした会社です．以下がこの会社のホームページです．

http://www.wolfram.com/

また，日本での販売代理店は，以下のページが参考になるでしょう．

http://www.wolfram.co.jp/services/intdealers/japan.html

高校生版（クラスルームパック）など，教育用にまとめて購入した場合は，単体よりかなり安くなっています．

§3．本書でのMathematica

この本では，Windows版のMathematica ver3 および ver4 で動作を確認しました．Mathematicaのごく基本的な命令のみ使用しており，他の環境でも利用できます．また，パレットを使わない環境も考慮し，キーボードのみでほとんど入力できるような構成にしました．命令に慣れると，キーボードの入力による効率の良さは捨てがたい魅力があります．

さて，本書はMathematicaに触れると共に，数学を旅することが目的です．Mathematicaは様々な計算をしてくれますが，数学を身につけるには，やはり自分の体を使うことが大事です．ノートを手元において，手計算をすることも忘れないでください．自ら計算し，式の意味が分かってこそ，Mathematicaの結果も味わいが出てくるのです．時には，Mathematicaの出す結果が本当に正しいのか，自分でよく考えなければならない場面もあります．Mathematicaは優れた道具ですが，万能ではありません．Mathematicaに限らず，コンピュータを用いた学習においては，その結果を検証することがとても重要です．

また，本書の例からそれて，こんな値だったらどうだろう，このように変えてみたらどうだろうと，いろいろ試すことは大いにやってみてください．Mathematicaは，どんな入力にも付き合ってくれるはずです．その体験から，皆さんが自分自身の中に数学を作り上げていくことができれば，本書は役割を果たしたと思います．

それでは，次のページから，Mathematicaを従えて数学に向き合ってください．

第1章 式って何？ ～Mathematicaの演算～

この章ではMathematicaでの初歩的な計算のしかたを見ながら，式とは何であるかを考えてみましょう．

§1．数値計算

  5＋7

と入力して，Shift キーを押しながら Enter キーを押してください．

結果が画面に表れますが，皆さんの方がコンピュータより早く計算できたことと思います．

では，次の問題．

  2^100

Shift と Enter で実行してみましょう．これは，2^{100}の意味です．

今度は多分，皆さんよりコンピュータの方が早く計算できたのではないでしょうか．この ^ のように，計算のための記号を**演算子**といいます．Mathematicaでは，主な演算子を次のように表します．

式	Mathematicaの表現
2＋3	**2＋3**
2－3	**2－3**
2×3	**2*3** あるいは **2 3**
2÷3	**2/3**
2^3	**2^3**
5!	**5!**

これ以降も，Mathematicaで入力するものは太字で表すことにします．

Mathematicaでは，**空白**は積の演算とみなします．例えば，

  2 3 4

と間をあけて実行してみましょう．
文字においても，**ab** と **a b** は，違う意味を持ってきます．**ab** は，"ab"いう名の一つの変数，**a b** は$a\times b$．ところで，

  2/3

は，分数の形で答えが返ってきます．

Mathematicaでは厳密さを優先するので，こちらから要求しない限り，割り算を小数に直しません．値を出すには，

  N[2/3]

とします．**N**は**大文字**でなければなりません．

トライ！1 次の二つの実行結果を比べてみましょう．

  1/3＋2/7
  N[1/3＋2/7]

トライ！2 次はそれぞれどうなりますか．

  Sqrt[2]
  N[Sqrt[2]]

§2．関数

Nは，数値を出す一種の関数です．

Mathematicaでは，組込み関数は必ず大文字で始まり，引数は [ ] でくくります．

また，有効桁数を指定するには，次のような形で表します．

  N[Sqrt[3], 20]

これは，$\sqrt{3}$を20桁分出してくれと言っています．

トライ！3 次はどうなるでしょうか．

  N[Pi, 1000]

ご覧のように，**Pi** は円周率πを表します．また，自然対数の底 e は大文字 **E** で表されます．基本的にMathematicaでは，これら数学上の定数は関数と同様に大文字で始まります．

よく使う関数をあげておきます．

$\sqrt{x}$	**Sqrt[x]**
e^x	**Exp[x]**
$\log x$	**Log[x]**
$\sin x$	**Sin[x]**
$\cos x$	**Cos[x]**
$\tan x$	**Tan[x]**
$|x|$	**Abs[x]**
nの素因数	**FactorInteger[x]**

第1章 式って何？ ～Mathematicaの演算～

トライ！4 どんな結果になるでしょうか．

　　Sqrt[12]
　　Sqrt[−4]
　　FactorInteger[120]

§3．文字計算

　　3x−x+2

と入力してください．Mathematicaは，文字式を簡単な形にします．また，基本的には昇べきの順に結果が出力されます．

　　(a+b)^3/(a+b)

はどうなりますか．

　関数 **Expand[ ]** は，展開を表します．

　　Expand[(x+2y)^10]

で，確認してください．

　Factor[ ] は因数分解の関数です．

　　Factor[x^2−5x+6]

はどうなりますか．他にも様々な式で試してみてください．

　また，$x^2+2x-7=0$ のような方程式を解くために，関数 **Solve[ ]** が用意されています．両辺が等しいことは==で表します．

　　Solve[x^2+2x−7==0, x]

結果は，**代入規則**という形で返されます．

　文字を含んだ方程式を解くこともできます．ただし，解の検証に関しては，人間が行わなければならない部分があります．例えば，

　　Solve[a　x^2+b　x+c==0, x]

でおなじみの解の公式が出力されますが，実際の問題を解くときには $a=0$ の場合について留意しなければなりません．

トライ！5 次の式を展開してみましょう．

(1) $(x+y)^4$
(2) $(a+b+c+d)^2$
(3) $(x+1)(x+2)(x+3)(x+4)$

トライ！6 次の式を筆算で因数分解してみましょう．正解は Mathematica を用いて確認してください．入力の際には，2文字以上の積では間に**空白**を入れることをお忘れなく．

(1) x^3-1　(2) x^4-1
(3) x^5-1　(4) x^6-1
(5) $3x^2+2xy-y^2-7x+5y-6$
(6) $a^2+b^2+bc-ca-2ab$
(7) $a^3+b^3+c^3-3abc$

トライ！7 次のxについての方程式を解いてください．

(1) $3x^2-2x-5=0$
(2) $|x-3|=5$
(3) $x^2-2ax+a^2-b^2=0$
(4) $x^3-3ax^2+(b+2a^2)x-ab=0$

§4．代入と判定

　$a=3$ と書いたとき，皆さんはどうこの意味を捉えますか．これが表す意味は，文脈によって変わってきます．例えば，「$a=3$ とおくと」と書いてあれば，これは変数 a に3を代入すると考えられますし，「答　$a=3$」と書いてあれば，a が3と等しいことを表しています．前者は a に3を当てはめるという能動的な操作ですし，後者は a が3である状態を表すことであり，表記の仕方が同じでも意味が異なってきます．

　Mathematicaでは，この**代入（割り当て）**と**判定**を明確に分けています．

　a に3を代入するには，ごく普通に

　　$a=3$

と入力します．これ以降，a の値が出てくるたびに，この文字を3と見なして計算します．

　　$a+2$

などを入力して確認してください．

　ただし，a を文字のまま扱いたいときには，3に置き換わると困るので，これを解除します．そのためには，

　　Clear[a] または $a=.$

のように入力します．また，変数に文字式などを割り当てることもできます．

トライ！8 次を入力して結果を確認しよう．

　　b=x+y
　　$5b+1$
　　Expand[b^3]

　割り当てが終わったら，**Clear** をお忘れなく．

トライ！9 次を入力して結果を確認しよう．

　　1+2==3
　　1+2==5
　　x+y==z

　上の**トライ！**で分かったことと思いますが，**==**は，両辺が等しいか否かを判定する述語です．**Solve** の中にさりげなく出てきましたね．

等式が成り立つときには **True**（真），成り立たないときには **False**（偽）を返してきます．判定ができない時には，入力された式をそのまま出力します．

§5．関数定義

Mathematica では，**関数の定義**を次のように行います．
$f(x) = x^2$ であれば，

$f[\text{x\_}] := \text{x\^{}2}$

のように，代表となる変数にアンダーバーをつけ，：＝の後に定義式を書きます．

トライ！10 この定義をした後，次の結果はそれぞれどうなりますか．
(1) $f[3]$ (2) $f[a]$ (3) $f[z+1]$
(4) $(f[b]-f[a])/(b-a)$ (5) **Simplify[%]**
(5)の命令は，(4)の結果をより単純な形にします．%は，ひとつ前の出力を表す記号です．

トライ！11 $g[\text{x\_}] := \text{x\^{}3}-1$ と定義したとき，次の結果はそれぞれどうなりますか．
(1) $g[2]$ (2) $g[2a]$ (3) $g[a+b]$
(4) **Factor**$[g[\text{x\^{}2}-\text{y\^{}2}]]$
(5) $g[$**Factor**$[\text{x\^{}2}-\text{y\^{}2}]]$

§6．リスト

$\{a, b, c\}$

のように，{ } で囲まれた形のものを Mathematica では**リスト**とよびます．見た目は単純な形ですね．これも式の一種であり，演算ができます．

$\{1, 2, c\} + \{3, 6, d\} \Rightarrow \{4, 8, c+d\}$
$2\{3, 7, c\} \Rightarrow \{6, 14, 2c\}$
$\{a, b, c\}.\{x, y, z\} \Rightarrow ax+by+cz$

また，リストを変数に代入することもできます．

v1={a, b, x}
v2={$3, a, \text{x}$}
v1+v2 $\Rightarrow \{3+a, a+b, 2\text{x}\}$
v1 v2 $\Rightarrow \{3a, ab, \text{x}^2\}$
v1．v2 $\Rightarrow 3a+ab+\text{x}^2$

2つのリストの間に演算子"．"（ドット）があるとないとでは意味が違ってくるので注意しましょう．ドットがないときは，リストの各成分をかけて新たなリストを作りますが，ドットでリストを結んだ演算の結果は，各成分の積の和になります．これはベクトルの"内積"に相当する演算です．リストがベクトルを表現する手段であることが分かりますね．しかし，リストの役割はそれだけではないのです．

Union[v1, v2] $\Rightarrow \{3, a, b, \text{x}\}$
Intersection[v1, v2] $\Rightarrow \{a, \text{x}\}$

Union[ ] はリストの和集合，**Intersection[ ]** は共通部分を導きます．このように，リストは集合的な扱いもできます．

また，**連立方程式**を解くためには，Solve 関数の引数として等式のリストと求めたい変数のリストを与えます．例えば，

$\begin{cases} x^2+y^2=1 \\ x+3y=1 \end{cases}$

を x, y について解くには，次のように入力します．

Solve[{x^2+y^2==1, x+3y==1},
{x, y}]

リストはシンプルな形ですが，それゆえにこそ，ベクトル・集合・数列など，数学の様々な対象に柔軟に対応する，極めて重要な構造なのです．

トライ！12

v=k{1, 2, 3}

とするとき，

v．v

の値が1となるような **k** の値を求めなさい．Mathematica では，**Solve** により求めることができます．求められた **v** は，何を表しているのでしょうか．

トライ！13

次の連立方程式を x, y について解きなさい．また，(1)が解をもつための条件を述べなさい．

(1) $\begin{cases} ax+by=s \\ cx+dy=t \end{cases}$

(2) $\begin{cases} y=x^2+1 \\ |y-3x|=1 \end{cases}$

§7．グラフィックス

$y=x^2 \; (-3 \leqq x \leqq 3)$ のグラフを書くには，次のように入力するだけです．

Plot[x^2, {x, -3, 3}]

次がどうなるか，予想してください．

Plot[2x-1, {x, -4, 4}]

Plot[x^2−4x, {x, −1, 5}]

複数のグラフを同時に描くには，関数をコンマで区切り，{ } でくくります．

Plot[{x^2, −x^2+4}, {x, −3, 3}]

Mathematicaでは，何も指定しなくとも自動的に座標や目盛りを調整してグラフを描きます．たいへん手軽で便利ですが，こちらで考えたグラフになるとは限りません．思い通りの形にするためには，Plotの命令に**オプション**をつけます．

例えば，縦横の比をそろえるには

Plot[x^2, {x, −3, 3},
AspectRatio−>Automatic]

座標の格子（グリッド）を描くには

Plot[x^2−3x+1, {x, −1, 3},
GridLines−>Automatic]

また，グラフィックスそのものを文字式に"代入"したり，関数定義したりすることもできます．

gf[k_]:=Plot[x^2−k x, {x, −1, 4},
GridLines−>Automatic]

と定義して，

gf[4]

を出力してみましょう．

すでに出力された2つのグラフを重ねて表示するにはShowという命令を使います．（図1）

g1=gf[4]
g2=gf[6]
Show[g1, g2]

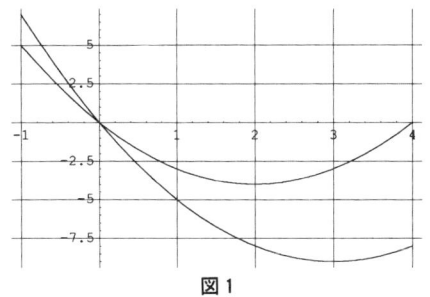

図1

トライ！14

$y=x^2+1$, $y=3x+1$, $y=3x−1$

のグラフを，$−2 \leqq x \leqq 3$の範囲で同一座標上に描きなさい．このグラフと，**トライ！13**(2)にはどのような関係がありますか．

§8．式って何？

Mathematicaでの式は，これまで見てきたように実に多様な形をしています．多項式はもとより，方程式，関数，リスト，グラフィックスなど，いずれも「式」として扱われ，代入や演算ができます．では，そもそも式とは何なのでしょうか．

式は英語でexpression，表現なのです．結婚式，成人式などの「儀式」は文化の表現，ソナタ形式などの「形式」は型にのっとった表現，建築様式，バロック様式，生活様式などの「様式」は歴史的・慣習的に定まった独特な表現です．どの「式」も，その表現を見据えることで学問が生まれます．

数学における式も単に文字や数字を並べたものではなく，そこに意味合いがあるのです．式に向かうときには，それを感じとっていくことが大切です．対象を鑑賞するのは国語や美術に限らず，数学を学ぶ上でも大事なことなのです．

式の意味を汲み取り発展させていくことが数学とも言えます．それを手助けする良きパートナーMathematicaの深みを，次章以降さらに味わっていきましょう．

第2章　Plotにおまかせ　～2次関数(1)～

2次関数は他の関数を理解するよきモデルになります。高校数学の最初に位置づけられているのも，そのためです。Mathematicaで体験的に学ぶと，数学Ⅰで扱われる2次関数も，その先に何があるのかずいぶん見通しがよくなるでしょう。

§1．プロット

関数 $y=x^2$（$-3≦x≦3$）のグラフを書くには，次のように入力します。

$$\text{Plot}[x\verb|^|2, \{x, -3, 3\}]$$

これだけで，Mathematicaは座標を適当に調整してグラフを出力してくれます。この手軽さがMathematicaの魅力のひとつです。

トライ！1　次の関数のグラフは，どのような形になるか予想してください。概形が手書きできたら，Mathematicaでプロットしましょう。
(1) $y=2x-1$　(2) $y=x^2+1$　(3) $y=x^3$
(4) $y=\dfrac{1}{1+x^2}$

Mathematicaでは，描くグラフを細かく調整できるようPlotにオプションをつけることができます。

縦横の比をそろえるには
$$\text{Plot}[x\verb|^|2-4, \{x, -3, 3\},$$
$$\text{AspectRatio}->\text{Automatic}]$$

座標の格子（グリッド）を描くには
$$\text{Plot}[x\verb|^|2-3x+1, \{x, -2, 3\},$$
$$\text{GridLines}->\text{Automatic}]$$

Mathematicaでは，座標軸が原点であるとは限りません。例えば，
$$\text{Plot}[x\verb|^|2+2x+4, \{x, -3, 3\}]$$

では，一瞬原点を通る関数のように見えますが，描かれた軸の交点は原点ではない値です。
$$\text{Plot}[x\verb|^|2+2x+4, \{x, -3, 3\},$$
$$\text{AxesOrigin}->\{0, 0\}]$$

のようにオプションをつければ原点との相対的な位置がわかります。

また，描く範囲を指定する **PlotRange** というオプションもよく用いられます。

トライ！2　次のPlotのオプションでグラフがどのように描かれるか確認してください。
(1) $\text{Plot}[x\verb|^|2-x-1, \{x, -3, 3\}]$
(2) $\text{Plot}[x\verb|^|2-x-1, \{x, -3, 3\},$
　　$\text{AspectRatio}->1]$
(3) $\text{Plot}[x\verb|^|2-x-1, \{x, -3, 3\},$
　　$\text{AspectRatio}->\text{Automatic}]$
(4) $\text{Plot}[x\verb|^|2-x-1, \{x, -3, 3\},$
　　$\text{PlotRange}->\{-2, 2\}]$
(5) $\text{Plot}[x\verb|^|2-x-1, \{x, -3, 3\},$
　　$\text{PlotRange}->\{\{1, 2\}, \{-1, 1\}\}]$

その他のオプションについては，
$$\text{Options}[\text{Plot}]$$
で出力できます。それぞれのオプションの意味は
$$?\,\text{Ticks}$$
のように？の後に名前を入力することで確かめることができます。この方法は命令でも利用できます。試しに
$$?\,\text{Plot}$$
と入力してみましょう。また，
$$?\,\text{Plot*}$$
で，Mathematicaに組み込まれたPlotで始まる名前の一覧が出力されます。

§2．アニメーション

2次関数は，一般に
$$y=ax^2+bx+c \quad (a\neq0)$$
の形で表される関数です。では，右辺の2次式について，係数の値が変わると関数はどのように変化するのでしょうか。このような変化を探るには，Mathematicaのアニメーション機能が便利です。

その準備として，反復を実行する命令Doについて見ておきましょう。
$$\text{Do}[\text{Print}[i\verb|^|2], \{i, 1, 5\}]$$
を実行すると，1，4，9，16，25の5つの数

第 2 章　Plotにおまかせ 〜2次関数 (1)〜

字が出力されます．**Print** は引数の値を表示する命令です．一般に，
　　　　Do[f, {i, $imin$, $imax$}]
により，変数 i が $imin$ から $imax$ に増加するまで繰り返し f を実行します．

トライ！3　次の出力結果を予想してください．
(1)　**Do[Print[2k−1], {k, 1, 5}]**
(2)　**Do[Print[1/m], {m, 3, 6}]**
(3)　**Do[Print[n!], {n, 5}]**
(4)　**Do[Print[x], {x, −1, 3, 0.5}]**

　(3)のように，$imin$ の部分を省略すると，1 から始まります．また，(4)のように，反復の刻み幅を指定することもできます．

　アニメーションは，画像を繰り返し出力することで実現できます．
　　　Do[Plot[a x^2, {x, −3, 3},
　　　　　PlotRange−>{−4, 4}], {a, −3, 3}]
と入力してみましょう．関数 $y=ax^2$ の係数 a の値が −3 から 3 まで変化した 7 枚の画像が出力されるはずです．ノートブックインターフェースを採用している Mathematica では，最初に描かれた画像部分をマウスでダブルクリックすると，出力された複数の画像が順番に描かれ，アニメーションとなるはずです．アニメーションの速度は下部のボタンで調整できます．

トライ！4　関数 $y=x^2+bx$ の b の値によって，関数はどのように変化するでしょうか．
　　　Do[Plot[x^2+b x, {x, −3, 3},
　　　　　PlotRange−>{−4, 4}], {b, −4, 4}]
で確認してみましょう．b の値によって変化しないものは何ですか．また，頂点の描く跡はどんな図形になるでしょうか．
　また，**x^2+b x** の部分を
　　　　　{x^2+b x, b x}
と変えて実行してみましょう．2つのグラフにはどのような関係があるでしょうか．

トライ！5　関数 $y=x^2+c$ の c の値によるアニメーションを作ってみましょう．

　$y=x^n$ について，n の値を増加させたグラフは
　　　Do[Plot[x^n, {x, −2, 2},
　　　　　PlotRange−>{−4, 4},
　　AspectRatio−>Automatic], {n, 1, 10}]
で見ることができます．しかし，実行してみるとしっぽがプルプル震えているようで見にくいですね．これは，$(-1)^n$ が，n の変化によって 1 と −1 に変わるため，$x<0$ の部分が交互に正負となるためです．n を奇数と偶数に限って変化を見れば分かりやすくなります．

トライ！6　上記の $y=x^n$ を描く Mathematica の命令で，**x^n** の部分を **x^(2n)** および **x^(2n−1)** に変えて実行して変化の様子を見ましょう．
　また，n をマイナスの値から始めてみましょう．

　関数 $y=x^n$ において，$y=x^2$ のような n が偶数，すなわち $y=x^{2n}$（n は整数）の形のグラフは y 軸対称であり，この関数は
$$f(-x)=f(x)$$
が成り立ちます．これを満たす関数を一般に**偶関数**とよびます．

　また，$y=x^3$ のような n が奇数，すなわち $y=x^{2n-1}$（n は整数）の形のグラフは原点対称であり，この関数は
$$f(-x)=-f(x)$$
が成り立ちます．これを満たす関数を**奇関数**とよびます．

> 偶関数　$f(-x)=f(x)$　　奇関数　$f(-x)=-f(x)$

§3．頂点と平行移動

　　　Plot[2(x−1)^2−4, {x, −1, 3},
　　　　　GridLines−>Automatic]
でも見られるように，関数 $y=2(x-1)^2-4$ のグラフは，頂点を $(1, -4)$ とする放物線で，$y=2x^2$ のグラフを x 方向に 1，y 軸方向に −4 だけ平行移動した形になります．

　一般に，関数 $y=a(x-p)^2+q$ のグラフは，$y=ax^2$ のグラフを x 方向に p，y 軸方向に q だけ平行移動した放物線で，
　　　頂点 (p, q)　　軸の方程式 $x=p$
となります．さらに一般に，

> 関数 $y=f(x)$ のグラフを x 方向に p，y 軸方向に q だけ平行移動したグラフが表す関数は　　$y-q=f(x-p)$

　これは，次のように示せます．
　$y=f(x)$ のグラフ上の点 (X, Y) を x 方向

に p, y 軸方向に q だけ平行移動して, 点 (x, y) に移ったとします. このとき,

$$X+p=x, \quad Y+q=y$$
$$\therefore \quad X=x-p, \quad Y=y-q$$

点 (X, Y) は $Y=f(X)$ を満たしますから, 上式を代入して

$$y-q=f(x-p)$$

したがって, 点 (x, y) はこのグラフ上を動きます.

$$y=f(x-p)+q$$

の形でもよく利用されます.

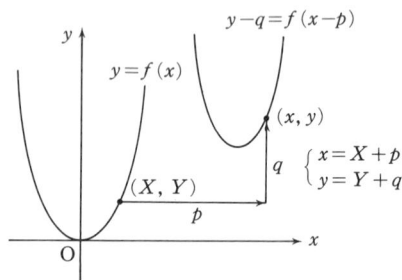

トライ! 7 関数 $f(x)=x^2$ を Mathematica で次のように定義します.

f[x_]:=x^2

このとき,

f[x−1]+3
Expand[%]

で関数の形を確認しましょう. また,

Plot[{f[x], f[x−1]+3}, {x, −3, 3},
  AspectRatio−>Automatic]

で平行移動の結果を見てみましょう.

トライ! 8 関数 $f(x)=x^3$ を x 軸方向に -2, y 軸方向に 3 だけ平行移動したグラフが表す関数を求めなさい. Mathematica でも確認してみましょう.

トライ! 9 関数 $f(x)=\dfrac{1}{1+x^2}$ のグラフを x 軸方向に 3 だけ平行移動した図形の表す関数はどのような式になりますか. また,

g[x_]:=1/(1+x^2)

と定義した後,

Do[Plot[{g[x], g[x−p]}, {x, −5, 5},
  PlotRange−>{0, 1}], {p, 0, 3, 0.25}]

で平行移動の様子を見てみましょう.

他にも様々な関数の平行移動を Mathematica で確認しましょう.

$y=ax^2+bx+c$ は次のように変形できます.

$$y=a\left(x+\frac{b}{2a}\right)^2-\frac{b^2-4ac}{4a}$$

したがって, 2 次関数 $y=ax^2+bx+c$ は

頂点の座標 $\left(-\dfrac{b}{2a}, \ -\dfrac{b^2-4ac}{4a}\right)$

軸の方程式 $x=-\dfrac{b}{2a}$

の放物線をグラフとします.

トライ! 10 次の関数について頂点の座標と軸の方程式を求め, グラフを描きましょう. Mathematica の Plot で, 自ら描いたグラフがあっているか確認しましょう.

(1) $y=x^2-4x+1$ (2) $y=2x^2+8x+8$

(3) $y=-x^2+6x$ (4) $y=\dfrac{1}{2}x^2-3x+4$

§4. 2次関数の決定

トライ! 11 次のグラフとなる 2 次関数を求めてください.

(1) 点 $(2, -3)$ を頂点とし, 点 $(4, 5)$ を通る.
(2) 3 点 $(-1, 0)$, $(2, -3)$, $(3, 4)$ を通る.

筆算でも容易に求まりますが, ここでは他の問題に応用できる Mathematica による解き方を示しておきます.

(1) 点 $(2, -3)$ を頂点とすることより, 求める関数を $f(x)$ とすると, $f(x)=a(x-2)^2-3$ とおけます. Mathematica では,

f[x_]:=a(x−2)^2−3

と定義しておきます. 点 $(4, 5)$ を通ることより, $f(4)=5$ が成り立ちます. Mathematica で解くと **Solve[f[4]==5, a]**

$\{\{a\to 2\}\}$ と解は変換規則の形で結果が出力されます. この結果を反映させるには,

y=f[x]/.%

とします. /. は規則の適用を行います. % はひとつ前の出力を表します. すなわち, a を 2 にするという操作を f[x] に対して行い, それを y に代入するということを行っているのです. そのため, $\{-3+2(-2+x)^2\}$

と結果が示されます. すなわち, $y=2(x-2)^2-3$ が解です.

Plot[y, {x, −1, 5}]

でこのグラフを描くこともできます．
(2) 3点を通る場合，

　　　f[x_]:=a x^2+b x+c

とf[x]を定義します．bとxの間などに空白を入れることをお忘れなく．

座標の代入による連立方程式をSolveにリストの形で与えて解を得ることができます．

　　Solve[{f[-1]==0, f[2]==-3,
　　　　f[3]==4}, {a, b, c}]

解はやはりリストの形で出力されます．

　　　{{a→2, b→-3, c→-5}}
　　　y=f[x]/.%

で $y=2x^2-3x-5$ が代入されます．

　　　g=Plot[y, {x, -2, 4}]

により，描画の結果をgという変数に記憶させることもできます．これを用い，通るべき点もPoint命令で含め，次のように表示させることができます．

　　Show[g, Graphics[{PointSize[0.03],
　　　Point[{-1, 0}], Point[{2, -3}],
　　　Point[{3, 4}]}]]

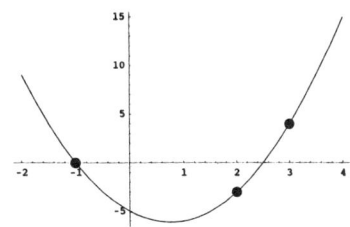

§5. 2次関数の最大値・最小値

2次関数 $f(x)=ax^2+bx+c$ では，x の定義域が実数全体であれば，頂点の y 座標が最大値または最小値になります．

また，定義域が $h\leq x\leq k$ のように定まっている場合は，グラフの端点 $f(h)$，$f(k)$ および頂点の y 座標が最大値または最小値の候補となります．

トライ！12 次の関数について最大値と最小値を求めてください．

(1) $y=x^2-3x+2$　　(2) $y=-2x^2-5x+1$

(3) $y=3x^2-12x+1$ $(-1\leq x\leq 1)$

(4) $y=2(4-x)(2x+3)$ $(-2\leq x\leq 3)$

演習問題

① 頂点の x 座標が1で，2点 $(-1, -5)$，$(2, 1)$ を通る放物線の方程式は

$$y=\square x^2+\square x+\square$$

である． (日本歯科大)

② 関数 $f(x)=x^2+k|x|-k$ の最小値を $m(k)$ とする．

(1) $m(k)$ を k で表せ．

(2) $-5\leq k\leq 5$ における $m(k)$ の最大値と最小値を求めよ． (日本女子大)

（略解）

① Mathematicaによる解法の一例を示します．

f[x_]:=a(x-1)^2+q
Solve[{f[-1]==-5, f[2]==1}, {a, q}]
y=f[x]/.%
Expand[y]

答 $y=-2x^2+4x+1$

② (1) $f(x)=x^2+k|x|-k$

は $f(-x)=f(x)$ を満たしますから，偶関数であり，グラフは y 軸対称になります．最小値は，$x\geq 0$ の部分を調べればよいのです．

$x\geq 0$ において，

$$f(x)=x^2+kx-k=\left(x+\frac{k}{2}\right)^2-\frac{k^2}{4}-k$$

より，

$k\geq 0$ のとき　　$m(k)=f(0)=-k$

$k<0$ のとき　　$m(k)=-\frac{k^2}{4}-k$

(2) $k<0$ では，

$$m(k)=-\frac{k^2}{4}-k=-\frac{1}{4}(k+2)^2+1$$

したがって，$-5\leq k\leq 5$ では $m(k)$ の

　最大値1 $(k=-2)$　　最小値 -5 $(k=5)$

Mathematicaでは

Do[Plot[x^2+k Abs[x]-k, {x, -4, 4},
　　PlotRange->{-5, 5}], {k, -5, 5}]

で k による関数の変化が見られます．

また，

m[k_]:=Which[k>=0, -k,
　　k<0, -k^2/4-k]

として場合分けのある $m(k)$ を定義できます．

Plot[m[k], {k, -5, 5}]

により，最大最小が一目瞭然です．

第3章 Plotで探ろう ～2次関数(2)～

§1．グラフと方程式

関数 $y=x^2-4x+3$ と方程式 $x^2-4x+3=0$ はどんな関係にあるでしょうか．

$x^2-4x+3=0$ の解 $x=1, 3$ は，関数 $y=x^2-4x+3$ のグラフと x 軸との交点の x 座標に現れます．x 軸上では，y の値が 0 となるためです．一般に，方程式 $f(x)=0$ の解は，関数 $y=f(x)$ のグラフと x 軸との共有点の x 座標です．

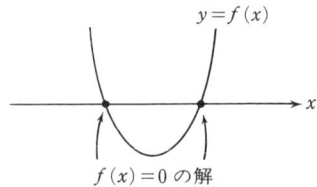

トライ！1 次の関数と x 軸との共有点の x 座標を求めてください．その値を基にして，グラフの概形を描いてみましょう．Mathematica でプロットし，確認してください．

(1) $y=x^2-x-6$ 　(2) $y=2x^2-7x+3$
(3) $y=x^3-4x^2+3x$ 　(4) $y=x^3-2x$
(5) $y=(x-1)(x-2)(x-3)(x-5)$

2次方程式 $ax^2+bx+c=0$ ($a\neq 0$) の解は，
$$x=\frac{-b\pm\sqrt{b^2-4ac}}{2a}$$
で表されます．解の種類は，$\sqrt{\ }$ の中身である
$$D=b^2-4ac$$
によって次のように判断できます．

> $D>0$ のとき　2つの異なる実数解
> $D=0$ のとき　重解（ひとつの解）
> $D<0$ のとき　2つの異なる虚数解

この D を，2次方程式の**判別式**といいます．
$\sqrt{\ }$ の中身がマイナスになった場合には，数直線上に表せない数となるため，実数とは異なる数である**虚数**の存在を定めることが必要になります．ここでは，
$$i=\sqrt{-1}$$
と定めた**虚数単位 i** を用い，
$$\sqrt{-3}=\sqrt{3}\,i$$
のようなルールで表すと述べるにとどめておきます．虚数は第26章で詳しく見ていきます．Mathematica では，虚数単位を **I** で表します．

2次関数 $y=ax^2+bx+c$ においては，$D=b^2-4ac$ は x 軸との位置関係に関わってきます．

$D>0$	$D=0$	$D<0$
x 軸と2点で交わる	x 軸と接する	x 軸と共有点を持たない

上図は $a>0$ で描かれていますが，$a<0$ の場合でも同様に成り立ちます．

トライ！2 次の $f(x)$ について，$y=f(x)$ のグラフと方程式 $f(x)=0$ の解をともに求め，上記の関係を確認してください．

(1) $f(x)=x^2-3x+1$ 　(2) $f(x)=x^2-3x+\frac{9}{4}$
(3) $f(x)=x^2-3x+3$

Mathematica では，関数の定義を
```
f[x_]:=x^2-3x+1
```
と行い，方程式の解およびグラフは
```
Solve[f[x]==0, x]
Plot[f[x], {x, -1, 4}]
```
のように入力して見ることができます．
一般に，次のことがいえます．

> 方程式 $f(x)=0$ の実数解の個数は
> $y=f(x)$ と x 軸との共有点の個数

第3章 Plotで探ろう ～2次関数 (2)～

トライ！3 2次関数 $y=x^2-4x+k$ のグラフと x 軸との共有点の個数は k の値によってどのように変わるか調べましょう．

$x^2-4x+k=0$ の判別式を D とすると，

$D=4^2-4k$ より

$D>0$ すなわち $k<4$ のとき　2個
$D=0$ すなわち $k=4$ のとき　1個
$D<0$ すなわち $k>4$ のとき　共有点はない

これは，方程式 $x^2-4x+k=0$ の実数解の個数に対応しています．

Mathematicaを用いると，次のようなアニメーションによって変化が明瞭に見られます．PlotLabelに続くオプションは，k の値を表示するために付けています．＜＞は文字列を結合する記号です．

```
Do[Plot[x^2-4x+k, {x, -2, 6},
    PlotRange->{-6, 10},
    PlotLabel->"k="<>ToString[k]],
                          {k, 0, 8}]
```

トライ！4 次の x による方程式の実数解の個数は k の値によってどのように変わりますか．

(1) $x^2+6x+2k-1=0$
(2) $kx^2-3x+1=0$

(2)については，$k=0$ のとき1次方程式になるので，その場合を別に求めておく必要があります．$y=kx^2-3x+1$ のグラフの変化を上のMathematicaの文を少し変えてアニメーションでみると，$k=0$ が特異な状態であることがはっきりするでしょう．

```
Do[Plot[k x^2-3x+1, {x, -5, 5},
    PlotRange->{-6, 10},
    PlotLabel->"k="<>ToString [k]],
                          {k, -5, 5}]
```

一般に，2つの関数 $y=f(x)$ と $y=g(x)$ のグラフの共有点は，連立方程式

$$\begin{cases} y=f(x) \\ y=g(x) \end{cases}$$

の解と一致します．
放物線 $y=x^2-2x$ と直線 $y=2x-k$ の共有点は，

$$\begin{cases} y=x^2-2x \\ y=2x-k \end{cases}$$

より，

$x^2-2x=2x-k$ すなわち
$x^2-4x+k=0$ を調べることでわかります．

したがって，**トライ！3**と同様の結果になります．次のアニメーションで確認してみましょう．

```
Do[Plot[{x^2-2x, 2 x-k}, {x, -2, 5},
    PlotRange->{-6, 10},
    PlotLabel->"k="<>ToString[k]],
                          {k, 0, 6}]
```

トライ！5
(1) 放物線 $y=4-x^2$ と直線 $y=2x+k$ との共有点の個数を調べなさい．
(2) 2つの放物線 $y=x^2+3x+6$, $y=-x^2+a$ が接するときの a の値を求めなさい．
(3) 方程式 $|x^2-4x+3|=x+k$ の解の個数を調べなさい．

(3)については，次のアニメーションで様子がつかめるでしょう．

```
Do[Plot[{Abs[x^2-4x+3], x+k},
                       {x, -1, 5},
    PlotRange->{-4, 4},
    AspectRatio->Automatic,
    PlotLabel->"k="<>ToString[k]],
                      {k, -4, 1, 0.25}]
```

§2．グラフと不等式

不等式 $x^2-4x+3>0$ の解は，放物線 $y=x^2-4x+3$ のグラフで，$y>0$ となる部分の x の範囲です．つまり，グラフが x 軸より上の部分となる x の範囲であり，

$x<1$, $3<x$

が解となります．

$x^2-4x+3<0$ は，
x 軸より下の部分となる x の範囲である

$1<x<3$

が解となります．

一般に

不等式 $f(x)>0$ の解は，グラフが x 軸より上方にある x の範囲
不等式 $f(x)<0$ の解は，グラフが x 軸より下方にある x の範囲

トライ！6 次の不等式を解いてみましょう．Mathematicaでグラフをプロットして確認してください．

(1) $x^2+x-6>0$　　(2) $x^2+3x<0$
(3) $2x^2-5x-12<0$　　(4) $x^2-3x-1>0$

(5) $x^3-3x^2+2x>0$ (6) $x^4-5x^2+4<0$
(7) $x^2-2x+1>0$ (8) $9x^2-6x+1\leqq0$
(9) $x^2-4x+5>0$ (10) $3x^2-5x+4<0$

解は，(1) $x<-3, 2<x$ (2) $-3<x<0$
(3) $-\dfrac{3}{2}<x<4$ (4) $x<\dfrac{3-\sqrt{13}}{2}, \dfrac{3+\sqrt{13}}{2}<x$

(5)については，$x(x-1)(x-2)>0$ と左辺が因数分解できますので，$y=x^3-3x^2+2x$ は x 軸上で $x=0, 1, 2$ の点を通るグラフとなり，前後の値から判断して下図のようなグラフになります．x 軸の上方にある範囲を見て $0<x<1, 2<x$

In[1]:= Plot[x^3-3x^2+2x, {x, -1, 3}]

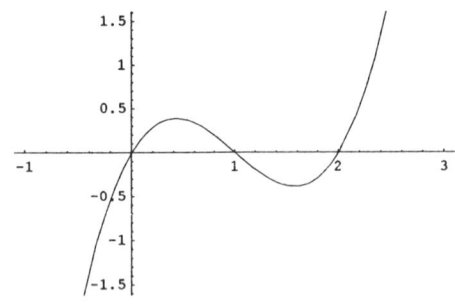

(6) $(x+2)(x+1)(x-1)(x-2)<0$ と因数分解できることよりグラフを描き，x 軸の下方にある範囲から $-2<x<-1, 1<x<2$

(7) $(x-1)^2>0$ より，$x=1$ 以外のすべての実数．

(8) $(3x-1)^2\leqq0$ より，これを満たすのは $x=\dfrac{1}{3}$ のみ．

(9) $y=x^2-4x+5$ のグラフは全体が x 軸の上方に描かれ，したがって，$x^2-4x+5>0$ はすべての実数 x で成り立ちます．

(10) $y=3x^2-5x+4$ のグラフも全体が x 軸の上方に描かれるため，不等式を満たす実数 x は存在しません．

(9), (10)は共に（左辺）$=0$ とした2次方程式の解が虚数解となる場合，すなわち $D<0$ となる場合です．この問題からわかるように，一般に2次式について

> $a \neq 0$ のとき，すべての x で
> $ax^2+bx+c>0 \Rightarrow a>0, D=b^2-4ac<0$

トライ！1 次の不等式がつねに成り立つように，m の値の範囲を定めなさい．
(1) $x^2+mx+2m-3>0$
(2) $(m-1)x^2+4(m-1)x+4>0$

解(1) $D=m^2-4(2m-3)<0$ より，
 $2<m<6$
(2) $m=1$ のとき，不等式は常に成り立つ．
 $m\neq1$ のとき $m-1>0$ かつ
 $D/4=4(m-1)^2-4(m-1)<0$
を解いて $1<m<2$ ゆえに 答 $1\leqq m<2$

Mathematica で m による変化の様子をみておくことをおすすめします．

演習問題

① 2次方程式 $x^2-(a-2)x+\dfrac{a}{2}+5=0$ が $1\leqq x\leqq5$ の範囲に異なる2つの実数解を持つための実数 a の範囲を求めよ．
(同志社大)

② 2次関数 $y=x^2+2kx+k+6$ について，次の各問いに答えよ．
(1) この2次関数のグラフが x 軸と2点で交わる k の範囲を求め，この k に対して $y>0$ となる x の範囲を求めよ．
(2) この2次関数のグラフはどんな k に対してもある定点を通る．この定点の座標 (x_0, y_0) を求めよ．
(茨城大)

（略解）① $f(x)=x^2-(a-2)x+\dfrac{a}{2}+5$ とおく．$1\leqq x\leqq5$ の範囲に異なる2つの実数解を持つための条件は，次の(i), (ii), (iii)である．

(i) $f(x)=0$ の判別式を D とすると，
$$D=(a-2)^2-4\left(\dfrac{a}{2}+5\right)>0$$
よって $a<-2, 8<a$ ……①

(ii) $y=f(x)$ のグラフの軸が $1<x<5$ の範囲にあることより
$$1<\dfrac{a-2}{2}<5 \quad \text{よって} \quad 4<a<12 \quad ……②$$

(iii) $y=f(x)$ のグラフの端点において
$f(1)\geqq0$ より $a\leqq16$ ……③
$f(5)\geqq0$ より $a\leqq\dfrac{80}{9}$ ……④

①，②，③，④より
（答） $8<a\leqq\dfrac{80}{9}$

2次方程式の解の存在範囲に関する問題は，グラフを描いて考察することが重要です．特に

① 判別式 D
② 軸
③ 端点

がチェックポイントです．
```
Do[Plot[x^2-(a-2)x+a/2+5, {x, 0, 7},
    PlotRange->{-6, 8},
    PlotLabel->"a="<>ToString[a]],
                {a, 6, 10, 0.5}]
```
などで a の変化によるグラフの様子からも，解が正しいことが見て取れるでしょう．

② (1) $y = x^2 + 2kx + k + 6$
$\quad = (x+k)^2 - k^2 + k + 6$

このグラフが x 軸と 2 点で交わるためには，
$\quad -k^2 + k + 6 < 0$
$\quad (k+2)(k-3) > 0$
$\quad \underline{k < -2,\ 3 < k}$

このとき，グラフと x 軸との交点の x 座標は
$\quad x^2 + 2kx + k + 6 = 0$ を解いて
$\quad x = -k \pm \sqrt{k^2 - k - 6}$

したがって $y > 0$ となる x の範囲は
$\quad x < -k - \sqrt{k^2 - k - 6},$
$\quad -k + \sqrt{k^2 - k - 6} < x$

(2) $y = x^2 + 2kx + k + 6$ を k について整理すると
$\quad (2x+1)k + x^2 - y + 6 = 0$

これが任意の k で成り立つためには，
$\quad \begin{cases} 2x+1 = 0 \\ x^2 - y + 6 = 0 \end{cases}$
$\quad x = -\dfrac{1}{2},\ y = \dfrac{25}{4}$

よって，求める定点の座標 (x_0, y_0) は
$\quad \underline{\left(-\dfrac{1}{2},\ \dfrac{25}{4}\right)}$

この問題を Mathematica でなぞってみましょう．$y = x^2 + 2kx + k + 6$ の k による変化は，次の命令によりアニメーションで見られます．
```
f[x_]:=x^2+2k x+k+6
Do[Plot[f[x], {x, -6, 6},
        PlotRange->{-6, 10},
    PlotLabel->"k="<>ToString[k]],
    {k, -3, 4, 0.5}]
```
次は
```
Solve[f[x] ==0, x]
```

により，
$\quad \{\{x \to -k - \sqrt{-6 - k + k^2}\},$
$\quad\ \{x \to -k + \sqrt{-6 - k + k^2}\}\}$

のように境界となる式が求まります．
さらに，定点については k についての恒等式を求めることになるので，
```
SolveAlways[y0==f[x0], k]
```
により
$\quad \left\{\left\{y0 \to \dfrac{25}{4},\ x0 \to -\dfrac{1}{2}\right\}\right\}$

と結果が出力されます．
また，
```
gtable=Table[
    Plot[f[x], {x, -4, 4},
PlotRange->{-4, 10}], {k, -3, 3}]
    Show[%]
```
と，プロットしたグラフィックスをリストとして記憶し，Show で表示することで全体を重ねて見ることができ，不動点 (x_0, y_0) が明瞭に示されます．

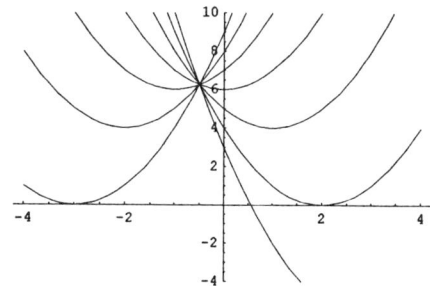

第4章 グラフィックスの入り口　～図形と式～

映画，ゲーム，諸工業に，最近のコンピュータ・グラフィックス（CG）の進歩はめざましく，応用も多方面に広がりつつあります．CGによって表現される動画などの背後では膨大な量の計算がなされています．その根本には座標の処理があります．この章では，CGの入り口でもある平面での図形と式の演習をし，Mathematicaで実際に描きながら理解を深めましょう．

§1．グラフィックスプリミティブ

平面上の座標は (a, b) の形で表されますが，Mathematicaでは，これをリスト $\{a, b\}$ に対応させます．例えば，**Point[{2, 3}]** は，座標 $(2, 3)$ に対応する点を表します．しかし，Mathematicaでこれを入力しただけでは，点を描きません．**Point** などはグラフィックスを表す基本要素であり，**グラフィックスプリミティブ**と呼ばれます．他にも，**Line**，**Circle** などのプリミティブがあります．これらを平面座標上に組み合わせてグラフィックスが描かれます．通常の2次元グラフィックスで描くためには，基本要素を **Graphics[ ]** の形でくくり，実際に表示するためにはさらに **Show** という関数を使います．百聞は一見に如かず，さっそくトライしてみましょう．

トライ！1　次を入力して結果を見て下さい．
(1)　Show[Graphics[Point[{3, 2}]]]
(2)　Show[Graphics[Point [{3, 2}],
　　　Axes->True]]
(3)　Show[Graphics[Line[{{-1, 5}, {3, -4}}],
　　　Axes->True]]
(4)　Show[Graphics[Circle[{0, 0}, 1]]]
(5)　Show[Graphics[Circle[{0, 0}, 1],
　　　AspectRatio->Automatic]]
(6)　Show[Graphics[Circle[{0, 0}, 3],
　　　AspectRatio->Automatic, Axes->True]]
(7)　Show[Graphics[
　　　Polygon[{{0, 0}, {3, 1}, {2, 4}}]]]

線分を引く **Line** や多角形を表す **Polygon** は，座標が複数指定されますので，点のリストが引数になります．リストの中にリストがある構造です．

座標軸を描きたいときには，**Axes**，縦横の比率をそろえたいときには，**AspectRatio** のオプションを設定します．他にも様々なオプションがありますが，興味がある人は

Options[Graphics]

で一覧と初期値が出力されますので，調べてみましょう．

また，2つ以上の図形を出力するには，Graphicsの引数をグラフィックスプリミティブのリストの形にします．

Show[Graphics[
　　{Circle[{1, 0}, 2], Circle[{2, 0}, 3]}]]

トライ！2
(1)　上の図形で，縦横の比率をそろえ，座標軸を書き加えてください．
(2)　半径1の円と，その円に内接する正三角形を描いてください．

トライ！3　グラフィックスプリミティブを組み合わせて，自分の好きな絵を描いてください．

§2．距離と分点

座標平面上の2点 A(x_1, y_1) と B(x_2, y_2) との間の距離は，
$$AB = \sqrt{(x_2-x_1)^2+(y_2-y_1)^2}$$
で求められます．

Mathematicaでは，
　a={x1, y1}；b={x2, y2}；
とリストの形で座標を与えたとき，
　　(b-a).(b-a)
というリストの演算で a，b の示す2点間の距離の2乗が求められます．（セミコロン；で区切ったときには，出力をしない構文となります）

トライ！4　次の2点間の距離を求めて下さい．

(1) (2, 3), (5, 1) (2) (−4, 7), (1, −5)
(3) (0, 0), (2, −4) (4) (c, c^2), (d, d^2)
(5) ($\sqrt{3}-1$, $\sqrt{3}+1$), ($\sqrt{2}-1$, $1-\sqrt{2}$)

　線分 AB 上の点 P が，AB：BP＝$m:n$ をみたすとき，P は線分 AB を $m:n$ に**内分**するといいます。

　内分点の公式は，Mathematica で次のように求められます。

　　a={x1, y1}; b={x2, y2}; p={x, y};
　　Solve[m(b−p)==n(p−a), p]
　　Simplify[%]

結果は，

$$\left\{\left\{x \to \frac{nx1+mx2}{m+n},\ y \to \frac{ny1+my2}{m+n}\right\}\right\}$$

また，線分 AB の延長上の点 Q が AQ：BQ＝$m:n$ をみたすとき，点 Q は AB を $m:n$ に**外分**するといいます。外分は，$m:(-n)$ の比の内分というように，内分点の拡張として捉えることもできます。

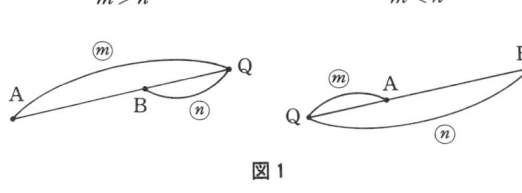

図 1

トライ！5　外分点の公式を求めてください。
トライ！6　A(1, −8)，B(6, 2) を結ぶ線分の，中点 M，3：2 に内分する点 P，3：4 に外分する点 Q をそれぞれ求めてください。

§3．直線の方程式

　方程式 $x+2y-2=0$ をみたす点の集合は，どのような図形を描くでしょうか。このような，$f(x, y)=0$ の形の関数を**陰関数**とよびます。陰関数のグラフを Mathematica で描くには，パッケージを呼び出す必要があり，次のように入力します。(`バッククォーテーションに注意!!　' とは違います)
Needs["Graphics`ImplicitPlot`"]

　読み込んだ後は，ImplicitPlot が使えます。長いコマンド名なので，"Imp" のように途中まで入力して Ctrl キーと k キーを押すと，候補が出てきて便利です。

ImplicitPlot[x＋2y−2＝＝0, {x, −4, 4}]
(等式ですので，Mathematica では＝2つで結ぶことに注意してください)

で，方程式 $x+2y-2=0$ をみたす点の集合が直線であることがわかりますね。この式は，
　$y=-1/2\ x+1$ と変形できますから，傾き $-1/2$，y 切片 1 の直線です。
　一般に，方程式
　$ax+by+c=0$　　($a \neq 0$ または $b \neq 0$)
は，直線を表します。
　また，
ImplicitPlot[y−3＝＝2(x−1), {x, −2, 2}]
は，点 (1, 3) を通り，傾き 2 の直線を描きます。

トライ！7　点 (1, 3) を通り傾き 2 の直線の式が $y-3=2(x-1)$ となる理由を説明しなさい。
　一般に，点 (x_1, y_1) を通り，傾き m の直線の方程式は，
　　$y-y_1=m(x-x_1)$
と表されます。
　また，2 直線 $y=m_1 x+n_1$，$y=m_2 x+n_2$ について，次のことが成り立ちます。
　平行⇔$m_1=m_2$　　垂直⇔$m_1 m_2=-1$

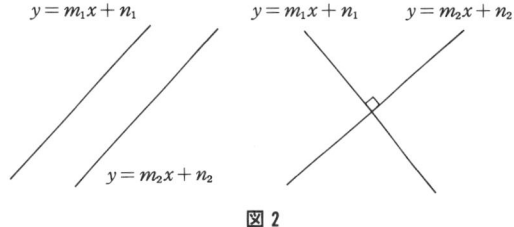

図 2

トライ！8　次の直線の方程式を求めなさい。
(1)　2 点 (−3, 5)，(3, 7) を通る
(2)　点 (3, 1) を通り，直線 $y=2x+4$ に平行
(3)　点 (−2, 5) を通り，直線 $y=3x$ に垂直
(4)　(−5, −3) を通り，直線 $3x+5y=1$ に平行
(5)　(3, −2)，(−5, 8) の垂直二等分線

トライ！9　点 P(x_1, y_1) と直線 $l: ax+by+c=0$ の距離を次の手順で求めてください。
(1)　原点 O を通り，直線 l に垂直な直線の方程式を求めなさい。
(2)　(1)で求めた直線と l との交点 H を求めなさ

(3) 原点 O と l との距離 OH を求めなさい．

(4) 点 P と l を x 軸方向に $-x_1$，y 軸方向に $-y_1$ だけ平行移動すると，点 P は原点に，l は直線 $a(x+x_1)+b(y+y_1)+c=0$，すなわち
$$ax+by+(ax_1+by_1+c)=0$$
となります．これを(3)に適用して，次の**点と直線の距離の公式**を求めてください．

点 $P(x_1, y_1)$ と，直線 $l: ax+by+c=0$ との距離を d とすると，
$$d=\frac{|ax_1+by_1+c|}{\sqrt{a^2+b^2}}$$

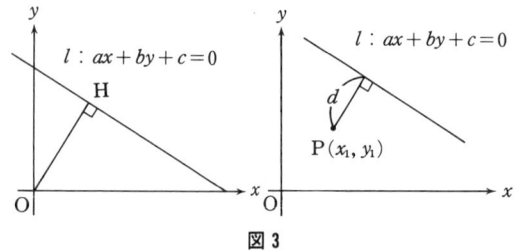

図3

§4．円の方程式

円は，「定点から等距離にある点の集合」と定義できます．

中心 $C(a, b)$，半径 r の円上の点 $P(x, y)$ は，$CP=r$ をみたしますから，
$$\sqrt{(x-a)^2+(y-b)^2}=r$$
両辺を2乗して，次の円の方程式を得ます．
$$(x-a)^2+(y-b)^2=r^2$$
また，これを展開した次の形の式も円の方程式となります．
$$x^2+y^2+lx+my+n=0$$
ただし，$l^2+m^2-4n>0$

トライ！10

(1) ImplicitPlot をグラフィックスのパッケージで読み込んだ後，次のコマンドでグラフを描いてみましょう．半径はいくつですか．
ImplicitPlot[(x−1)^2+(y−1)^2==2, {x, −1, 3}]

(2) 平方完成を用いて，次の円の中心と半径を求めて下さい．Mathematica で描いて確認してください．
$$x^2+y^2+2x-6y-6=0$$

(3) 3点 $(1, 3)$，$(4, 2)$，$(5, -5)$ を通る円の方程式を求めなさい．

関数 $y=x+1$ など，$y=f(x)$ の形の関数は，Plot を用いて
g1=Plot[x+1, {x, −4, 4},
　　AspectRatio−>Automatic]
で表示ができました．
また，原点中心，半径 $\sqrt{5}$ の円は，
g2=Show[Graphics[Circle[{0, 0},
　　　　　Sqrt[5]]]]
で描けます．これらを同時に描くこともできます．
Show[{g1, g2}]
これらの交点は，円と直線を表す方程式の連立方程式を解くことで求められます．
$$\begin{cases} x^2+y^2=5 \\ y=x+1 \end{cases}$$
を解いてみましょう．Mathematica では，
sol=Solve[{x^2+y^2==5, y==x+1},
　　　　　{x, y}]
で解くことができます．これを
p=Point[{x, y}]/.sol
と Point 関数のリストに取り込み，
g3=Show[Graphics[
　　　{PointSize[0.03], p}]]
とすれば，点の表示ができます．さらに
Show[g1, g2, g3]
により，求めた点が交点になっていることが確認できます．

演習問題

1 a を正の実数とする．座標平面上に3点 A(4, 0)，B(−1, 0)，C(0, −2) をとり，
$$AP^2+BP^2-CP^2=a$$
を満たす点 P の表す図形 K を考える．

(1) K は中心（ア，イ），半径 $\sqrt{ウ}$ の円である．

(2) 点 C が円 K の内部にあるのは $a > $ エオ のときである．

(3) $AQ=BQ=CQ$ を満たす点 Q の座標は $\left(\dfrac{カ}{キ}, ク\right)$ であり，円 K が Q を通るのは

第4章 グラフィックスの入り口 〜図形と式〜

$a = \dfrac{\boxed{ケコ}}{\boxed{サ}}$ のときである.

(4) $a=16$ とする. 点Cと K 上の点 P との距離が最小になるのは P の座標が

$\left(\dfrac{\boxed{シ}}{\boxed{ス}}, \dfrac{\boxed{セソ}}{\boxed{タ}} \right)$ のときである.

（大学入試センター試験）

② 放物線 $y = -x^2 + x + 2$ 上の点 P と, 直線 $y = -2x + 6$ 上の点との距離は, P の座標が□のとき, 最小値□をとる.

（芝浦工大）

③ 直線 $l : 2x + py - 3q = 0$ において, 実数 p, q が $3p - q + 2 = 0$ なる関係をみたしながら変化する. 次の問いに答えよ.
(1) この直線は, かならず定点（Pとする）を通ることを示せ.
(2) 2点 O$(0, 0)$, Q$(-1, 2)$ と定点 P の 3 点を通る円 C の方程式を求めよ.
(3) 直線 l が定点 P で円 C に接するとき, p, q の値を求めよ.
(4) 円 C の内部に周を含めた領域の点 (x, y) で, $x + 2y$ のとり得る値の範囲を求めよ.

（早稲田大）

（略解）

① (1) P(x, y) とおくと,
$AP^2 + BP^2 - CP^2 = a$ より
$(x-4)^2 + y^2 + (x+1)^2 + y^2 - x^2 - (y+2)^2 = a$
$(x-3)^2 + (y-2)^2 = a$
したがって, 中心 $(3, 2)$, 半径 $\sqrt{a}$ の円.

(2) K の中心を D$(3, 2)$ とすると, 点 C が円 K の内部にあるためには,
$CD^2 = 3^2 + 4^2 = 25$ より, $a > 25$

(3) Q(x, y) とすると, AQ = BQ より, Q は線分 AB の垂直二等分線上にあるので,
$x = \dfrac{4 + (-1)}{2} = \dfrac{3}{2}$ ……①
線分 AC の垂直二等分線は
$y + 1 = -2(x - 2)$ ……②
①, ②より $y = 0$　　Q$\left(\dfrac{3}{2}, 0 \right)$
円 K が Q を通るとき,
$a = QD^2 = \left(3 - \dfrac{3}{2} \right)^2 + 2^2 = \dfrac{25}{4}$

(4) 点 C と K 上の点 P との距離が最小になるのは, 点 P が線分 CD 上にくるときである. CD = 5, 円の半径 4 より, 点 P は線分 CD を 1 : 4 に内分する点であり,

$P\left(\dfrac{4 \cdot 0 + 1 \cdot 3}{5}, \dfrac{4 \cdot (-2) + 1 \cdot 2}{5} \right)$

すなわち $P\left(\dfrac{3}{5}, -\dfrac{6}{5} \right)$

② $P(t, -t^2 + t + 2)$ とおく. 点 P と直線 $y = -2x + 6$ すなわち $2x + y - 6 = 0$ との距離 d は,

$d = \dfrac{|2t + (-t^2 + t + 2) - 6|}{\sqrt{2^2 + 1^2}}$
$= \dfrac{\sqrt{5}}{5} \left| \left(t - \dfrac{3}{2} \right)^2 + \dfrac{7}{4} \right|$

したがって d は $t = \dfrac{3}{2}$ のとき最小値 $\dfrac{7\sqrt{5}}{20}$ をとる. $P\left(\dfrac{3}{2}, \dfrac{5}{4} \right)$, 最小値 $\dfrac{7\sqrt{5}}{20}$

③ (1) $3p - q + 2 = 0$ すなわち $q = 3p + 2$ より,
$l : 2x + py - 3(3p + 2) = 0$
$p(y - 9) + (2x - 6) = 0$
これが任意の実数 p で成り立つためには,
$y - 9 = 0$, $2x - 6 = 0$ よって定点 P$(3, 9)$ を通る.

(2) $C : x^2 + y^2 + ax + by + c = 0$ とおく. 3 点 $(0, 0)$, $(-1, 2)$, $(3, 9)$ を通ることより
$\begin{cases} c = 0 \\ 1 + 4 - a + 2b + c = 0 \\ 9 + 81 + 3a + 9b + c = 0 \end{cases}$ より
$a = -9$, $b = -7$ したがって
$C : x^2 + y^2 - 9x - 7y = 0$

(3) 円 $C : \left(x - \dfrac{9}{2} \right)^2 + \left(y - \dfrac{7}{2} \right)^2 = \dfrac{130}{4}$
の中心を R$(9/2, 7/2)$ とおくと, 求める直線は PR に垂直であり,

$-\dfrac{11}{3} \cdot \left(-\dfrac{2}{p} \right) = -1$ ∴ $p = -\dfrac{22}{3}$
$q = 3p + 2 = -20$

(4) 直線 $x + 2y = k$ と円 C の中心との距離が, 半径以下であればよいので,

$\dfrac{\left| \dfrac{9}{2} + 2 \cdot \dfrac{7}{2} - k \right|}{\sqrt{1^2 + 2^2}} \leq \dfrac{\sqrt{130}}{2}$

∴ $\dfrac{23 - 5\sqrt{26}}{2} \leq x + 2y \leq \dfrac{23 + 5\sqrt{26}}{2}$

第5章　回転と波と　～三角関数～

ものが動くとき，そのおおもとには，多くの場合回転があります。粒子は軌道を周ってエネルギーの変化を生じさせ，それが光や電気や磁気のもとになります。天体には自転と公転があり，宇宙の変化はそれら個々の運動の総和と関わっています。

森羅万象の動きの基本となる"回転"という運動は，数式ではsinとcosという2つの関数で記述されます。

§1．角度について

中学までの数学では，1回転を360等分した**度数法**という単位を用いていました。しかし，360という値を基準にすることは，多くの整数で割り切れるという以外に特にメリットはありません。逆にその中途半端な値が計算を複雑にする場面が多々あります。そこで，新たな単位を導入します。

半径 r の円で，半径に等しい長さの円弧に対する中心角の大きさを**1ラジアン**または**1弧度**と定めます。この単位による角度の測り方を**弧度法**といいます。

半径1の円で考えるとわかりやすいでしょう。半周分の弧の長さは π ですから

$$180° = \pi (ラジアン)$$

となります。

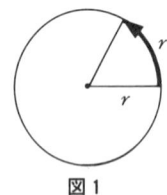

図1

トライ！1　次の度数法の値を弧度法で表しなさい。
(1) 30°　(2) 45°　(3) 120°　(4) 270°

回転には向きがあります。平面上では，時計の針の回転と逆の向きを正の向き，時計の針の回転と同じ向きを負の向きとします。

平面上で，点Oを中心として回転する半直線OPを考えます。このOPを**動径**といいます。その最初の位置を**始線**といいます。

動径が正の向きに回転したとき角度をプラス，負の向きに回転したときマイナスの値で表現します。また，正の向きに1回転と60°回転したとき，

度数法では　　$360° + 60° = 420°$

弧度法では　　$2\pi + \dfrac{\pi}{3} = \dfrac{7}{3}\pi$

と表せます。このように，拡張した角を**一般角**といいます。

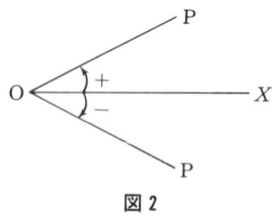

図2

§2．回転を司る関数

平面上で，原点を中心とする半径1の円を**単位円**といいます。x 軸の正の部分から正の向きへ角度 θ 回転した動径が単位円と交わる点を $P(x, y)$ としたとき，

$$x = \cos\theta, \quad y = \sin\theta$$

と定めます。また，

$$\dfrac{y}{x} = \tan\theta$$

とします。これら角 θ の関数
$\sin\theta$（サイン），$\cos\theta$（コサイン），$\tan\theta$（タン

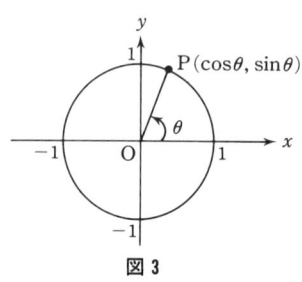

図3

第 5 章　回転と波と　〜三角関数〜

ジェント）を，**三角関数**といいます。

例えば，$\theta = 150°$ のとき，単位円上では，$P\left(-\frac{\sqrt{3}}{2}, \frac{1}{2}\right)$ より，

$\sin 150° = \frac{1}{2}$，$\cos 150° = -\frac{\sqrt{3}}{2}$，

$\tan 150° = -\frac{1}{\sqrt{3}}$

となります。弧度法を用いて，

$\sin \frac{5}{6}\pi = \frac{1}{2}$

のようにも表現されます。

Mathematica では，三角関数で用いる角度の単位は標準ではラジアンです。Mathematica で sin, cos, tan を表す関数は，最初の文字を大文字にした，**Sin, Cos, Tan** です。例えば，

Sin[Pi/3]

と入力すると，$\frac{\sqrt{3}}{2}$ が出力されます。

また，度数法を引数にしたい場合には，**Degree** という変換係数を付けます。

Cos[45 Degree]

は cos45°の値を出力します。

トライ！2　次の角度に対する sin, cos, tan の値を求めなさい。求められたら，Mathematica で確認しましょう。

(1) 135°　(2) −60°　(3) 90°　(4) 1305°

(5) π　(6) $-\frac{\pi}{6}$　(7) $\frac{3}{2}\pi$　(8) $\frac{21}{4}\pi$

次に Mathematica で sin, cos の振る舞いを確認しておきたいのですが，その準備として色を出す関数を紹介しておきます。

Hue[h]

は，$0 \leq h \leq 1$ の数値 h に対応した色調を指示する関数です。まずは次を入力して，h に対する色の変化を見て下さい。

Show[Graphics[Table[
　　　{Hue[i/20], Rectangle[{i, 0},
　　　　　{i+1, 1}]}, {i, 0, 20}]]]

鮮やかな色の帯が浮かび上がりましたね。帯の左から右に h が 0 から 1 まで推移しています。

他にも，Hue で色の濃淡や明暗をコントロールできますので，調べてみましょう。

さて，$\sin\theta$ は単位円上での y 座標に対応しました。そこで円周上での点の動きを y 軸上に投影すると，sin の動きが明瞭になります。それを実現する Mathematica のアニメーションを次に示します。

```
Do[x=Cos[t]; y=Sin[t];
  Show[Graphics[
    {Circle[{0, 0}, 1], PointSize[0.03],
    {Hue[0.6], Point[{x, y}]},
    {Hue[0], Point[{0, y}]},
    Line[{{0, 0}, {x, y}}]},
    PlotRange->{{-1.2, 1.2},
                {-1.2, 1.2}},
    Axes->True, Ticks->None,
    AspectRatio->Automatic]
  ], {t, 0, 2Pi, Pi/6}]
```

y 軸上を動く赤い点の動きは，**単振動**ともよばれます。

トライ！3　上の命令を，cos の変化が描かれるように変更してください。

トライ！4　1 行目の $y = \mathrm{Sin}[t]$ を，$y = 0.5*\mathrm{Sin}[t]$ に変えてみましょう。青い点はどんな図形を描いていますか。他にも，$\mathrm{Cos}[t]$, $\mathrm{Sin}[t]$ にかける値を変更し考察してください。その際，**PlotRange** の範囲を適宜変えましょう。

横軸に角度 θ をとった $y = \sin\theta$ のグラフは，**サインカーブ**とよばれます。回転から波が生じることがわかりますね。

Plot[Sin[t], {t, −2Pi, 2Pi}]

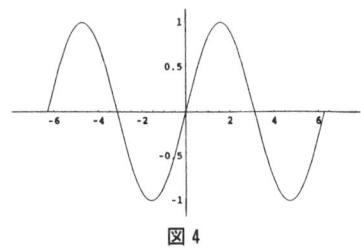

図 4

この関数は，2π ごとに同じ値をとります。一般に，常に

$f(x+p) = f(p)$

を満たす関数 $f(x)$ を，p を周期とする**周期関数**といいます。$y = \sin\theta$ は周期 2π の周期関数です。

$y = \sin 2\theta$ のグラフは，角度 θ の動きに対して，回転の速さが 2 倍になると捉えられます。そのため，周期は半分の π になります。

Plot[Sin[2 t], {t, −2Pi, 2Pi}]

を実行してみましょう．

$y=\sin\left(x-\dfrac{\pi}{3}\right)$ のグラフは，$y=\sin x$ のグラフを x 軸方向に $\pi/3$ だけ平行移動したサインカーブです．

  Plot[Sin[x-Pi/3], {x, -2Pi, 2Pi}]

で確認してください．

トライ！5　次の関数のグラフを紙に描きなさい．描けたら，Mathematica で確認しましょう．

(1)　$y=\cos x$　(2)　$y=\tan x$　(3)　$y=2\sin x$

(4)　$y=\cos\left(x-\dfrac{\pi}{6}\right)$　(5)　$y=3\sin\dfrac{x}{2}$

(6)　$y=\sin\left(3x+\dfrac{\pi}{4}\right)$　(7)　$y=\tan(\pi-2x)$

トライ！6　2次関数と三角関数の和

$$y=x^2+\sin kx$$

が k の値によってどう変化するか予測してください．Mathematica の命令で確認してみましょう．

  Do[Plot[x^2+Sin[k x], {x, -3, 3},
  PlotRange->{-1, 5}], {k, 0, 6, 1/3}]

§3．三角関数の諸公式

三角関数を扱う上での基本となる事項をまとめておきます．まず，三角関数の値域は，

$$-1\leqq\sin\theta\leqq1,\quad -1\leqq\cos\theta\leqq1$$

であり，この制限は重要です．また，$\tan\theta$ は任意の実数値をとりえます．

単位円の方程式 $x^2+y^2=1$ および定義から，直ちに次の公式が導かれます．

$$\sin^2\theta+\cos^2\theta=1,\quad \tan\theta=\dfrac{\sin\theta}{\cos\theta}$$

$$1+\tan^2\theta=\dfrac{1}{\cos^2\theta}$$

また，角度に関して，単位円を用いて

$$\sin(-\theta)=-\sin\theta,\ \cos(-\theta)=\cos\theta$$
$$\tan(-\theta)=-\tan\theta$$

が示されます．

トライ！7　単位円を用いて，次の公式を証明しましょう．

$$\begin{cases}\sin(\theta+90°)=\cos\theta\\ \cos(\theta+90°)=-\sin\theta\\ \tan(\theta+90°)=-\dfrac{1}{\tan\theta}\end{cases} \begin{cases}\sin(90°-\theta)=\cos\theta\\ \cos(90°-\theta)=\sin\theta\\ \tan(90°-\theta)=\dfrac{1}{\tan\theta}\end{cases}$$

$$\begin{cases}\sin(\theta+180°)=-\sin\theta\\ \cos(\theta+180°)=-\cos\theta\\ \tan(\theta+180°)=\tan\theta\end{cases} \begin{cases}\sin(180°-\theta)=\sin\theta\\ \cos(180°-\theta)=-\cos\theta\\ \tan(180°-\theta)=-\tan\theta\end{cases}$$

最も重要な公式のひとつに，次の加法定理があります．

$$\sin(\alpha+\beta)=\sin\alpha\cos\beta+\cos\alpha\sin\beta$$
$$\sin(\alpha-\beta)=\sin\alpha\cos\beta-\cos\alpha\sin\beta$$
$$\cos(\alpha+\beta)=\cos\alpha\cos\beta-\sin\alpha\sin\beta$$
$$\cos(\alpha-\beta)=\cos\alpha\cos\beta+\sin\alpha\sin\beta$$

トライ！8　下の図で，PQ=AR であることより，$\cos(\alpha-\beta)=\cos\alpha\cos\beta+\sin\alpha\sin\beta$ を証明しなさい．また，これを元に角度の公式を利用して他の加法定理の公式を導きなさい．

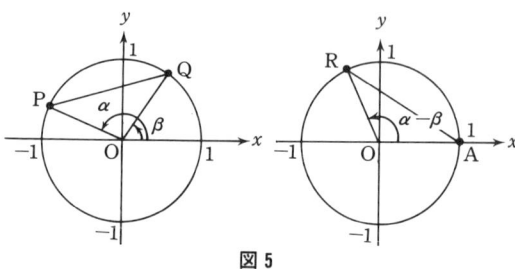

図5

トライ！9　sin, cos の加法定理を元に

$$\tan(\alpha+\beta)=\dfrac{\tan\alpha+\tan\beta}{1-\tan\alpha\tan\beta}$$

を導きなさい．また，$\tan(\alpha-\beta)$ の公式も求めなさい．

トライ！10　加法定理で，$\beta=\alpha$ とおいて，次の2倍角の公式を導きなさい．

$$\sin 2\alpha=2\sin\alpha\cos\alpha$$
$$\cos 2\alpha=\cos^2\alpha-\sin^2\alpha$$
$$=2\cos^2\alpha-1=1-2\sin^2\alpha$$
$$\tan 2\alpha=\dfrac{2\tan\alpha}{1-\tan^2\alpha}$$

トライ！11　2倍角の公式で，α を $\dfrac{\alpha}{2}$ におき換え，次の半角公式を導きなさい．

$$\sin^2\dfrac{\alpha}{2}=\dfrac{1-\cos\alpha}{2},\ \cos^2\dfrac{\alpha}{2}=\dfrac{1+\cos\alpha}{2}$$

$$\tan^2\dfrac{\alpha}{2}=\dfrac{1-\cos\alpha}{1+\cos\alpha}$$

さて，次の命令を入力して，$y=\sin\theta+\cos\theta$ のグラフを見てください．

  Plot[{Sin[t], Cos[t], Sin[t]+Cos[t]},
  {t, -2Pi, 2Pi}]

2つの波の和が，より大きな波となっているこ

第 5 章 回転と波と ～三角関数～

とがわかりますね．波の高さは $y=\sin\theta$ のグラフの $\sqrt{2}$ 倍，位置は x 軸方向に $-45°$ ずれています．つまり，
$$\sin\theta+\cos\theta=\sqrt{2}\sin(\theta+45°)$$
と変形できます．一般に，
$$a\sin\theta+b\cos\theta=\sqrt{a^2+b^2}\sin(\theta+\alpha)$$
ここで，α は
$$\sin\alpha=\frac{b}{\sqrt{a^2+b^2}},\quad \cos\alpha=\frac{a}{\sqrt{a^2+b^2}}$$
をみたします．

トライ！12 下図で，OP$=r$ とすると，
$$r=\sqrt{a^2+b^2},\quad a=r\cos\alpha,\quad b=r\sin\alpha$$
です．これと加法定理より，上の公式を導きなさい．

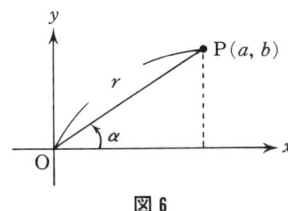

図 6

演習問題

a, b は $a>b>0$ をみたす定数，θ は $0\leq\theta\leq\pi$ をみたす変数のとき，関数
$$f(\theta)=\sqrt{a\cos^2\theta+b\sin^2\theta}+\sqrt{a\sin^2\theta+b\cos^2\theta}$$
の最大値は □ で，そのときの θ の値は小さい順に並べれば $\theta=$ □ π, $\theta=$ □ π である．また $f(\theta)$ の最小値は □ で，そのときの θ の値は小さい順に並べれば $\theta=$ □ π, $\theta=$ □ π, $\theta=$ □ π である．　　　(東京理科大)

（略解）
$$\{f(\theta)\}^2=(a+b)(\cos^2\theta+\sin^2\theta)+2\sqrt{(a^2+b^2)\sin^2\theta\cos^2\theta+ab(\sin^4\theta+\cos^4\theta)}$$
ここで，
$$\sin^4\theta+\cos^4\theta=(\sin^2\theta+\cos^2\theta)^2-2\sin^2\theta\cos^2\theta$$
$$=1-2\sin^2\theta\cos^2\theta$$
$2\sin\theta\cos\theta=\sin 2\theta$ より，
$$\{f(\theta)\}^2=a+b+2\sqrt{(a-b)^2\sin^2\theta\cos^2\theta+ab}$$
$$=a+b+\sqrt{(a-b)^2\sin^2 2\theta+4ab}$$

$0\leq\theta\leq\pi$ より，$0\leq 2\theta\leq 2\pi$

$\sin^2 2\theta=1$ すなわち $\theta=\dfrac{1}{4}\pi,\ \dfrac{3}{4}\pi$ のとき
$f(\theta)$ は最大値 $\sqrt{2(a+b)}$

$\sin^2 2\theta=0$ すなわち $\theta=0,\ \dfrac{\pi}{2},\ \pi$ のとき
$f(\theta)$ は最小値 $\sqrt{a}+\sqrt{b}$

この問題を図形的に捉えてみます．一般に P$(a\cos\theta,\ b\sin\theta)$ の描く図形は，単位円を x 軸方向に a 倍，y 軸方向に b 倍拡大縮小した楕円になります．（**トライ！4** が参考になるでしょう）したがって，この問題の $f(\theta)$ は，単位円を x 軸方向に $\sqrt{a}$ 倍，y 軸方向に $\sqrt{b}$ 倍した楕円と x 軸方向に $\sqrt{b}$ 倍，y 軸方向に $\sqrt{a}$ 倍した楕円の 2 つを考え，角 θ に対する楕円上の点までの原点からの距離の和を表しています．

この様子をアニメーションで描く Mathematica の命令をあげておきます．

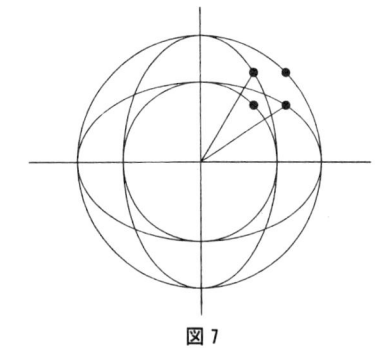

図 7

楕円上の点の動き

```
a = 5; b = 2; pr = √a *1.2;
Do[p1 = {√a Cos[t], √b Sin[t]};
  p2 = {√b Cos[t], √a Sin[t]};
  Show[Graphics[
    {Circle[{0, 0}, √a], Circle[{0, 0}, √b],
     Circle[{0, 0}, {√a, √b}],
     Circle[{0, 0}, {√b, √a}],
     PointSize[0.03],
     {Hue[0.6], Point[p1],
      Line[{{0, 0}, p1}]},
     {Hue[0.3], Point[p2],
      Line[{{0, 0}, p2}]},
     {Hue[0], Point[{√a Cos[t], √a Sin[t]}]},
     {Hue[0], Point[{√b Cos[t], √b Sin[t]}]}
    }, PlotRange -> {{-pr, pr}, {-pr, pr}},
    Axes -> True, Ticks -> None,
    AspectRatio -> Automatic
  ]], {t, 0, 2 Pi, Pi / 8}]
```

第6章 動から静へ　～軌跡～

世が情報化社会と言われるようになってから，得られる情報は多くなり便利になってきましたが，慌ただしさはどんどん増してきているように思われます．このような時代だからこそ，普段の動きをふと止めて，静かに自分を見つめて過ごすときを大事にしたいですね．

さて，この章では動きをトータルに捉える"軌跡"がテーマです．運動や関数の振る舞いを，それぞれの変化を追いながら見ていくことも大事ですが，全体としての様子を俯瞰することも重要です．少し静かな心持ちで対象に向き合うと，いつもと違うものが浮かび上がってくるかもしれません．

§1. 軌跡と方程式

まずは次の問題を解いてください．

トライ！1 2点 A(3, 0)，B(1, 2) から等距離にある点 P の集合はどんな図形を描きますか．また，その図形を表す方程式を求めてください．

解．点 P の座標を (x, y) とおくと，
$$AP = BP$$
を満たすことより，
$$\sqrt{(x-3)^2 + y^2} = \sqrt{(x-1)^2 + (y-2)^2}$$
両辺を2乗して整理すると
$$y = x - 1$$
したがって，求める図形は直線 $y = x - 1$．

逆に，この直線上の点 P は，常に AP = BP を満たします．

一般に，ある条件を満たす点全体の集合を，その条件を満たす点の**軌跡**といいます．軌跡を求めるには，動点を $P(x, y)$ のようにおき，x と y の関係式を導きます．

トライ！2 2点 A(−5, 0)，B(1, 0) からの距離の比が 2:1 である点 P の軌跡を求めなさい．

上の問題を，Mathematica で確認する方法を見ておきましょう．軌跡を描くには，陰関数のグラフを描く **ImplicitPlot** が有効です．このコマンドは利用前に次の命令でパッケージから呼び出す必要があります．

Needs["Graphics`ImplicitPlot`"]

なお，変数 x, y を初期化するため，**Clear[x, y]** を実行しておきましょう．

トライ！3 次の命令の結果を予想しなさい．
(1) **ImplicitPlot[3x + 2y == 4, {x, −1, 3}]**
(2) **ImplicitPlot[x^2 + y^2 == 2, {x, −2, 2}]**
(3) **ImplicitPlot[x^2 + y == 1, {x, −2, 2}]**
(4) **ImplicitPlot[x^3 + y^3 == 1, {x, −2, 2}]**
(5) **ImplicitPlot[x^3 − 2 x y + y^3 == 0, {x, −2, 2}]**

さて，**トライ！2** の探求に戻ります．まず，$P(x, y)$ とおくと，
$$AP : BP = 2 : 1$$
より，
$$2BP = AP$$
両辺を2乗して
$$4BP^2 = AP^2$$
この式を Mathematica で表現すると
  a = {−5, 0}; b = {1, 0}; p = {x, y};
  4(p−b).(p−b) == (p−a).(p−a)
この結果
$$4((-1+x)^2 + y^2) == (5+x)^2 + y^2$$
のように出力されます．この式を後で利用するためには，変数に代入しておくとよいでしょう．

exp1 = %

式を簡単な形にするには，

Simplify[exp1]

その結果は
$$3(-7 - 6x + x^2 + y^2) == 0$$
これを筆算で整理して，求める図形の方程式は
$$(x-3)^2 + y^2 = 16$$
すなわち，点 P の軌跡は，中心の座標 (3, 0)，半径 4 の円であることがわかります．Mathematica で描いて正しいことが確認できます．

ImplicitPlot[exp1, {x, −1, 8}]

トライ！4 次の軌跡を求めなさい．
(1) 2点 A(-1, 0)，B(1, 3) から等距離にある点 P
(2) 2点 A(1, 0)，B(0, 1) からの距離の比が 2:3 である点 P
(3) 3点 A(0, 3)，B(-1, 0)，C(4, 0) に対し，次をみたす点 P
$$AP^2+BP^2+CP^2=32$$

§2．パラメータによる曲線

$$\begin{cases} x=f(t) \\ y=g(t) \end{cases}$$

のように，x と y が t によって関係づけられているとき，この式を t による**パラメータ表示**，または**媒介変数表示**といいます．仲立ちとなる変数 t を**パラメータ**または**媒介変数**とよびます．例えば，

$$\begin{cases} x=t+2 \\ y=t^2-3 \end{cases} \quad \cdots\cdots ①$$

について，t に値を代入して x, y の値を見ると，

t	-2	-1	0	1	2	3
x	0	1	2	3	4	5
y	1	-2	-3	-2	1	6

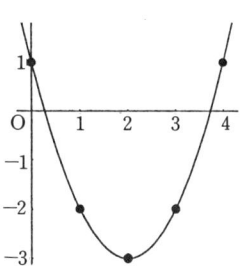

これを xy 平面上にとると，式①を満たす点 (x, y) の集合は放物線 $y=(x-2)^2-3$ になりそうなことがわかります．計算の上では，**パラメータ t を消去する**ことで，全体像が浮き上がってきます．

$x=t+2$ より $t=x-2$
$y=t^2-3$ に代入して
$y=(x-2)^2-3$ すなわち $y=x^2-4x+1$

このようなパラメータ表示による曲線を描くために，Mathematica には **ParametricPlot** があります．

ParametricPlot[{t+2, t^2-3}, {t, -2, 2}]

で，パラメータ t を -2 から 2 まで動かしたときのグラフが描かれます．

トライ！5 次のパラメータ表示で表される図形の式を求め，グラフを描きなさい．できたら **ParametricPlot** を用いて確認しましょう．

(1) $\begin{cases} x=1-2t \\ y=t+4 \end{cases}$

(2) $\begin{cases} x=\cos\theta \\ y=\sin\theta \end{cases}$

(3) $\begin{cases} x=\dfrac{t}{1+t^2} \\ y=\dfrac{t^2}{1+t^2} \end{cases}$

答えを示しておきます．

(1) $y=-\dfrac{1}{2}x+\dfrac{9}{2}$

この式は，次のように **Solve** を用いて t を消去することで求めることができます．

Solve[{x==1$-$2t, y==t+4}, y, t]

(2) これは定義から単位円になります．逆に，この式を用いてコンピュータで円を描くこともしばしばあります．

ParametricPlot[{Cos[t], Sin[t]}, {t, 0, 2Pi}, AspectRatio$-$>Automatic]

で確認してみましょう．

(3) $y=tx$ $\cdots$①　$(1+t^2)x=t$ $\cdots$②

$x\ne 0$ のとき，①より $t=\dfrac{y}{x}$ であり，②に代入して整理すると

$$x^2+y^2-y=0 \quad \cdots ③$$

$x=0$ のとき，①より $y=0$ だが，これは③をみたす．

逆に③に $x=0$ を代入すると，$y=0$, 1

答　円 $x^2+y^2-y=0$ ただし，(0, 1) を除く．

Do[ParametricPlot[{t/(1+t^2), t^2/(1+t^2)}, {t, $-$5, s}, PlotRange$-$>{{$-$1, 1}, {$-$1, 1}}, AspectRatio$-$>Automatic], {s, $-$4, 5}]

で t の変化によって描かれる様子が見られます．これを眺めると，点 (0, 1) は t がマイナス無限大とプラス無限大の時に行き着くことが予想できますね．マイナス無限大とプラス無限大がつながっている世界では，軌跡も閉じた円にな

るでしょう．

§3．連動する軌跡

機械では，ある回転が軸を伝わって他の回転を引き起こし，仕事がなされます．そんなイメージの，次の問題を考えてください．

トライ！6 円 $x^2+y^2=9$ 上の動点を P とする．定点 A(6, 0)，B(3, 3) とするとき，$\triangle$ABP の重心 G の軌跡を求めよ．

このような点が連動する問題では，動点を P(s, t) のようにおき，軌跡を求めたい点を G(x, y) のようにおき，その関連を導くのがコツです．

P は問題の円上を動くことより，
$$s^2+t^2=9 \quad \cdots\cdots ①$$
また，G(x, y) は $\triangle$ABC の重心であるから，
$$x=\frac{6+3+s}{3}, \quad y=\frac{0+3+t}{3}$$
したがって
$$s=3x-9, \quad t=3y-3 \quad \cdots\cdots ②$$
②を①に代入して
$$(3x-9)^2+(3y-3)^2=9$$
$$(x-3)^2+(y-1)^2=1$$
逆も成り立つ．
　　　答　円 $(x-3)^2+(y-1)^2=1$

Mathematica では，次のような命令で軌跡のアニメーションが描かれます．円周上の動きを表現するために，Sin, Cos が活躍します．

```
a={6, 0}; b={3, 3};
Do[p={s, t}={3 Cos[z], 3 Sin[z]};
g={x, y}=(a+b+p)/3;
    Show[Graphics[{Circle[{0, 0}, 3],
{Hue[0.6], Line[{a, b, p, a}]},
{Hue[0], PointSize[0.03], Point[g]}}],
Axes->True, AspectRatio->Automatic,
PlotRange->{{-4, 7}, {-4, 4}}],
{z, 0, 2Pi-0.001, Pi/6}]
```

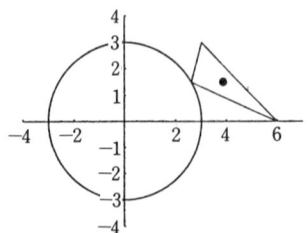

演習問題

1 放物線 $y=x^2$ ……① について，次の問いに答えよ．

(1) 実数 k ($0<k<1$) と放物線①上にない定点 A と①上の点 B に対して，線分 AB 上の点 C を AB：AC＝1：k となるように定める．B が①上を動くとき，C の軌跡が放物線 $y=2x^2+3x+4$ になるように，定点 A の座標と k の値を定めよ．

(2) 点 $(-1, 2)$ を通り，y 軸に平行でない直線と①との交点を E，F とするとき，線分 EF の中点 M の軌跡を求めよ．
　　　　　　　　　　　　　　（大阪教育大）

2 原点を O とする xy 平面上に 2 直線 $l: y=1$，$m: y=-2$ がある．点 A が l 上を，点 B が m 上を $\angle$AOB が直角となるように動く．O から線分 AB におろした垂線の足を H とする．次の問いに答えよ．

(1) A の座標を $(a, 1)$，$(a \neq 0)$，とするとき，B の座標，H の座標を a の式で表せ．

(2) H の軌跡を求めよ．
　　　　　　　　　　　　　　（横浜国立大）

（略解）

1 (1) A(p, q)，B(s, t)，C(x, y) とおくと，
$$t=s^2 \quad \cdots\cdots ② \qquad y=2x^2+3x+4 \quad \cdots\cdots ③$$
点 C は線分 AB を $k:(1-k)$ に内分することより
$$x=(1-k)p+ks, \quad y=(1-k)q+kt$$
s, t について解くと
$$s=\frac{x-(1-k)p}{k}, \quad t=\frac{y-(1-k)q}{k}$$
これらを①に代入して y について解くと
$$y=\frac{1}{k}x^2+\frac{2(k-1)}{k}px+\frac{(k-1)^2}{k}p^2+(1-k)q$$
この式をみたす動点の軌跡が③と一致することより，x の各係数を比較して
$$\frac{1}{k}=2, \quad \frac{2(k-1)}{k}p=3,$$
$$\frac{(k-1)^2}{k}p^2+(1-k)q=4$$
$$\therefore \quad k=\frac{1}{2}, \quad p=-\frac{3}{2}, \quad q=\frac{23}{4}$$

答 $A\left(-\dfrac{3}{2}, \dfrac{23}{4}\right)$, $k=\dfrac{1}{2}$

(2) $E(\alpha, \alpha^2)$, $F(\beta, \beta^2)$, $M(X, Y)$ とおく．
点 $(-1, 2)$ を通る直線の方程式は
$$y=m(x+1)+2 \quad \cdots\cdots ④$$
と表せる．①，④を連立させて y を消去すると
$$x^2-mx-m-2=0 \quad \cdots\cdots ⑤$$
2次方程式の判別式を D とすると，
$$D=m^2+4m+8=(m+2)^2+4>0$$
より，⑤は任意の実数 m で解をもつ．⑤の解が α, β となるので，解と係数の関係から
$$\alpha+\beta=m, \quad \alpha\beta=-m-2$$
一方，中点 M の座標から
$$X=\dfrac{\alpha+\beta}{2}=\dfrac{m}{2} \quad \therefore \quad m=2X$$
$$Y=\dfrac{\alpha^2+\beta^2}{2}=\dfrac{(\alpha+\beta)^2-2\alpha\beta}{2}$$
$$=\dfrac{m^2}{2}+m+2=2X^2+2X+2$$

m はすべての実数値をとるので，X の定義域もすべての実数である．したがって，中点 M の軌跡は放物線 $y=2x^2+2x+2$

2 (1) 直線 OA：$y=\dfrac{1}{a}x$ より

直線 OB：$y=-ax$

この直線上で $y=-2$ のとき $x=\dfrac{2}{a}$

よって $B\left(\dfrac{2}{a}, -2\right)$

直線 AB の傾きは
$$\dfrac{1-(-2)}{a-\dfrac{2}{a}}=\dfrac{3a}{a^2-2} \quad (a\neq\pm\sqrt{2})$$

OH：$y=-\dfrac{a^2-2}{3a}x \quad \cdots\cdots ①$

AB：$y-1=\dfrac{3a}{a^2-2}(x-a) \quad \cdots\cdots ②$

①，②を連立させて解くと
$$x=\dfrac{6a}{a^2+4}, \quad y=-\dfrac{2(a^2-2)}{a^2+4}$$

$H\left(\dfrac{6a}{a^2+4}, -\dfrac{2(a^2-2)}{a^2+4}\right)$

この式は $a=\pm\sqrt{2}$ のときも適用できる．

(2) $y=-\dfrac{2(a^2-2)}{a^2+4}=\dfrac{12}{a^2+4}-2$

$x^2+(y+2)^2=\dfrac{6^2}{a^2+4}$

$x^2+(y+2)^2=3(y+2)$

$$x^2+\left(y+\dfrac{1}{2}\right)^2=\dfrac{9}{4}$$

ただし，$a\neq 0$ より，$x\neq 0$

演習問題 2 を Mathematica で探求する流れを示します．結果を確認しながら命令を理解していきましょう．

```
m=3/(a-2/a)
AB=y-1==m(x-a)
Simplify[AB]
sol=Solve[{AB, y==-x/m}, {x, y}]
sol2=Solve[{AB, y==-x/m}, y, a]
h={x, y}/.sol[[1]]
ParametricPlot[Evaluate[h],
{a, -5, 5}, AspectRatio->Automatic]
```

この後，次の命令によりアニメーションを見ることができます．

```
A={a, 1}; B={2/a, -2};
Do[Show[{Plot[{1, -2}, {x, -3, 6},
  AspectRatio->Automatic, PlotRange->
  {-3, 2},
  PlotStyle->Hue[0.4],
  DisplayFunction->Identity],
  Graphics[{{Hue[0.6], Line[{A, {0, 0},
  B, A}]},
  {Hue[0], PointSize[0.02], Point[h]}}]},
  DisplayFunction ->$DisplayFunction ],
  {a, .5, 6, .5}]
```

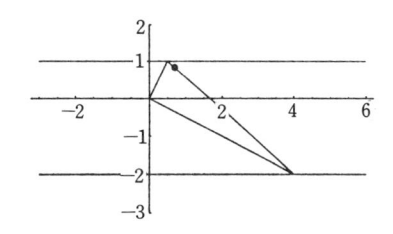

第7章　関数を聴く　～指数関数～

ピアノの鍵盤を叩くと，快い響きが生まれますが，その心地よさはどこからくるものなのでしょうか．また，その鍵盤にはどのような規則で音が割り当てられているのでしょうか．Mathematica でその糸口を探ってみましょう．

§1．サウンド機能

音は空気の振動によって作られます．最も基本的な形はサインカーブです．t に関して周期1のサインカーブは $y = \sin(2\pi t)$ のグラフで表されます．

Plot[Sin[2 Pi t], { t, 0, 1 }]

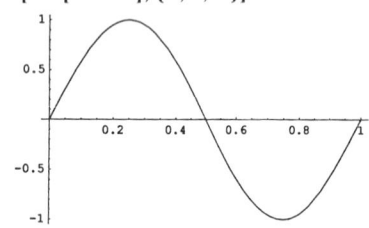

このサインカーブを1秒間に 440 回生じさせる空気の振動が，**周波数 440Hz（ヘルツ）** の純音です．時間 t を基準にした式としては，
$$y = \sin(440 \times 2\pi t) \quad (0 \leqq t \leqq 1)$$
により，1秒間に 440 回の振動を表すことができます．実際の音は，もっと複雑な波形をしていますが，ここでは単純化したサインカーブで本質を探っていきます．

Mathematica には，音を作り出す関数 **Play** があります．コンピュータにサウンドを再生する機能があれば，次の命令により先ほどの関数を"聴く"ことができます．

Play[Sin[440 *2 Pi t],{t,0,1}]

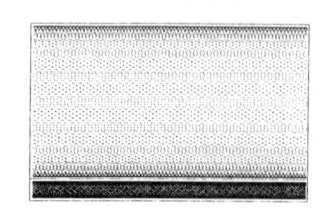

これにより，周波数 440Hz のサインカーブによる音が1秒間出力されます．ピアノの音と違って少々味気ない音ですね．また，同時に出力されるグラフィックスは，上部に波形，下部に音圧が描かれます．

　トライ！1　次の出力がどのようになるか予想してから実行しましょう．
(1)　**Play[Sin[880*2 Pi t],{t,0,1}]**
(2)　**Play[t Sin[150 *2 Pi t],{t,0,1}]**
(3)　**Play[Sin[10 t]*Sin[440*2 Pi t],{t,0,2}]**

さて，たびたび 440 という数値が出てきました．この値は，ハ長調のドレミファソラシドの"ラ"の音を表す，音階の基準となる周波数であり，440Hz の音は**標準音**とよばれます．また，**トライ！1** の(1)で奏でた 880Hz の音は，それより1オクターブ高い"ラ"の音です．

　「1オクターブ上の音は周波数が2倍」

このことが，音楽理論の根幹です．標準音のラの周波数を a_0，それより1オクターブ上のラの周波数を a_1，更に1オクターブ高いラを a_2 のように表すと，

$$a_0 = 440$$
$$a_1 = 440 \times 2 = 880$$
$$a_2 = 440 \times 2^2 = 1760$$
$$a_3 = 440 \times 2^3 = 3520$$
$$\cdots\cdots$$

という数列になります．2の指数に注目すると，1乗，2乗，3乗となっていきます．基準となる a_0 は，

$$a_0 = 440 \times 2^0$$

と表すのが自然です．つまり，

$$2^0 = 1$$

また，標準音より1オクターブ低いラは，

$$a_{-1} = 220 = 440 \times 2^{-1}$$

と表せます．すなわち，

$$2^{-1} = \frac{1}{2}$$

とするとうまくいきます．

第 7 章 関数を聴く ～指数関数～

トライ！2 次の入力により Mathematica で 2^n がどう出力されるか確認しましょう.
{ 2^(-2), 2^(-1), 2^0, 2^1, 2^2, 2^3 }

トライ！3 次の2の指数部分の値を変えて, 音がオクターブずれることを確認しましょう.
Play[Sin[440*2^(-1) * 2 Pi t],{t,0,1}]

Table 関数を用いても, リストを作ることができます.
Table[2^n , {n,-3,4}]
は, 2^n の n を −3 から 4 まで変化させたリストを構成します.

$$\left\{\frac{1}{8}, \frac{1}{4}, \frac{1}{2}, 1, 2, 4, 8, 16\right\}$$

さて, 他の音階はどのように決めていけばよいでしょうか. ピタゴラスは, 周波数が単純な比になるほどよく調和した音であるとして, 1：2のオクターブと, 2：3および3：4の比を基準にして音程を構成しました. これらは**古代音程**と言われます.

トライ！4 Play では, 関数のリストを引数にすることにより, 合成された音を奏でることができます. 440Hz とその 3/2 倍の周波数の音を重ねて出力するには,
r = 3/2 ;
Play[{Sin[440 2 Pi t],Sin[r* 440 2 Pi t]},
　　{t,0,1}]

r の値を変化させて心地よい響きを見つけましょう.

§2. 平均律と指数

現代では, 多くの音楽は1オクターブを 12 等分した**平均律**が用いられています. ピアノの鍵盤を見てもわかるように,
　"ド, ド#, レ, レ#, ミ, ファ, ファ#, ソ, ソ#, ラ, ラ#, シ, ド"
と, 1オクターブの間に12の間隔があります. この間隔は単純に周波数を 12 等分したのではうまくいきません. 例えば, 440Hz と 880Hz の間の 440 を基準に 12 等分して1音の間を 440/12 と定めたとします. 標準音ラとその下のドの間には9つの間隔, 上のドの間には3つ

間隔がありますので, 等間隔と仮定して計算すると,
　下のド　$440 - 9 \times 440/12 = 110$
　上のド　$440 + 3 \times 440/12 = 550$
となり, この方法では1オクターブの周波数が5倍になってしまいます.

オクターブは2倍を基準にしているので, 2^n をもとに考えるのが正しい方法です. 1オクターブを 12 等分するために,
$$2^{\frac{1}{12}}$$
という値を導入します. この値は,
$$\left(2^{\frac{1}{12}}\right)^{12} = 2$$
つまり, 12 乗すると2になる値です. $\sqrt[12]{2}$ とも表現されます.

Mathematica で
　N[2^(1/12)]
と入力することにより, 具体的に約 1.05946 という値であることがわかります. 平均律では, 一つ上の音は $2^{\frac{1}{12}}$ 倍になると定めます. これにより, 各音程の周波数は

　ラ　　440×2^0　　　$= 440.00 Hz$
　ラ#　$440 \times 2^{1/12}$　　$\fallingdotseq 466.16 Hz$
　シ　　$440 \times (2^{1/12})^2 \fallingdotseq 493.88 Hz$
　ド　　$440 \times (2^{1/12})^3 \fallingdotseq 523.25 Hz$
　　………

のように求められます.
　　Table[2^(n/12),{n,0,12}]
と $2^{\frac{n}{12}}$ の値を出力してみると, n が6のときに $\sqrt{2}$ となっています. これは,
$$\left(2^{\frac{1}{12}}\right)^6 = 2^{\frac{6}{12}} = 2^{\frac{1}{2}}$$
と計算でき, $2^{\frac{1}{2}}$ が2乗して2になる値, すなわち $\sqrt{2}$ であることを示しています.

では, 実際に音階の周波数を求めてみましょう. 12音をラの440Hzを基準に"ド"から"シ"までの周波数を求める式は,
$$440 \times 2^{\frac{n}{12}} \quad (n = -9, -8, -7, \cdots, -1, 0, 1, 2)$$

Mathematica で"ド"を do, "ド#"を dos のような変数名として, 次のようにリストの形で割り当てられます.
**onkai={do,dos,re,res,mi,fa,fas,so,sos,
ra,ras,si}=Table[440 *2^(i/12),{i,-9,2}]**

具体的な値は，
   N[onkai]
で出力されます．また，
   Play[Sin[mi 2 Pi t],{t,0,1}]
で"ミ"の音を鳴らします．波線の mi を mi*2 にすると，1オクターブ高い音，mi/2 にすると1オクターブ低い音が鳴ります．他の音でも確認してみましょう．

音階を並べたリストを作り，それを順番に出力することで音楽演奏ができます．そのためには，リストを関数に作用させる命令が必要です．それを実現させる重要な関数が **Map** です．
   Map[f, {a,b,c}]
を実行すると
   {f[a], f[b], f[c]}
と出力されます．このように，Map はリストの各値に関数 f を適用した結果のリストを出力します．

トライ！5 次の結果を予想してください．
(1) Map[Sqrt,{1,2,3,4,5}]
(2) Map[Sin,{Pi/6,Pi/4,Pi/3}]

では，演奏を行う手順を見ていきましょう．周波数 x の音を2秒間出力する関数 tone を次のように定義します．
   tone[x_] := Play[Sin[x 2 Pi t],{t,0,2}];
次に，楽譜に相当するリスト **notes** を作ります．成分としては，先ほど求めた do,re,mi などの値を使います．休符は簡易的に0で表現しています．
   notes={so,fa,so,mi,0,mi,re,mi,do,0,
        mi,re,do,re,0,so,ra,so,mi}
この notes の各値を関数 tone に適用するため，Map 関数を用います．
   Map[tone,notes];
どんな曲が奏でられましたか？また，
   Map[tone,2*notes]
を実行すると，全ての音の周波数が2倍になるので，1オクターブ高い演奏になります．また，
   Map[tone,2^(4/12)*notes]
では，$2^{\frac{4}{12}}$ ずつ周波数が上がるため，半音4つ分高い音で演奏されます．ハ長調はホ長調になります．これが**移調**の原理です．古代音程では，この移調が複雑になるのですが，平均律では，指数を利用することによって移調が容易にできるのです．

トライ！6 次のリストを演奏させてみましょう．また，移調をしてください．演奏速度を変えるにはどうすればよいでしょうか．
notes2={fa,mi,re,mi,fa,do*2,si,0,mi,re,do,re,
       mi,si,ra,0,re,do,si/2,do,re,mi,fa,mi,
       res,mi,fas,sos,si,ra,ra,sos,ra,si,ra}

今までのことを基に，指数に関してまとめておきましょう．

n 乗して a になる数を，a の **n 乗根**といいます．$a>0$ のとき，a の n 乗根のうち正の数を $\sqrt[n]{a}$ で表し，負の数を $-\sqrt[n]{a}$ で表します．$\sqrt[2]{a}$ は正の平方根であり，$\sqrt{a}$ と表記されます．

正の整数 m, n に対して，

$$a^{\frac{1}{n}} = \sqrt[n]{a}, \quad a^{\frac{m}{n}} = \sqrt[n]{a^m}$$
$$a^{-n} = \frac{1}{a^n}, \quad a^0 = 1$$

のように定めます．これにより，指数は有理数の範囲まで拡張して考えることができます．また，$a>0, b>0$ で，x, y が実数のとき，次の**指数法則**が成り立ちます．

$$a^x a^y = a^{x+y}$$
$$(a^x)^y = a^{xy}$$
$$(ab)^x = a^x b^x$$

移調することを考えてみると，音階を半音 n 個分上げる操作が $2^{\frac{n}{12}}$ 倍であり，下げる操作が $1 \div 2^{\frac{n}{12}} = 2^{-\frac{n}{12}}$ 倍になります．また，半音 m 個分移調した後さらに半音 n 個分の移調を行うと，最初の音からは $2^{\frac{m}{12}} \times 2^{\frac{n}{12}} = 2^{\frac{m+n}{12}}$ 倍の周波数になることから，指数法則が感得できるのではと思います．

トライ！7 次の値を求めてください．
(1) $\sqrt[3]{64}$ (2) $25^{-\frac{1}{2}}$ (3) $100^{2.5}$ (4) $1024^{0.4}$
(5) $\sqrt[12]{2} \times \sqrt[3]{16^2} \div \sqrt[4]{8}$ (6) $4^{\frac{2}{3}} \div 24^{\frac{1}{3}} \times 18^{\frac{2}{3}}$
(7) $\frac{2}{3}\sqrt[6]{\frac{9}{64}} + \frac{1}{2}\sqrt[3]{24}$

トライ！8 次の式を簡単な形にしてください．
(1) $\sqrt[12]{a^2} \cdot \sqrt[12]{a^4}$ (2) $\sqrt{a\sqrt{a\sqrt{a}}}$
(3) $(a^{\frac{1}{3}} + b^{\frac{1}{3}})(a^{\frac{2}{3}} - a^{\frac{1}{3}}b^{\frac{1}{3}} + b^{\frac{2}{3}})$

§3．指数関数

$a > 0$, $a \neq 0$ とするとき，関数 $y = a^x$ を a を底とする**指数関数**といいます．2を底とする指数関数 $y = 2^x$ は，次のようになります．

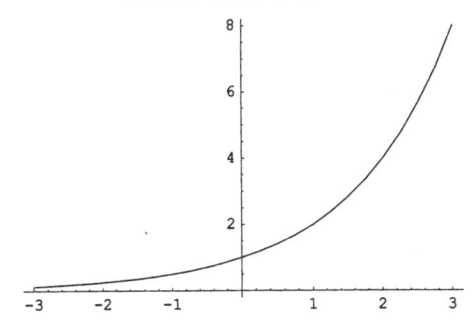

Plot[2^x,{x,-3,3}]

トライ！9 次の関数のグラフの概形を書きなさい．書けたら Plot 命令で確認しましょう．
(1) $y = -2^x$ 　　(2) $y = \left(\dfrac{1}{2}\right)^x$
(3) $y = 2^{x+1}$ 　　(4) $y = 4 \cdot 2^{-x}$

トライ！10 指数関数による周波数の変化を聴いてみましょう．
Play[Sin[2^t 440 2 Pi t],{t,-1,2}]
Play[Sin[(1/2)^t 440 2 Pi t],{t,-1,2}]

演習問題

1　方程式
$$2(4^x + 4^{-x}) - 9(2^x + 2^{-x}) + 14 = 0 \cdots \text{①}$$
について
(1) $t = 2^x + 2^{-x}$ とおき，①を t の方程式に直せ．
(2) ①を満たす x の値を求めよ．
(創価大)

2　連立方程式
$$\begin{cases} 3^{2x} - 3^y = -6 \\ 3^{2x+y} = 27 \end{cases} \text{を解け．}$$
(愛知工業大)

3　不等式 $3^{2x+1} + 17 \cdot 3^x - 6 < 0$ を解け．
(千葉工業大)

（解答）

1 (1) $t^2 = (2^x + 2^{-x})^2 = 4^x + 2 + 4^{-x}$ より
　　$t^2 - 2 = 4^x + 4^{-x}$ よって①は
　　$2(t^2 - 2) - 9t + 14 = 0$
$\therefore\ \underline{2t^2 - 9t + 10 = 0}$

(2) (1)より $(2t - 5)(t - 2) = 0$
$t = \dfrac{5}{2},\ 2$

(i) $t = \dfrac{5}{2}$ のとき　$2^x + 2^{-x} = \dfrac{5}{2}$
　　$2 \cdot (2^x)^2 - 5 \cdot 2^x + 2 = 0$
　　$(2 \cdot 2^x - 1)(2^x - 2) = 0$
　　$2^x = \dfrac{1}{2},\ 2$ より $x = -1,\ 1$

(ii) $t = 2$ のとき　$2^x + 2^{-x} = 2$
　　$(2^x - 1)^2 = 0$
　　$2^x = 1$ より $x = 0$

(i), (ii) から　$\underline{x = -1,\ 0,\ 1}$

2　$3^{2x} = X$, $3^y = Y$ とおくと, $X > 0$, $Y > 0$ で
$$\begin{cases} X - Y = -6 \\ XY = 27 \end{cases}$$
$Y = X + 6$ を $XY = 27$ に代入して整理し
　　$(X + 9)(X - 3) = 0$
$X > 0$ より　$X = 3$　ゆえに　$x = \dfrac{1}{2}$
$Y = 9$ より $y = 2$　　$\underline{x = \dfrac{1}{2},\ y = 2}$

3　$t = 3^x$ とおくと, $t > 0$ であり，
与えられた不等式は
$3t^2 + 17t - 6 < 0$
$(3t - 1)(t + 6) < 0$
$t > 0$ より，
$0 < t < \dfrac{1}{3}$ よって $0 < 3^x < 3^{-1}$

$t = 3^x$ は $t > 0$ を値域とし単調に増加する関数であるため, $\underline{x < -1}$

演習問題1の関数は次のように Mathematica でプロットすると様子がはっきりするでしょう．また，周波数の計算をさせて，Play で聴くのも一興です．

f[x_]:=2(4^x+4^(-x))-9(2^x+2^(-x))+14
Plot[f[x],{x,-1.5,1.5}]
Play[Sin[f[t] 440 2 Pi t],{t,-1.5,1.5}]

平均律による音楽の美しさは，指数法則に則った数理の美しさに根ざしており，それが心の琴線にふれて心地よさを生み出すのかもしれません．

第8章 指数を見つめて ～対数関数～

§1. 対数

まず，単純な問題を考えてみましょう．

トライ！1 1時間に2倍の割合で増えるバクテリアがあるとします．このとき，バクテリアの量が3倍になるのは何時間後でしょうか．

ある時点を基準にしたバクテリアの量を1とし，それからx時間後のバクテリアの量をyとすると，
$$y = 2^x$$
という指数関数になります．3倍になる時間は，
$$2^x = 3$$
をみたすxの値です．グラフでみると，y座標が3となるときのxの値です．この値を，
$$\log_2 3$$
と表します．

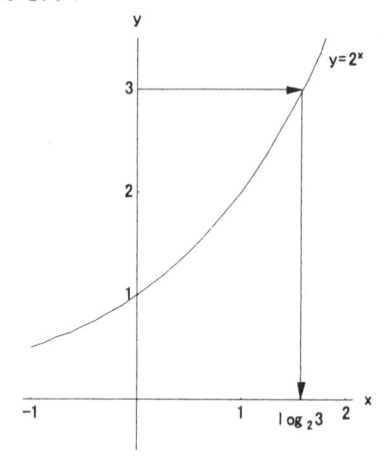

一般的な形を見ておきましょう．
$a > 0$, $a \neq 1$とします．
$$a^r = P$$
のとき，
$$r = \log_a P$$
と表し，このrの値を，aを**底**とするPの**対数**といいます．また，Pをこの対数の**真数**とよびます．
例えば，$2^{-3} = \dfrac{1}{8}$ より，$\log_2 \dfrac{1}{8} = -3$

トライ！2 次の値を求めて下さい．
(1) $\log_2 16$ (2) $\log_3 \dfrac{1}{9}$ (3) $\log_{10} 0.001$
(4) $\log_5 \sqrt{5}$ (5) $\log_2 1$ (6) $\log_{25} 125$

Mathematica では，対数 $\log_a b$ を
Log[a , b]
で表します．**Log[3,1/9]** と入力すると -2 が出力されるでしょう．では，最初の問題に登場した $\log_2 3$ はどうなりますか．
$$\frac{Log[3]}{Log[2]}$$
と出力されましたね．なぜこの形になるのかは，これからの話で解明されるでしょう．

数値を知りたい場合には，
N[Log[2,3]]
により，1.58496 と求められます．バクテリアが3倍になるのは，約1.58時間，すなわちおよそ1時間35分後になることがわかります．

§2. 対数の性質

トライ！3 Mathematica で次の結果を見て，理由を考えて下さい．
{ Log[a,1], Log[a,a], a^Log[a,b] }

対数では，次の計算法則が成り立ちます．
$a > 0$, $a \neq 1$, $P > 0$, $Q > 0$のとき

(Ⅰ)	$\log_a PQ = \log_a P + \log_a Q$
(Ⅱ)	$\log_a \dfrac{P}{Q} = \log_a P - \log_a Q$
(Ⅲ)	$\log_a P^n = n \log_a P$

(Ⅰ)の証明
$\log_a P = p$, $\log_a Q = q$ とおくと，
$\log_a P = p \iff P = a^p$
$\log_a Q = q \iff Q = a^q$
また，$PQ = a^p \cdot a^q = a^{p+q}$

よって
$$\log_a PQ = p+q$$
$$= \log_a P + \log_a Q$$

トライ！4 指数の計算法則（Ⅱ），（Ⅲ）を証明しなさい．また，次が成り立つことも示しなさい．
$$\log_a \frac{1}{Q} = -\log_a Q, \quad \log_a \sqrt[n]{P} = \frac{1}{n}\log_a P$$

次の，**底の変換公式**も重要です．

$$\log_a P = \frac{\log_b P}{\log_b a}$$
ただし，a, b, P は正の数で，$a \neq 1, b \neq 1$

トライ！5 底の変換公式を証明しなさい．

トライ！6 次の式を簡単にしなさい．
(1) $\log_6 4 + \log_6 9$
(2) $\log_3 \sqrt{15} - \frac{1}{2}\log_3 5$
(3) $\log_2 3 \cdot \log_9 8$

上の問題で，計算結果とMathematicaの出力が違う形になるかもしれません．その場合，次の命令を入力してみましょう．
FullSimplify[%]
この命令は内部の様々なワザを使って式を簡略化してくれます．

§3．自然対数の底

さて，Mathematicaでは，**Log[2,3]** と入力すると
$$\frac{Log[3]}{Log[2]}$$
と出力されました．これは，底が省略された形です．**Log[3]** は，
$$\log_e 3$$
を表しています．底の e は
$$e = 2.718281828459\cdots\cdots$$
という値の無理数であり，**自然対数の底**とよばれます．様々な数式で基準となる重要な値です．Mathematicaでは，対数の底を e に直した形が標準的な出力です．底の変換公式により

$$\log_2 3 = \frac{\log_e 3}{\log_e 2}$$

と変形できるため，先ほどのような出力になるのです．

Mathematicaでは，e を大文字の **E** で表します．
指数関数 $y = e^x$ のグラフでは，$x = 0$ における接線の傾きが1となります．
Plot[{ E^x, x+1 },{ x,-1,1 },
　　　　AspectRatio->Automatic]
でグラフを表示させて確認しましょう．

§4．対数関数

$$y = \log_a x$$

の形の関数を対数関数といいます．真数の条件から，$x > 0$，すなわち定義域は正の実数全体です．

Mathematicaの次の命令により，$y = \log_2 x$ のグラフを描かせてみましょう．

g1=Plot[Log[2,x],{x, 0.1, 3 }]

対数関数 $y = \log_a x$ は，指数関数 $y = a^x$ の x と y の立場を入れ替えた関数です．
$$y = a^x \iff x = \log_a y$$
となることからも分かりますね．このように，関数 $y = f(x)$ を，$x = g(y)$ の形にできるとき，x と y の立場を入れ替えた関数 $y = g(x)$ をもとの関数 $y = f(x)$ の**逆関数**といい，

$$y = f^{-1}(x)$$

で表します．逆関数では，定義域と値域も入れ替わります．

Mathematica で次のように $y = 2^x$ のグラフを作り，$y = \log_2 x$ のグラフと同時に表示させて，逆関数の関係を見てみましょう．

g2=Plot[2^x,{x,-3,3}]
Show[g1,g2, AspectRatio->Automatic,
　　　　PlotRange->{-3,3}]

2つのグラフの関係から，どんなことが言えますか．

g3=Plot[x,{x,-3,3}]

として，**Show** 命令を用いて同時に出力すると分かるように，互いに逆関数のグラフは，直線 $y = x$ に関して対称となります．

トライ！7 次の関数の逆関数を求めなさい．元の関数と逆関数を同時に表示し，直線 $y = x$ に関して対称となることを確認しなさい．（定義域や値域に注意すること）

(1) $y = e^x$ (2) $y = \left(\dfrac{1}{2}\right)^x$

(3) $y = 2x - 1$ (4) $y = x^2$ $(x \geq 0)$

次に，底による対数関数の変化を見ておきましょう．

```
Do[ Plot[ Log[a, x],{x, 0.1, 3},
        PlotRange->{ -3, 3 },
        PlotLabel->"a="<>ToString[a] ],
    {a, 0.3, 3, 0.2} ]
```

底の条件から，$a = 1$ を避けるように a は 0.3 から 3 まで 0.2 刻みで変化させています．$a = 1$ が特異な場所であることがグラフの変化からも分かると思います．$a = 1$ を境にして，対数関数 $y = \log_a x$ は，

$0 < a < 1$ ならば，単調に減少，すなわち
$$x_1 < x_2 \iff \log_a x_1 > \log_a x_2$$
$a > 1$ ならば，単調に増加，すなわち
$$x_1 < x_2 \iff \log_a x_1 < \log_a x_2$$
が成り立ちます．

§5．書き換え規則

Mathematica の柔軟性を示す好例として，書き換え規則があります．**f[x_]:=x^2** とすることで，f[x]に x^2 を割り当てることができましたが，:= を用いて，規則そのものを割り当てるという操作ができます．

```
log[x_ y_] := log[x] + log[y]
```

により，積の引数を持った式を log の和の形になおすという規則が割り当てられます．ここで，log は対数と限定したわけではなく，log という名の関数にすぎないことに注意してください．組込関数 Log とは異なるものです．

　　log[a　b^2]

と入力すると，出力は

　　log[a] + log[b²]

さらに規則を加えて

```
log[x_ ^ n_] := n log[x]
```

としておくことで

　　log[a^2　b^3]

の出力は

　　2 log[a]+3 log[b]

となります．

　　? log

によって，"log" に割り当てられた規則が確認できます．

このように，Mathematica は数学を組み立てていく構造を備えた強力な言語なのです．

トライ！8 上記 "log" の定義をした後で，次による出力結果がどうなるか予想して実行しなさい．

　　log[10 a　x^2]
　　log[Sqrt[a] / b^3]

トライ！9
$$f(x + y) = f(x) + f(y)$$
$$f(a\ x) = a\ f(x) \quad (a \text{ は数})$$

に相当する割り当て規則を Mathematica で作りなさい．この規則に従う関数 $f(x)$ は，具体的にはどんなものがありますか．また，従わない例をあげなさい．

演習問題

1 年利（複利）5%の固定利率で 100 万円を預金した．n 年後の預金は，$100 \times \left(\dfrac{\boxed{}}{100}\right)^n$ 万円となる．このとき，$\boxed{}$ 年後に利子は 150 万円以上になる．（注：$\log_{10} 2 = 0.3010$, $\log_{10} 3 = 0.4771$, $\log_{10} 7 = 0.8451$）

（慶應義塾大）

2 ある薬品の不純物は壊れやすく，7 日間で最初の量の 50% に減少する．この不純物が最初の量の 0.1% 以下になるのが $10 \times n$ 日後（n=整数）だとする．n を求めよ．ただし，$\log_{10} 2 = 0.3010$ とする．

（自治医科大）

3 実数 x に対して，$y = 5 \cdot 3^x + 2 \cdot 3^{-x}$，$z = 5 \cdot 3^x - 2 \cdot 3^{-x}$ とおくと $y^2 - z^2 = \boxed{}$ である．$z = 0$ となるのは $3^x = \sqrt{\boxed{}}$ のときであり，

第 8 章 指数を見つめて ～対数関数～

y は $x = \dfrac{\boxed{}}{\boxed{}}(\log_3 \boxed{} - \log_3 \boxed{})$ のとき最小値 $\boxed{}\sqrt{\boxed{}}$ をとる．

(大学入試センター試験)

4 すべての実数 x について
$$\log_a(ax^2 + 2x + 2) > \log_a 2 + \log_a(x^2 + 5x + 7)$$
が成り立つような a の値の範囲を求めよ．ただし，$a > 0,\ a \neq 1$ とする．

(東北学院大)

(略解)

1 n 年後の預金は $100 \times \left(\dfrac{105}{100}\right)^n$ 万円であり，利子が 150 万円以上になるとき，
$$100 \times \left(\dfrac{105}{100}\right)^n \geq 100 + 150$$
$$(1.05)^n \geq 2.5$$
両辺の 10 の対数をとって
$$\log_{10}(1.05)^n \geq \log_{10} 2.5$$
ここで，
$$\log_{10} 1.05 = \log_{10} \dfrac{21}{20} = \log_{10} \dfrac{7 \times 3}{2 \times 10}$$
$$= \log_{10} 7 + \log_{10} 3 - \log_{10} 2 - \log_{10} 10$$
$$= 0.0212$$
$$\log_{10} 2.5 = \log_{10} \dfrac{10}{4} = 1 - 2\log_{10} 2$$
$$= 0.3980$$
$$n \geq \dfrac{0.3980}{0.0212} = 18.7\cdots \quad \underline{19 \text{ 年後}}$$

2 0.1% 以下になるのが $7k$ 日後とすると，
$$\left(\dfrac{1}{2}\right)^k \leq \dfrac{1}{10^3}$$
両辺の 10 の対数をとって
$$-k\log_{10} 2 \leq -3$$
$$7k \geq \dfrac{21}{\log_{10} 2} = 69.7 \cdots \quad \underline{n = 7}$$

3 $y^2 - z^2 = (y+z)(y-z) = 40$
$z = 0$ のとき $5 \cdot 3^x = 2 \cdot 3^{-x}$
$3^{2x} = \dfrac{2}{5}$ $3^x > 0$ より $3^x = \sqrt{\dfrac{2}{5}}$

$y^2 = z^2 + 40$ なので y は $z = 0$ のとき最小値をとる．すなわち，
$$x = \log_3 \sqrt{\dfrac{2}{5}} = \dfrac{1}{2}(\log_3 2 - \log_3 5)$$
のとき最小値 $\underline{2\sqrt{10}}$ をとる．

4 与えられた式は次の式と同値
$$\log_a(ax^2 + 2x + 2) > \log_a 2(x^2 + 5x + 7) \quad \cdots ①$$
真数は正であるから，
$$ax^2 + 2x + 2 > 0 \cdots ②$$
$$x^2 + 5x + 7 > 0 \cdots ③$$
②がすべての実数 x で成り立つためには，$ax^2 + 2x + 2 = 0$ の判別式を D として，
$$\dfrac{D}{4} = 1^2 - 2a < 0 \quad \text{より} \quad a > \dfrac{1}{2} \cdots ④$$
③は $x^2 + 5x + 7 = \left(x + \dfrac{5}{2}\right)^2 + \dfrac{3}{4} > 0$
であるから，すべての実数 x で成り立つ．

i) $a > 1$ のとき，①が成り立つならば
$$ax^2 + 2x + 2 > 2(x^2 + 5x + 7)$$
$$(a-2)x^2 - 8x - 12 > 0 \cdots ⑤$$
⑤がすべての実数 x で成り立つためには，
$a > 2$ かつ $4^2 + 12(a-2) < 0$ だが，
$a < \dfrac{2}{3}$ となり，不適．

ii) $0 < a < 1$ のとき，①が成り立つならば
$$ax^2 + 2x + 2 < 2(x^2 + 5x + 7)$$
$$(2-a)x^2 + 8x + 12 > 0 \cdots ⑥$$
⑥がすべての実数 x で成り立つためには，
$$4^2 - 12(2-a) < 0 \quad a < \dfrac{2}{3} \quad \cdots ⑦$$
④，⑦より，求める a の範囲は
$$\dfrac{1}{2} < a < \dfrac{2}{3}$$

問題 1 のような値は Mathematica で
Table[{n,100(1.05)^n},{n,1,20}]//TableForm
によって手軽に計算できます．また，年利 30% の複利で 100 万円借金した場合の返済額の様子は
Plot[100(1.3)^x,{x,0,20}]
で描かれます．

他にも私たちの周囲には指数や対数で表されるものがたくさんあります．特に，変化が急激なものを捉えるときに有効です．例えば地震のエネルギーの大きさを表す"マグニチュード"や，酸性・アルカリ性の指標となる"pH"，音の大きさを表す"ホン"，星の明るさを示す"等級"などはいずれも対数を用いています．どのような式で表されるのか調べることを皆さんへの課題とします．

第9章　瞬間をとらえる　～微分～

物事は常に変化しています．その変化を的確にとらえることは，いつの時代でも課題です．

数学や物理学では，その瞬間にどう変化しているかということを突き詰めることで，"微分"が誕生しました．

§1. 瞬間の速さ

静止していた物体が，x秒間にymの距離を落下したとすると，その関係は空気抵抗などが無視できれば

$$y = 4.9x^2$$

で表されます．このとき，1秒後から3秒後までの平均の速さは，

$x = 1$ のとき $y = 4.9 \times 1^2 = 4.9$ (m)
$x = 3$ のとき $y = 4.9 \times 3^2 = 44.1$ (m)

ですから，

$$(\text{平均の速さ}) = \frac{44.1 - 4.9}{3 - 1}$$
$$= \frac{39.2}{2} = 19.6 \text{ (m/秒)}$$

と求めることができます．これを一般化したものが，次の平均変化率です．

> 関数 $y = f(x)$ で，x が a から b まで変化したとき，x, y の変化量を $\Delta x, \Delta y$ で表すとき，
> $$(\text{平均変化率}) = \frac{\Delta y}{\Delta x} = \frac{f(b) - f(a)}{b - a}$$

それでは，1秒後のまさにその瞬間には，速度はいくつになっているでしょうか．これは次のように考えられます．1秒後から，h秒たった$(1+h)$秒までの平均の速さは，

$$\frac{4.9(1+h)^2 - 4.9 \times 1^2}{(1+h) - 1} = \frac{4.9(2h + h^2)}{h} \cdots ①$$

このhの値を，どんどん0に近づけていけば，1秒後の瞬間の速さに近づいていくと考えられます．Mathematicaでは，

```
Do[h=10^(-n);
Print[N[{h,4.9(2h+h^2) / h},10]],{n,1,5}]
```

と入力すればその様子が出力されます．時間hが0に近づくに従い，速さは9.8という値に近づいてゆくことが見てとれますね．

ところで，hは①の分母であり，本来0にすることは許されません．そのために，「どんどん0に近づける」というまわりくどい言い回しをしているのですが，①をhで約分をして

$$4.9(2 + h)$$

とした後，形式的にhに0を代入すれば，容易に

$$4.9(2 + 0) = 9.8$$

と求まります．これは，先ほど見たhを0に近づけていったときに速さが近づくであろう値と一致します．この歯切れの悪い表現を，スパッと形にしてスッキリさせたものが，極限値です．

変数xがa以外の値をとりながら限りなくaの値に近づくとき，$x \to a$ と表します．このとき，関数$f(x)$の値がbに限りなく近づくことを

$$\lim_{x \to a} f(x) = b$$

と表し，bを**極限値**とよびます．

平均の速さで，時間を0に近づけた極限値が**瞬間の速さ**です．

§2. 微分

一般の関数にまでこの概念を広げます．

関数 $y = f(x)$ で，x が a から $a+h$ まで変化したとき，$x = a$ における**微分係数**を次のように定義します．

> $$f'(a) = \lim_{h \to 0} \frac{f(a+h) - f(a)}{h}$$

これを図形的に見ておきましょう．$y = f(x)$上の点 $A(a, f(a))$ と $B(a+h, f(a+h))$ で，xがaから$a+h$までの<u>平均変化率は直線 AB の傾き</u>です．この点 B を点 A にどんどん近づけていったときの傾きを見ると，$f'(x)$ の値は，点 A において $y = f(x)$ に接する直線，すなわち点 A における**接線の傾き**になることがわかります．

第 9 章 瞬間をとらえる ～微分～

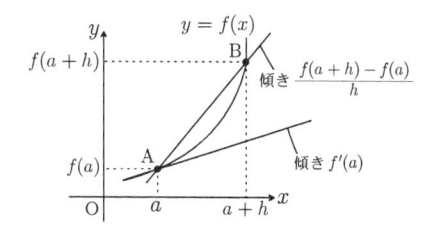

接線の傾きとは，その瞬間における関数 $f(x)$ の変化の大きさを示しています．また，これから，関数 $y = f(x)$ の $x = a$ における**接線の方程式**は次の式で与えられます．

$$y - f(a) = f'(a)(x - a)$$

トライ！1 曲線 $y = x^2$ と，$x = 1$ における接線について，スケールを縮めていった様子を見てみましょう．

```
Do[h=2^(-n);
   Plot[{x^2, 2x-1},{x,1-h,1+h},
      Axes->None,Frame->True],
 {n,0,6}]
```

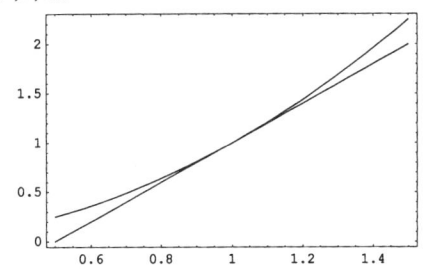

微分係数の変化を関数 $f(x)$ 全体としてとらえたものが**導関数**です．導関数は，微分係数の定義の a を x に変えることで得られます．

関数 $y = f(x)$ の導関数は

$$f'(x) = \lim_{h \to 0} \frac{f(x+h) - f(x)}{h}$$

導関数 $f'(x)$ を求める操作を，$f(x)$ を**微分する**といいます．$y = f(x)$ の導関数は次のようにも表されます．

$$\frac{dy}{dx} = \lim_{\Delta x \to 0} \frac{\Delta y}{\Delta x} = \lim_{\Delta x \to 0} \frac{f(x + \Delta x) - f(x)}{\Delta x}$$

例えば，くねくね曲がった夜道をバイクが進むことをイメージしてください．バイクがつけているライトの示す方向は，その瞬間にバイクが向かおうとしている方向です．道を関数のグラフと考えれば，ライトから発する光の向きはその場所での接線の方向です．真っ暗な場所でも，上空からライトの向きを見ることで，道の具合，すなわちその点での関数の様子がわかります．ずっとライトの変化を見続ければ，道の全体像，つまり関数全体をとらえることができるのです．瞬間をとらえることが全体につながる．これが微分の意味です．

さて，極限値の定義に従えば，「h が 0 以外の値をとりながら」近づいているので，形式的に約分をすることができます．そこで，

$f(x) = x^2$ のとき，
$$f'(x) = \lim_{h \to 0} \frac{(x+h)^2 - x^2}{h}$$
$$= \lim_{h \to 0}(2x + h) = 2x$$

のように最終的に h に 0 を代入して導関数や微分係数を求めることができます．

トライ！2 次の関数について，導関数を定義に従って求めてください．

(1) $f(x) = x^3$ (2) $f(x) = x^2 + 5x + 3$

(3) $f(x) = \dfrac{1}{x}$ (4) $f(x) = \sqrt{x}$

Mathematica では，x^3 を x について微分することを

D[x^3,x]

と表現します．また，**f[x]** が定義されていない状態で

D[f[x], x]

とすると，

f'[x]

と出力されます．これが微分のもうひとつの形．

f[x_]:=x^2
f'[x]

と定義した後に微分の命令を行うと $2x$ が出力されます．

トライ！3 Mathematica を用いて，$f(x) = x^n$ の導関数を求めてください．他にも様々な関数を微分してみましょう．

一般に，導関数には次の性質があります．

定数 k について
$y = kf(x)$ のとき $y' = kf'(x)$
$y = f(x) + g(x)$ のとき $y' = f'(x) + g'(x)$
（y' は関数 $y = f(x)$ の導関数を表す）

また，$f(x) = x^n$ （n は有理数）を微分すると

$$f'(x) = nx^{n-1}$$

トライ！4 次の関数を微分しなさい．
(1) $x^2 - 5x + 3$　(2) $(x+2)^3$

トライ！5 次の関数を ( ) 内の文字で微分しなさい．
(1) $S = \pi r^2$ (r)　(2) $h = v_0 t - \frac{1}{2} g t^2$ (t)

一般に，位置 s と時刻 t との関係が $s = f(t)$ で表される運動で，**速度** v は
$$v = \frac{ds}{dt} = f'(t)$$
で求められる量です．速度は向きをもっており，**速さ**は速度の絶対値になります．

トライ！6 (1) 曲線 $y = x^2 - 2x$ で，$x = 3$ の点における接線の方程式を求めなさい．
(2) 曲線 $y = x^2$ に，点 $(1, -3)$ から引いた接線の方程式を求めなさい．

§3．関数の増減

次は関数 $y = x^3 - 3x$ について，接線の傾きの変化を示すアニメーションのプログラムです．

```
f[x_]:=x^3-3x;
Do[ y=f [a] ;
    Show[ {
       Plot[{ f [x],f ' [a](x-a)+y},{x,-3,3},
       AspectRatio->Automatic,
       PlotRange->{-4,4},
       PlotStyle->{Hue[0.6],Hue[0]},
       DisplayFunction->Identity],
       Graphics[{Hue[0],PointSize[0.03],
       Point[{a,y}]}] },
    DisplayFunction->$DisplayFunction],
    {a,-2,2,0.2}]
```

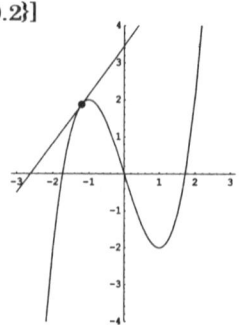

接線の様子から，次のことが確認できるでしょう．

- 常に $f'(x) > 0$ の区間では，$f(x)$ は**単調に増加**
- 常に $f'(x) < 0$ の区間では，$f(x)$ は**単調に減少**

$f(x) = x^3 - 3x$ において，$x = -1$ では接線の傾きは 0 になり，その前後では，傾きが正から負に変化しています．このような状態では，$x = -1$ を含む十分小さい区間では $f(-1) = 2$ が最大の値となります．

一般に，$f'(x)$ の値が $x = a$ の前後で正から負に変わるとき，$x = a$ で**極大**になるといい，$f(a)$ を**極大値**といいます．

また，$f'(x)$ の値が $x = a$ の前後で負から正に変わるとき，$x = a$ で**極小**になるといい，$f(a)$ を**極小値**といいます．

$x = a$ で極値をとるならば　$f'(a) = 0$

なので，これが関数を調べる目安になります．

例えば，$y = \frac{1}{4} x^4 - x^3 + 4x$ のグラフは，
$$y' = x^3 - 3x^2 + 4 = (x+1)(x-2)^2$$
より，$y' = 0$ のとき $x = -1, 2$
これを目安に下のような**増減表**が書けます．

x	$\cdots$	-1	$\cdots$	2	$\cdots$
y'	$-$	0	$+$	0	$+$
y	$\searrow$	$-\frac{11}{4}$	$\nearrow$	4	$\nearrow$

よって，$x = -1$ のとき極小値 $-\frac{11}{4}$ をとります．

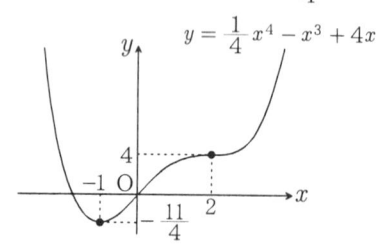

この関数の $x = 2$ における点のように，「$f'(a) = 0$ であっても必ずしも極値でない」ことがあるので注意が必要です．

トライ！7 次の関数の極値を調べ，グラフを描きなさい．書けたら Mathematica の Plot 命令で正しいかどうか確認しましょう．
(1) $y = -x^3 + 3x^2$　(2) $y = x^3 - 6x$
(3) $y = x^3 + x^2 + x - 1$
(4) $y = x^4 - 2x^2 + 1$
(5) $y = 3x^4 - 16x^3 + 18x^2 + 5$

トライ！8 次の関数の [ ] 内の区間におけ

第 9 章 瞬間をとらえる 〜微分〜

る最大値と最小値を求めなさい．
(1) $y = x^3 - 12x$ $[-3, 4]$
(2) $y = x^4 - 6x^2 - 8x + 10$ $[-2, 3]$

トライ！9 方程式 $x^3 - 3x^2 - 9x + k = 0$ が異なる 3 つの実数解をもつように，定数 k の値の範囲を定めなさい．

演習問題

1 関数 $f(x) = ax^2 + (5-a^2)x - 2$ について，次の問いに答えよ．
(1) 異なる 2 つの実数 x_1 と x_2 について，つねに
$$\frac{f(x_1) + f(x_2)}{2} < f\left(\frac{x_1 + x_2}{2}\right)$$
となるための定数 a についての条件を求めよ．
(2) (1) の条件が満たされているとする．
$$g(t) = (t-1)f(t+1) + (t+1)f(t-1)$$
で定義される関数 $g(t)$ が，$-1 < t < 0$ と $0 < t < 1$ でひとつずつ極値をとるための定数 a についての条件を求めよ．
(横浜国立大)

2 方程式 $2\cos^3 x + \cos 2x - a = 0$ が $0° \leqq x \leqq 180°$ においてただ 1 つの解をもつとき，実数 a がみたす範囲を求めよ．
(富山大)

（略解）

1 (1)
$$f\left(\frac{x_1+x_2}{2}\right) - \frac{f(x_1)+f(x_2)}{2}$$
$$= a\left(\frac{x_1+x_2}{2}\right)^2 + (5-a^2)\left(\frac{x_1+x_2}{2}\right) - 2$$
$$- \frac{a(x_1^2 + x_2^2) + (5-a^2)(x_1+x_2) - 2\times 2}{2}$$
$$= -a\left(\frac{x_1-x_2}{2}\right)^2$$

これが任意の $x_1 \neq x_2$ で正となるためには
$$\underline{a < 0}$$

(2) $g(t) = (t-1)f(t+1) + (t+1)f(t-1)$
$= 2at^3 + (10 - 2a^2)t^2 - (2a+4)t + 2a^2 - 10$
$g'(t) = 6at^2 + 2(10 - 2a^2)t - (2a+4)$

$a < 0$ より，3 次関数 $g(t)$ が，$-1 < t < 0$ と $0 < t < 1$ でひとつずつ極値をとるためには，

$\begin{cases} g'(-1) < 0 \\ g'(0) > 0 \\ g'(1) < 0 \end{cases}$ すなわち $\begin{cases} 4a^2 + 4a - 24 < 0 \\ -(2a+4) > 0 \\ -4a^2 + 4a + 16 < 0 \end{cases}$

$\therefore \underline{-3 < a < -2}$

(1) を満たす場合は，以下のような図になることより $a < 0$ が答えであることがわかります．

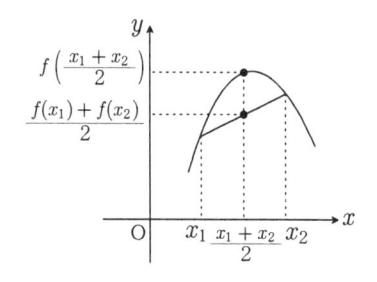

2 $t = \cos x$ とおくと，$0° \leqq x \leqq 180°$ では x と t は一対一対応で $-1 \leqq t \leqq 1$
$\cos 2x = 2\cos^2 x - 1$ より
$$2\cos^3 x + \cos 2x = 2t^3 + 2t^2 - 1$$

$y = 2t^3 + 2t^2 - 1$ $(-1 \leqq t \leqq 1)$ のグラフは右図のようになり，このグラフと $y = a$ との交点の個数が 1 つとなる実数 a の範囲が求めるものである．したがって
$$-\frac{19}{27} < a < 3$$

Mathematica では，次により直接関数を描けます．

```
f[x_] := 2Cos[x]^3 + Cos[2x]
Plot[f[x],{x,0,Pi}]
```

また，極値の候補は次の命令で出力されます．

```
Solve[ f'[x] == 0, x ]
f[x] /. %
FullSimplify[%]
```

実際に極値となるかどうか，グラフなどを参照して確認することが重要です．

第10章   数を紡ぐ ～数列～

§1．リストと数列

MathematicaのTable関数を用いると様々な形のリストを作ることができます．

Table[2n-1,{n,1,5}]

は$2n-1$のnに1から5の値を代入したリストを生成することを表し，

$$\{1, 3, 5, 7, 9\}$$

と出力されます．

このリストの要素のように，数を並べたものを**数列**といい，それぞれの数を数列の**項**といいます．数列は一般的に次のように表せます．

$$a_1, a_2, \cdots, a_n$$

最初の項a_1を**初項**または第1項といい，以下，第2項，第3項のようによびます．数列の第n項a_nがnの式で表されているとき，これを数列の**一般項**といいます．先に作った

$$1, 3, 5, 7, 9$$

では，一般項は$a_n = 2n-1$です．

一般項a_nによる数列を$\{a_n\}$とも表します．

トライ！1　どのような数列が出力されるか予想した後に実行してみましょう．

(1)　Table[3 n+1 ,{n,1,5}]
(2)　Table[2^n ,{n,1,10}]
(3)　Table[(-1)^n / n ,{n,1,5}]
(4)　Table[Sin[(Pi /6) n] ,{n,1,12}]

Prime[n]は，n番目の素数を表す関数です．

Table[Prime[n],{n,1,100}]

により，100番目までの素数のリストが出力できます．また，

ListPlot[%]

によって，その直前に出力されたリストの状況をグラフにすることができます．素数の数列は，一見素朴なようで複雑であり，重要な研究対象です．

トライ！2　次の数列を要素とするリストをMathematicaで出力してください．

(1)　2, 5, 8, 11, 14
(2)　8, 6, 4, 2, 0, -2, -4
(3)　1, 2, 4, 8, 16, 32
(4)　3, 6, 12, 24, 48, 96
(5)　64, -32, 16, -8, 4, -2, 1

初項に一定の数を加えて得られる数列を**等差数列**といい，加える数を**公差**といいます．

$$2, 5, 8, 11, 14, \cdots$$

は，初項2，公差3の等差数列です．一般に，

> 初項a，公差dの等差数列の一般項は
> $$a_n = a+(n-1)d$$

初項に一定の数を掛けて得られる数列を**等比数列**といい，掛ける数を**公比**といいます．

$$3, 6, 12, 24, 48, \cdots$$

は，初項3，公比2の等比数列です．

> 初項a，公比rの等比数列の一般項は
> $$a_n = ar^{n-1}$$

トライ！3　次の命令で，数列の様子をながめましょう．また代入する値を変えてみましょう．

(1)　a=2; d=3;　Table[a+(n-1)d,{n,1,10}]
　　 ListPlot[%]
(2)　a=3; r=2;　Table[a*r^(n-1),{n,1,7}]
　　 ListPlot[%]

§2．数列の和

まず，等差数列の和について考えます．初項2，公差3の等差数列の初項から第7項までの和Sを次のように求めることができます．

$$S = 2+5+8+11+14+17+20$$
$$S = 20+17+14+11+8+5+2$$

を各項ごとにたして

$2S = 22+22+22+22+22+22+22 = 22\times 7$
$\therefore\ S = 22\times 7/2 = 77$

この方法を一般化すると次の式が得られます．

初項 a，公差 d の等差数列の初項から第 n 項までの和 S_n は，
$$S_n = \frac{n}{2}(a+a_n) = \frac{n}{2}\{2a+(n-1)d\}$$

トライ！4 次の等差数列の和を求めなさい．
(1) 初項 5，公差 9 の等差数列の初項から第 8 項までの和
(2) $a_3 = 55$, $a_7 = 27$ となる等差数列の初項から第 n 項までの和

トライ！5 次の和を n の式で表しなさい．
(1) n 番目までの自然数の和
$$1+2+3+\cdots+n$$
(2) n 番目までの奇数の和
$$1+3+5+\cdots+(2n-1)$$

等比数列 $a_n = ar^{n-1}$ の和は，次のように求めることができます．

初項から第 n 項までの和を S_n とすると，
$$S_n = a + ar + ar^2 + \cdots + ar^{n-1}$$
両辺に公比 r を掛けて
$$rS_n = ar + ar^2 + \cdots + ar^{n-1} + ar^n$$
辺々を引いて
$$(1-r)S_n = a(1-r^n)$$

等比数列 $a_n = ar^{n-1}$ の和 S_n は
$r \neq 1$ のとき $S_n = \dfrac{a(1-r^n)}{1-r}$
$r = 1$ のとき $S_n = na$

初項 3，公比 2 の等比数列の一般項は $a_n = 3\cdot 2^{n-1}$，初項から第 n 項までの和は $3(2^n - 1)$ となります．

トライ！6 初項 1，公比 (-1/2) の等比数列の初項から第 10 項までを要素とするリストを出力しなさい．また，その和を求めなさい．

一般に，数列 $a_1, a_2, \cdots, a_n$ の和を，記号 Σ を使って次のように表します．
$$a_1 + a_2 + \cdots + a_n = \sum_{k=1}^{n} a_k$$

Mathematica では，
Sum[a_k,{k,1,n}]
の形で，数列の和を求めることができます．
Sum[k,{k,1,n}]
は $1+2+3+\cdots+n$ を計算し $\dfrac{1}{2}n(1+n)$ と出力されます．

トライ！7 次の結果を確認しなさい．
(1) Sum[k,{k,1,100}]
(2) Sum[3,{k,1,n}]
(3) Sum[2k-1,{k,1,n}]
(4) Sum[k^2,{k,1,n}]
(5) Sum[k^3,{k,1,n}]
(6) Sum[k^2+k,{k,1,n}]
     Factor[%]
(7) Sum[5^k,{k,1,n}]
(8) Sum[x^k,{k,0,n-1}]

$$\sum_{k=1}^{n}(a_k+b_k) = \sum_{k=1}^{n}a_k + \sum_{k=1}^{n}b_k$$
$$\sum_{k=1}^{n} ca_k = c\sum_{k=1}^{n} a_k\ (c は a_k に無関係な定数)$$
$$\sum_{k=1}^{n} k = \frac{1}{2}n(n+1)$$
$$\sum_{k=1}^{n} k^2 = \frac{1}{6}n(n+1)(2n+1)$$

トライ！8 次の和を筆算で求めなさい．できたら Mathematica で確認しましょう．
(1) $\displaystyle\sum_{k=1}^{n}(3k^2 - 7k + 4)$
(2) 数列 $1^2, 4^2, 7^2, 10^2, \cdots$ の第 n 項までの和
(3) $1 + 2x + 3x^2 + 4x^3 + \cdots + nx^{n-1}$

数列 $\{a_n\}$ が与えられているとき，
$$b_n = a_{n+1} - a_n\quad (n=1,2,3,\cdots)$$
として，その隣り合う 2 項の差をとってできる数列 $\{b_n\}$ を $\{a_n\}$ の**階差数列**といいます．階差数列 $\{b_n\}$ の一般項がわかれば，もとの数列 $\{a_n\}$ の一般項は，次の式で求めることができます．

$$a_n = a_1 + \sum_{k=1}^{n-1} b_k\quad (n \geq 2)$$

和が $n-1$ までであることに注意しましょう．
例えば，1, 2, 5, 10, 17, 26, $\cdots$ の階差数列は

$$1, 3, 5, 7, 9, \cdots$$
より，$b_n = 2n-1$ よって，$n \geq 2$ のとき
$$a_n = a_1 + \sum_{k=1}^{n-1}(2k-1)$$
$$= 1 + 2 \cdot \frac{(n-1)n}{2} - (n-1)$$
$$= n^2 - 2n + 2$$
この式に $n=1$ を代入すると a_1 の値と等しい．よって，$a_n = n^2 - 2n + 2$

トライ！9 次の数列の一般項を求めなさい．
(1) $2, 9, 22, 41, 66, 97, \cdots$
(2) $1, 2, 5, 14, 41, 122, \cdots$

§3．漸化式

等差数列では，初項 a より順次 a_n に公差 d を加えて次の項 a_{n+1} が得られます．このルールに着目すれば，次のように書き表せます．
$$a_1 = a, \quad a_{n+1} = a_n + d$$
このように，項の間の関係で数列を規定する等式を**漸化式**といいます．
$$2, 5, 8, 11, 14, \cdots$$
は漸化式で示すと
$$a_1 = 2, \quad a_{n+1} = a_n + 3$$
となります．

Mathematica では，漸化式を関数定義の形で表現できます．

a[1]=2 ; a[n_]:=a[n-1]+3

のように，$a_n = a_{n-1} + 3$ と前の項に3を足して項が得られるというように記述します．このように定義しておくと，

a[3]

と入力して第3項の値8が得られます．また，

Table[a[n], {n,1,10}]

により具体的な値をリストとして出力できます．
$$\{2, 5, 8, 11, 14, 17, 20, 23, 26, 29\}$$

トライ！10 次の漸化式で定められる数列は，どのようなものか考えてみましょう．また Mathematica の関数定義によりリストを出力しましょう．一般項はどうなるでしょうか．
(1) $a_1 = 1, \ a_{n+1} = 2a_n$
(2) $a_1 = 2, \ a_{n+1} = a_n + 3n$
(3) $a_1 = 1, \ a_{n+1} = (n+1)a_n$
(4) $a_1 = 1, \ a_{n+1} = 3a_n + 2$

(1)は等比数列になりますね．(2)は，階差数列を考えれば求められます．(3)は階乗の帰納的な定義です．

(4)の一般項を求める方法を示します．
$a_{n+1} = 3a_n + 2$ の a_{n+1}, a_n を α とおいた式
$$\alpha = 3\alpha + 2$$
を作ります．これを**特性方程式**といいます．この α を用いて，漸化式を
$$a_{n+1} - \alpha = 3(a_n - \alpha)$$
すなわち $a_{n+1} + 1 = 3(a_n + 1)$
と変形することができます．数列 $\{a_n - \alpha\}$ は公比3の等比数列であり，初項は $a_1 - \alpha = 1-(-1) = 2$ より，
$$a_n + 1 = 2 \cdot 3^{n-1} \quad \therefore \ a_n = 2 \cdot 3^{n-1} - 1$$
Mathematica を用いて

a[1]=1; a[n_]:=3 a[n-1]+2
Table[a[n],{n,1,10}]

と

Table[2*3^(n-1)-1,{n,1,10}]

が一致することからも確認できます．

トライ！11 次の数列の一般項を求めなさい．
(1) $a_1 = 6, \ a_{n+1} = 5a_n - 4$
(2) $a_1 = 1, \ 2a_{n+1} - a_n + 2 = 0$

$$1, 1, 2, 3, 5, 8, 13, 21, 34, 55, \cdots$$
は，前の2項の和が次の項となっています．漸化式で表すと
$$a_1 = a_2 = 1$$
$$a_{n+2} = a_{n+1} + a_n$$

この数列は**フィボナッチ数列**とよばれます．自然界にもよくみられる数列で，数学の中でも様々な場面で現れ，独特の位置を占めています．このフィボナッチ数列の一般項を求めてみましょう．
$$a_{n+2} = a_{n+1} + a_n \quad \cdots ①$$
の特性方程式は
$$x^2 = x+1 \quad \text{すなわち} \quad x^2 - x - 1 = 0$$
です．この解を $\alpha, \beta \ (\alpha < \beta)$ とおくと
$$(x-\alpha)(x-\beta) = 0 \ \text{より}$$
$$x^2 - (\alpha+\beta)x + \alpha\beta = 0$$
したがって①は
$$a_{n+2} - (\alpha+\beta)a_{n+1} + \alpha\beta a_n = 0$$
と変形でき，これより
$$\begin{cases} a_{n+2} - \alpha a_{n+1} = \beta(a_{n+1} - \alpha a_n) \\ a_{n+2} - \beta a_{n+1} = \alpha(a_{n+1} - \beta a_n) \end{cases}$$

第10章 数を紡ぐ 〜数列〜

数列 $\{a_{n+1} - \alpha a_n\}$, $\{a_{n+1} - \beta a_n\}$ はそれぞれ公比 β, α の等比数列となるため，
$$\begin{cases} a_{n+1} - \alpha a_n = (a_2 - \alpha a_1)\beta^{n-1} & \cdots ② \\ a_{n+1} - \beta a_n = (a_2 - \beta a_1)\alpha^{n-1} & \cdots ③ \end{cases}$$
②−③より
$$(\beta - \alpha)a_n = (a_2 - \alpha a_1)\beta^{n-1} - (a_2 - \beta a_1)\alpha^{n-1}$$
ここで，$\alpha + \beta = 1$ より
$$a_2 - \alpha a_1 = 1 - \alpha = \beta,$$
$$a_2 - \beta a_1 = 1 - \beta = \alpha$$
$$\therefore \quad a_n = \frac{\beta^n - \alpha^n}{\beta - \alpha}$$
$\alpha = (1-\sqrt{5})/2$, $\beta = (1+\sqrt{5})/2$ を代入して，フィボナッチ数列の一般項は
$$a_n = \frac{1}{\sqrt{5}}\left\{\left(\frac{1+\sqrt{5}}{2}\right)^n - \left(\frac{1-\sqrt{5}}{2}\right)^n\right\}$$

一般項 a_n は自然数であるのに，無理数で表されるとは興味深いですね．学習を進めていくと，この数列の奥深さが見えてくるでしょう．

トライ！12 次の数列の一般項を求めなさい．
(1) $a_1 = 2$, $a_2 = 5$, $a_{n+2} = 5a_{n+1} - 6a_n$
(2) $a_1 = 1$, $a_2 = 4$, $a_{n+2} - 4a_{n+1} + 4a_n = 0$

演習問題

1 数列 $\{a_n\}$ に対して
$$S_n = a_1 + a_2 + \cdots + a_n \quad (n = 1, 2, \cdots)$$
とおく．$a_1 = 2$, $a_2 = 4$,
$$S_n = \frac{S_{n+1} + S_{n-1}}{2} - n \quad (n = 2, 3, \cdots)$$
であるとき，a_n と S_n を求めなさい．
(学習院大)

2 次の式を満たす数列 $\{a_n\}$, $\{b_n\}$ がある．
$$\begin{cases} a_1 = 2, \ b_1 = 1 \\ a_{n+1} = 2a_n + 3b_n \\ b_{n+1} = a_n + 2b_n \end{cases}$$
次の問に答えよ．
(1) $c_n = a_n + kb_n$ とする．数列 $\{c_n\}$ が等比数列となる正の数 k を求めよ．
(2) (1)で求めた k について，$d_n = a_n - kb_n$ とする．数列 $\{c_n\}$, $\{d_n\}$ の一般項を求めよ．
(3) 一般項 a_n, b_n を求めよ．
(大阪教育大)

（略解）

1 $S_n - S_{n-1} = a_n$ を用います．
$$S_n = \frac{S_{n+1} + S_{n-1}}{2} - n \text{ を変形して}$$
$$S_{n+1} - S_n - (S_n - S_{n-1}) = 2n$$
$S_n - S_{n-1} = a_n$ より
$$a_{n+1} - a_n = 2n \ (n = 2, 3, \cdots)$$
また，$a_1 = 2$, $a_2 = 4$ より $a_2 - a_1 = 2$
よって $a_{n+1} - a_n = 2n \ (n = 1, 2, 3, \cdots)$
$\{a_n\}$ の階差数列が $\{2n\}$ であるので $n \geqq 2$ で
$$a_n = a_1 + \sum_{k=1}^{n-1} 2k = n^2 - n + 2$$
この式に $n = 1$ を代入すると a_1 の値と等しい．
$$\therefore \quad a_n = \underline{n^2 - n + 2} \ (n = 1, 2, 3, \cdots)$$
$$S_n = \sum_{k=1}^{n}(k^2 - k + 2) = \underline{\frac{1}{3}n(n^2 + 5)}$$

2 (1) $c_{n+1} = a_{n+1} + kb_{n+1}$
$$= 2a_n + 3b_n + k(a_n + 2b_n)$$
$$= (2+k)a_n + (3+2k)b_n \quad \cdots ①$$
数列 $\{c_n\}$ が等比数列であれば公比を r とおき
$$c_{n+1} = rc_n = ra_n + rkb_n \quad \cdots ②$$
①と②の a_n, b_n の係数を比較して
$$\begin{cases} 2 + k = r \\ 3 + 2k = rk \end{cases} \text{ から } k^2 = 3$$
k は正の数であるので $\underline{k = \sqrt{3}}$

(2) 数列 $\{c_n\}$ の一般項は
初項 $c_1 = a_1 + \sqrt{3}\,b_1 = 2 + \sqrt{3}$
公比 $r = 2 + k = 2 + \sqrt{3}$ より
$$c_n = (2 + \sqrt{3})^n$$
同様にして $d_n = (2 - \sqrt{3})^n$

(3) $\begin{cases} c_n = a_n + kb_n \\ d_n = a_n - kb_n \end{cases}$ より $\begin{cases} a_n = (c_n + d_n)/2 \\ b_n = (c_n - d_n)/2k \end{cases}$

ゆえに $\begin{cases} a_n = \dfrac{(2+\sqrt{3})^n + (2-\sqrt{3})^n}{2} \\ b_n = \dfrac{(2+\sqrt{3})^n - (2-\sqrt{3})^n}{2\sqrt{3}} \end{cases}$

第11章 組合せの妙味 〜二項定理〜

数えあげることは，人間がはるか昔から行ってきたことですが，現代数学にもつながる奥の深いことです．この章では，単純なことの数えあげから始め，重要な公式への道筋をMathematicaでたどりましょう．

§1．順列

"a, b, c"の3つの文字を並べ替えるとき，そのすべての場合は，Mathematicaの次の命令で見ることができます．

Permutations[{a,b,c}]

これにより，{a,b,c}を並べ替えたリストが出力されます．

{{a,b,c},{a,c,b},{b,a,c},{b,c,a},{c,a,b},{c,b,a}}

この出力の各要素を{a,b,c}から3つとって並べた「順列」といいます．また並べ替えの総数は，

Length[%]

によって確認できます．**Length**はリストの要素の個数を出力する関数です．

一般に，n個のものからr個を取り出して順序を与えて並べる場合をn個からr個を取り出す**順列**といい，その場合の数を$_nP_r$で表します．

{a,b,c}を並べる場合では，最初の文字の選び方が3通り，次の文字の選び方が2通り，最後は残りの1通りですから，全部で

$_3P_3 = 3 \times 2 \times 1 = 6$ （通り）

と計算できます．これは**Length**の出力結果に相当しますね．

n個のものを一列に並べる順列の総数は，

$n(n-1)(n-2)(n-3)\cdots\cdot 3\cdot 2\cdot 1$

で計算でき，これをnの**階乗**といい，$n!$で表します．Mathematicaでは，次のようにして一覧を表示することができます．

Table[{n,n!},{n,0,10}]//TableForm

次に，一部分だけ並べる順列を考えましょう．たとえば，4個から2個を取る順列について見ていきます．

Take[{a,b,c,d},2]

と入力してみてください．これは，リスト先頭から2つの要素を取り出す関数です．すべての順列に対してこれを適用するには，**Map**という命令が便利です．

Map[3*#&,{a,b,c}]

と入力すると，{3a,3b,3c}となります．このように．**Map**は，式の#の部分に，&，以下で示されたリストの要素を適用する命令です．

▶**トライ！1** 次の結果を予想してください．
(1) **Map[2*#&,{1,2,3,k}]**
(2) **Map[x^#&,{a,b,c}]**
(3) **Take[{a,m,a,d,e,u,s},3]**
(4) **Map[Take[#,2]&,{{i,k,a},{t,o,r,o}}]**
(5) **Map[Take[#,2]&,Permutations[{a,b,c,d}]]**

最後の結果は，

{{a,b},{a,b}{a,c},{a,c},{a,d},{a,d},{b,a},{b,a},{b,c},
{b,c},{b,d},{b,d},{c,a},{c,a},{c,b},{c,b},{c,d},{c,d},
{d,a},{d,a},{d,b},{d,b},{d,c},{d,c}}

と，{a,b,c,d}を並べた順列の先頭2つを取ったものです．その総数は4! = 24です．しかし，これらの中には重複するものがあります．同一の要素をまとめる関数として，**Union**があります．

Union[Map[Take[#,2]&,
Permutations[{a,b,c,d}]]]

{{a,b},{a,c},{a,d},{b,a},{b,c},{b,d},
{c,a},{c,b},{c,d},{d,a},{d,b},{d,c}}

結果をよく眺めてください．4個から2個を取った順列が全て登場しているはずです．総数は何個になりましたか．それは4!とどのような関係にありますか．

▶**トライ！2** {a,b,c,d,e}から3個を取って並べた順列をすべて出力させなさい．それらの総数は何個ですか．**Length**関数で確認しなさい．それは5!の何分の1ですか．なぜそのような計算になるのでしょうか．

第11章 組合せの妙味 〜二項定理〜

これまでのことから，$_nP_r = \dfrac{n!}{(n-r)!}$ であることが言えます．そこで，順列の総数を求める式を定義しましょう．

トライ！3 `perm[n_,r_]:=` の後に式を補い，順列の総数の計算をさせる関数を定義しなさい．`perm[4,2]` `perm[5,3]` などで順列が正しく計算されるか確認してください．

トライ！4 `Table[perm[6,r],{r,0,6}]` の結果を考えてください．

§2. 二項係数

```
pm=Union[Map[Take[#,2]&,
        Permutations[{a,b,c,d}]]]
```
で出力されたリスト
{{a,b},{a,c},{a,d},{b,a},{b,c},{b,d},
{c,a},{c,b},{c,d},{d,a},{d,b},{d,c}}
は，順序を考えたものですが，<u>要素の中身が同じもの</u>を数えるといくつになりますか．

中身が同じものをまとめるためには，中身を並び替えて同一のものをまとめるとよいでしょう．

並び替えの関数として，**Sort** があります．
    `Sort[{d,b,a,c}]`
で作用を確認してください．

順列では，リストの中身すべてについて並び替えを行うので Map 関数が必要になります．
    `Union[Map[Sort,pm]]`
  {{a,b},{a,c},{a,d},{b,c},{b,d},{c,d}}

このように並べ方の順序を問わない要素の組が **組合せ** です．n 個のものから r 個とった組合せでは，n 個のものから r 個とって並べた順列のうち $r!$ 個のものが同一視できますから，組合せの総数は
$$_nC_r = \frac{_nP_r}{r!} = \frac{n!}{r!(n-r)!}$$
で表せます．Mathematica では，この値を求める **Binomial** という関数があります．

トライ！5 次の結果を予想しなさい．
(1) `Binomial[4,2]` (2) `Binomial[8,3]`
(3) `Binomial[5,0]` (4) `Binomial[n,2]`

トライ！6 下図で地点Sから地点Gへ遠回りをせずに行く道順は何通りありますか．

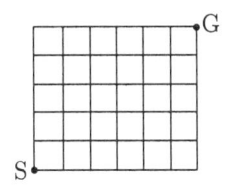

上へ1区画進むステップを a，右へ1区画進むことを b で表すと，スタートからゴールへ行く道筋は，$aaaaabbbbbb$ の 11 文字を並べる場合の数に相当します．これは，全 11 ステップのうちどのステップで a を実行するかということで決まりますから，
$$_{11}C_5 = 462$$
と求まります．b を実行するステップに着目して，$_{11}C_6 = 462$ と求めることもできます．

これを別の角度から考えてみましょう．まず，道のスタート地点が上になるようにします．

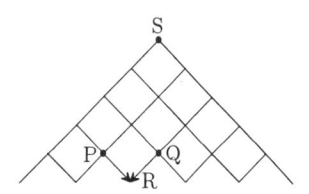

上図で，地点Rに行くためには，地点Pまたは地点Qを経由していく2パターンがあり，その和が地点Rに行く場合の数になります．その方法で各地点に行く場合の数を求めて並べると，次のように数が三角形状に並びます．

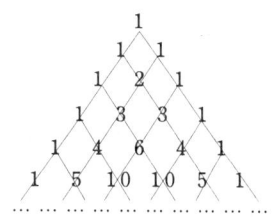

```
          1
         1 1
        1 2 1
       1 3 3 1
      1 4 6 4 1
     1 5 10 10 5 1
```

実は，これは $_nC_r$ を次のように並べたものに相当します．

$$_0C_0$$
$$_1C_0 \; _1C_1$$
$$_2C_0 \; _2C_1 \; _2C_2$$
$$_3C_0 \; _3C_1 \; _3C_2 \; _3C_3$$
$$_4C_0 \; _4C_1 \; _4C_2 \; _4C_3 \; _4C_4$$
$$_5C_0 \; _5C_1 \; _5C_2 \; _5C_3 \; _5C_4 \; _5C_5$$
$$\cdots\cdots\cdots\cdots\cdots\cdots\cdots$$
$$_nC_0 \; _nC_1 \; _nC_2 \cdots\cdots _nC_{n-1} \; _nC_n$$

このことから，0以上の整数 n で次の式が成り立つことが分かります．

$$_nC_0 = {_nC_n} = 1 \ (n \geqq 0)$$
$$_nC_r = {_{n-1}C_{r-1}} + {_{n-1}C_r} \ (0 < r < n)$$

このように，$_nC_r$ は帰納的に定義することができます．この規則で作られた数の並びを，**パスカルの三角形**とよびます．

トライ！7 次の漸化式で定義することで $_nC_r$ を求めることができることを確認しなさい．

```
c[n_,k_]:=1/;k==0;
c[n_,k_]:=1/;n==k;
c[n_,k_]:=c[n-1,k-1]+c[n-1,k] /;k>=1&&k<n
```

次によりパスカルの三角形の $n=8$ の段までのリストが出力されます．

```
Table[c[n,k],{n,0,8},{k,0,n}]
```

Binomial を用いた次の定義による出力は上の結果と同じになるはずです．

```
pascal[m_]:=
  Table[Binomial[n,k],{n,0,8},{k,0,n}]
pascal[8]
```

この結果を三角形の形にするには，次の書式を用いると簡単便利です．

```
ColumnForm[%,Center]
```
{1}
{1, 1}
{1, 2, 1}
{1, 3, 3, 1}
{1, 4, 6, 4, 1}
{1, 5, 10, 10, 5, 1}
{1, 6, 15, 20, 15, 6, 1}
{1, 7, 21, 35, 35, 21, 7, 1}
{1, 8, 28, 56, 70, 56, 28, 8, 1}

トライ！8 $(a+b)^6$ を展開しなさい．

```
Expand[(a+b)^6]
```

この式は $_nC_r$ とどのような関係があるでしょうか．また，$(a+b)^n$ の n の値を変えて調べてみましょう．

トライ！9 次の結果を予想しなさい．係数の値について考察しなさい．

```
TableForm[
  Table[{(1+x)^n,Expand[(1+x)^n]},
    {n,0,8}]]
```

上の結果からもわかるように，パスカルの三角形は，$(a+b)^n$ を展開した係数に一致します．例えば，$(a+b)^5$ で a^3b^2 の項は，

$$(a+b)(a+b)(a+b)(a+b)(a+b)$$

の（ ）のいずれかから a を3つ b を2つ選んだ積としてできるので，その場合の個数は

$$_5C_2 = 10$$

となります．したがって，$(a+b)^5$ を展開したとき a^3b^2 の係数は 10 となります．

これを一般化したものが次の**二項定理**です．

$$(a+b)^n = \sum_{r=0}^{n} {_nC_r} a^{n-r} b^r$$

$_nC_r$ は，この展開式の係数となるため，**二項係数**ともよばれます．

トライ！10 二項係数の次の性質を示しなさい．

(1) $_nC_r = {_nC_{n-r}}$

(2) $_nC_0 + {_nC_1} + {_nC_2} + \cdots + {_nC_n} = 2^n$

(3) $_nC_0 - {_nC_1} + {_nC_2} - \cdots + (-1)^n {_nC_n} = 0$

(4) $n \, {_mC_n} = m \, {_{m-1}C_{n-1}} \ (1 \leqq n \leqq m-1)$

演習問題

1 (1) $(1+x)^n$ の展開式のおける x^4, x^5, x^6 の係数をそれぞれ a, b, c とする．a, b, c がこの順序で等差数列になるのは $n = \boxed{}$ または $\boxed{}$ のときである．n がこれらのうち小さい方の値をとるとき，$a = \boxed{}$，$b = \boxed{}$，$c = \boxed{}$ である．

(2) $(1+x) + (1+x)^2 + (1+x)^3 + \cdots + (1+x)^n$ における x^3 の係数は $\boxed{}$ である．

(慶應義塾大)

2 (1) k を自然数とする．m を $m = 2^k$ とおくとき，$0 < n < m$ をみたすすべての整数 n について，二項係数 $_mC_n$ は偶数であることを示せ．

(2) 以下の条件をみたす自然数 m をすべて求めよ．

条件：$0 \leqq n \leqq m$ をみたすすべての整数 n について二項係数 $_mC_n$ は奇数である．

(東京大)

第11章 組合せの妙味 〜二項定理〜

(略解)

1 (1) 二項定理より
$$(1+x)^n = \sum_{r=0}^{n} {}_nC_r x^r$$

$a = {}_nC_4, \ b = {}_nC_5, \ c = {}_nC_6$

a, b, c がこの順序で等差数列になるとき，
$b - a = c - b$ すなわち $2b = a + c$

$$2 \cdot \frac{n!}{5!(n-5)!} = \frac{n!}{4!(n-4)!} + \frac{n!}{6!(n-6)!}$$

両辺を $\dfrac{n!}{6!(n-4)!}$ で割って

$2 \cdot 6(n-4) = 6 \cdot 5 + (n-4)(n-5)$
$n^2 - 21n + 98 = 0$
$(n-7)(n-14) = 0 \quad \therefore \ n = \underline{7, 14}$

$a = {}_7C_4 = \underline{35}, \ b = {}_7C_5 = \underline{21}, \ c = {}_7C_6 = \underline{7}$

(2) 与式における x^3 の係数は

$$\sum_{k=3}^{n} {}_kC_3 = \sum_{k=3}^{n} \frac{k(k-1)(k-2)}{3!}$$

$$= \frac{1}{3!} \sum_{k=1}^{n} (k^3 - 3k^2 + 2k)$$

$$= \frac{1}{3!} \left\{ \frac{n^2(n+1)^2}{4} - \frac{3n(n+1)(2n+1)}{6} + \frac{2n(n+1)}{2} \right\}$$

$$= \frac{(n+1)n(n-1)(n-2)}{24}$$

2 様々なアプローチの仕方がある問題ですが，ここではその一例を示します．

(1) $n \, {}_mC_n = m \, {}_{m-1}C_{n-1} \ (1 \leq n \leq m-1)$ より
$$n \, {}_mC_n = 2^k \, {}_{m-1}C_{n-1}$$

よって左辺の式は素因数2を少なくとも k 個以上もつ．一方，$0 < n < 2^k$ であるから，n は素因数2を多くとも $(k-1)$ 個しかもたない．したがって，${}_mC_n$ は素因数2を1個以上持つため，偶数である．

(2) $m = 2^k - 1$ であれば，
${}_{2^k}C_n \ (1 \leq n \leq 2^k - 1)$ が偶数であることと
${}_mC_n = {}_{2^k}C_n - {}_mC_{n-1}$ より $0 \leq n \leq m$ をみたすすべての整数 n について ${}_mC_n$ が奇数となることが示される．

反対に m が $2^k - 1$ で表せないとき，
$$2^p \leq m < 2^{p+1}$$
となる自然数 p をとり，

$$m = 2^p + q \quad (0 \leq q < 2^p - 1 < m)$$

とおくと

$$\begin{aligned}
{}_mC_{q+1} &= \frac{m(m-1)(m-2) \cdots (m-q)}{(q+1)!} \\
&= \frac{m-q}{q+1} \cdot \frac{m(m-1)(m-2) \cdots (m-q+1)}{q!} \\
&= \frac{2^p}{q+1} \cdot {}_mC_q
\end{aligned}$$

$q + 1 < 2^p$ より，$\dfrac{2^p}{q+1} \cdot {}_mC_q$ は偶数である．

したがって，${}_mC_{q+1}$ は偶数となり，問題の条件をみたさない．

ゆえに $m = 2^k - 1$ （k は自然数）

演習問題2の内容をMathematicaの出力で示してみましょう．次はパスカルの三角形で奇数の場所を"O"，偶数の場所を空白にして表示したものです．

ColumnForm[Table[
  If[OddQ[Binomial[n,r]],"O"," "],
  {n,0,32},{r,0,n}], Center]

この不思議な模様から，何が読みとれますか？

第12章 無限の彼方へ ～数列の極限～

幼い頃，森の入り口に立ってこのままずっと奥に進んだらどこに行ってしまうのだろうかと，しばらくその場にたたずんでいたという思い出はないでしょうか．子供の目に映った漆黒へと繋がる草道は，畏れと好奇を同時に覚えさせてくれるものでしょう．

数学で，このままずっと行くとどうなるの？と考える場面が「極限」です．極限を求める原動力は，森の深淵を覗きたいというセンチメントと共通する部分がないでしょうか．

§1．数列の極限

いくつかの数列について，その行き着く先，すなわち**極限**をみてみましょう．

$$1, \frac{1}{2}, \frac{1}{3}, \frac{1}{4}, \frac{1}{5}, \cdots$$

この数列は先に行くに従って小さくなり，限りなく0に近づいてゆきます．Mathematicaを用いて次のように入力してもその様子がわかりますね．

ListPlot[Table[1/n,{n,1,50}]]

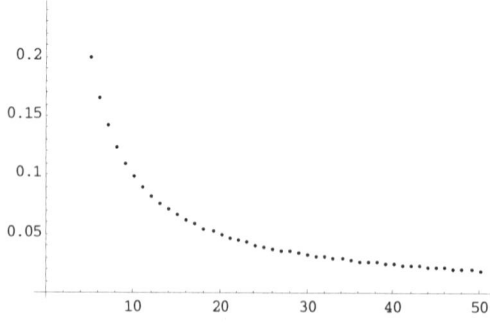

数列 $\{a_n\}$ において，項の番号 n を限りなく大きくするとき，a_n がある一定の値 α に限りなく近づく場合

$$\lim_{n \to \infty} a_n = \alpha$$

と表し，α を数列 a_n の**極限値**といいます．このとき，$\{a_n\}$ は α に**収束**するといい，$\{a_n\}$ の**極限**は α であるともいいます．

記号∞は無限大を表し，英語で Infinity です．先ほどの例では

$$\lim_{n \to \infty} \frac{1}{n} = 0$$

となります．

数列 $\{a_n\}$ が収束しない場合を**発散する**といいます．発散する例を見てみましょう．

トライ！1 次の数列の極限はどのようになるか予想しなさい．また，ListPlot で様子を見てみましょう．
(1) $1, 4, 9, 16, \cdots, n^2, \cdots$
(2) $3, 1, -1, -3, -5, \cdots, 5-2n, \cdots$
(3) $-1, 1, -1, 1, -1, \cdots, (-1)^n, \cdots$

(1)の数列 $\{n^2\}$ は，n の値が大きくなるに従って n も限りなく大きくなってゆきます．このようなとき，数列は**正の無限大に発散する**といい，次のように表します．
$$\lim_{n \to \infty} n^2 = \infty$$

(2)の数列 $\{5-2n\}$ は，n を大きくしてゆくと負の値でその絶対値が限りなく大きくなってゆきます．このようなとき，数列は**負の無限大に発散する**といい，次のように表します．
$$\lim_{n \to \infty} (5-2n) = -\infty$$

(3)の数列は，n を大きくしていっても，数列は1と-1の値を交互にとるのみで，正の無限大にも負の無限大にも発散しません．このとき，数列は**振動する**といいます．

§2．極限の性質

数列 $\{a_n\}$，$\{b_n\}$ について，$\lim_{n \to \infty} a_n = \alpha$，$\lim_{n \to \infty} b_n = \beta$ とするとき，次の性質が成り立ちます．

$$\lim_{n \to \infty} (a_n + b_n) = \alpha + \beta$$
$$\lim_{n \to \infty} (a_n - b_n) = \alpha - \beta$$
$$\lim_{n \to \infty} k a_n = k \lim_{n \to \infty} a_n \quad (k は定数)$$
$$\lim_{n \to \infty} a_n b_n = \alpha \beta$$
$$\lim_{n \to \infty} \frac{a_n}{b_n} = \frac{\alpha}{\beta} \quad (\beta \neq 0)$$

例えば，次の数列の極限を考えて下さい．

第12章 無限の彼方へ ～数列の極限～

$$1, \frac{3}{2}, \frac{5}{3}, \frac{7}{4}, \frac{9}{5}, \ldots, \frac{2n-1}{n}, \ldots$$

ListPlot[Table[(2n-1)/n,{n,1,50}]]

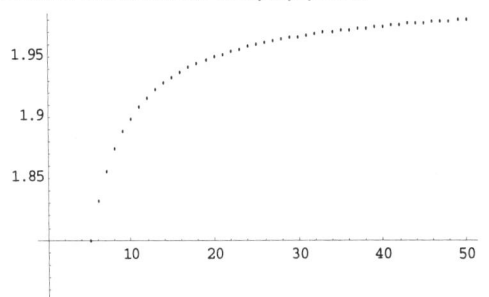

Mathematica の図からも見て取れるように，徐々に2に近づいており，極限値は2と予想できます．これをきちんと示すには，上の性質を用いて次のように導けます．

$$\lim_{n\to\infty} \frac{2n-1}{n} = \lim_{n\to\infty}\left(2-\frac{1}{n}\right) = 2$$

Mathematica で数列の極限を求めるには，**Limit** を用い，n を無限大（**Infinity**）にするため，次のように入力します．

Limit[(2n-1)/n, n->Infinity]

トライ！2 次の数列の極限を求めなさい．求められたら，**Limit** で確認しましょう．

(1) $\displaystyle\lim_{n\to\infty}\frac{3n^2-5n+1}{2n^2+1}$ (2) $\displaystyle\lim_{n\to\infty}\frac{n^2}{7n+3}$

(3) $\displaystyle\lim_{n\to\infty}(\sqrt{n+1}-\sqrt{n})$ (4) $\displaystyle\lim_{n\to\infty}\frac{\sqrt{n+2}-\sqrt{n}}{\sqrt{n+1}-\sqrt{n}}$

極限値の大小関係について，「**はさみうちの原理**」ともよばれる次のことが成り立ちます．

数列 $\{a_n\}$，$\{b_n\}$，$\{c_n\}$ において自然数 n がある値以上でつねに $b_n \leq a_n \leq c_n$ であり，かつ $\displaystyle\lim_{n\to\infty} b_n = \lim_{n\to\infty} c_n = \alpha$ であるとき，
$$\lim_{n\to\infty} a_n = \alpha$$

この不等式は，既知のものを用いて未知のものを求める重要な手法に通じます．

例えば $\left\{\dfrac{1}{n}\sin\dfrac{n\pi}{6}\right\}$ の極限は，自然数 n で

$$-\frac{1}{n} \leq \frac{1}{n}\sin\frac{n\pi}{6} \leq \frac{1}{n}$$

が成り立ち，$\displaystyle\lim_{n\to\infty}\left(-\frac{1}{n}\right) = 0$，$\displaystyle\lim_{n\to\infty}\frac{1}{n} = 0$ より，

$$\lim_{n\to\infty}\frac{1}{n}\sin\frac{n\pi}{6} = 0 \quad\text{といえます．}$$

Mathematica で次のように点列の様子を見るとはっきりわかるでしょう．

g1=ListPlot[Table[-1/n,{n,1,50}]]
g2=ListPlot[Table[1/n,{n,1,50}]]
g3=ListPlot[Table[Sin[n Pi/6]/n,{n,1,50}],
  PlotStyle->Hue[0]]
Show[g1,g2,g3]

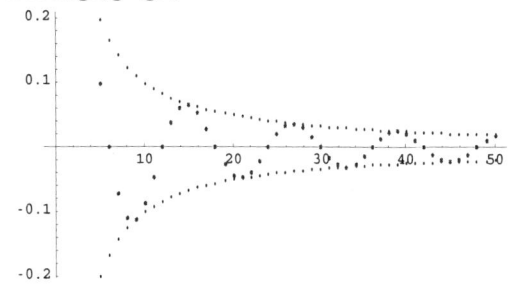

関連して，次の定理があります．

数列 $\{a_n\}$，$\{b_n\}$ において自然数 n がある値以上でつねに $b_n \leq a_n$ であり，かつ $\displaystyle\lim_{n\to\infty} b_n = \infty$ であるとき，
$$\lim_{n\to\infty} a_n = \infty$$

トライ！3 数列 $\{r^n\}$ は初項 r，公比 r の等比数列です．この数列について，r の様々な場合について収束，発散を調べなさい．収束をするのは r がどんな条件のときですか．

一般に，$\{r^n\}$ が収束するのは $-1 < r \leq 1$ のときで，

$-1 < r < 1$ のとき $\displaystyle\lim_{n\to\infty} r^n = 0$
$r = 1$ のとき $\displaystyle\lim_{n\to\infty} r^n = 1$
---

§3．無限級数

$$\frac{1}{2}+\frac{1}{4}+\frac{1}{8}+\frac{1}{16}+\cdots+\frac{1}{2^n}+\cdots \quad \text{①}$$

次に，無限数列の和を考えます．式①のように，数列 $\{a_n\}$ の各項を和の記号＋で結んだ

$$a_1+a_2+a_3+\cdots+a_n+\cdots$$

を**無限級数**といいます．無限級数を $\displaystyle\sum_{n=1}^{\infty} a_n$ と表すこともあります．

さて，上の①の無限級数の和はどうなりますか．次のような図で考えてみましょう．

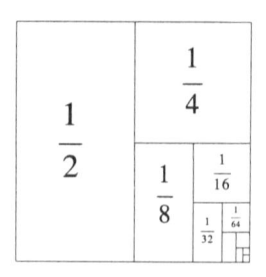

分割した四角形を無限に足していくと正方形の面積すべてに限りなく近づいてゆきますので

$$\frac{1}{2}+\frac{1}{4}+\frac{1}{8}+\frac{1}{16}+\cdots+\frac{1}{2^n}+\cdots=1$$

と考えられます。無限個の数の和が無限大になりません。「チリもつもれば山とならない」場合もあるのですね。

無限級数の和を求めるには、もとになる数列の第 n 項までの**部分和** S_n を求め、n を無限大にするという方法をとります。①を例にとると、部分和は初項 $1/2$、公比 $1/2$ の等比数列の和ですから、

$$S_n = \frac{1}{2}+\frac{1}{4}+\frac{1}{8}+\frac{1}{16}+\cdots+\frac{1}{2^n}$$
$$= \frac{(1/2)\{1-(1/2)^n\}}{1-(1/2)} = 1-\left(\frac{1}{2}\right)^n$$

したがって、無限級数の和 S は、

$$S = \lim_{n\to\infty} S_n = \lim_{n\to\infty}\left\{1-\left(\frac{1}{2}\right)^n\right\} = 1$$

Mathematica で無限数列の値を確認するには、**Sum** を用い次のように入力します。

Sum[(1/2)^n,{n,1,Infinity}]

トライ！4 次の無限級数の和を求めてみましょう。

(1) $1+\dfrac{1}{3}+\dfrac{1}{9}+\cdots+\left(\dfrac{1}{3}\right)^{n-1}+\cdots$

(2) $\dfrac{1}{1\cdot 2}+\dfrac{1}{2\cdot 3}+\dfrac{1}{3\cdot 4}+\cdots+\dfrac{1}{n(n+1)}+\cdots$

(3) $\dfrac{1}{2^2-1}+\dfrac{1}{4^2-1}+\dfrac{1}{6^2-1}+\cdots+\dfrac{1}{4n^2-1}+\cdots$

(4) $\dfrac{1}{\sqrt{2}+1}+\dfrac{1}{\sqrt{3}+\sqrt{2}}+\cdots+\dfrac{1}{\sqrt{n+1}+\sqrt{n}}+\cdots$

(4)の部分和は $S_n = \sqrt{n+1}-1$ となりますから、

$$\lim_{n\to\infty} S_n = \infty$$

です。このような場合、無限級数は正の無限大に発散するといいます。

一般に、次のことが成り立ちます。

> 無限級数 $\displaystyle\sum_{n=1}^{\infty} a_n$ が収束する $\Longrightarrow \displaystyle\lim_{n\to\infty} a_n = 0$
>
> 数列 $\{a_n\}$ が 0 に収束しない $\Longrightarrow \displaystyle\sum_{n=1}^{\infty} a_n$ は発散する

初項 a、公比 r の等比数列を元にした無限級数

$$a + ar + ar^2 + ar^3 + \cdots + ar^{n-1} + \cdots$$

を**無限等比級数**といいます。

$a \neq 0$ のとき、

公比 $r = 1$ では発散します。

$r \neq 1$ では、$S_n = \dfrac{a(1-r^n)}{1-r}$ より次のことがわかります。

> $a \neq 0$ で、初項 a、公比 r の無限等比級数
> $$a + ar + ar^2 + ar^3 + \cdots + ar^{n-1} + \cdots$$ は、
> $|r| < 1$ のときに限り収束し、
> その和は $\dfrac{a}{1-r}$

特に、$|x| < 1$ で

$$\sum_{n=0}^{\infty} x^n = 1 + x + x^2 + x^3 + \cdots = \frac{1}{1-x}$$

は素晴らしい発展をとげる式です。

トライ！5 次の無限等比級数の和を求めてみましょう。

(1) $\displaystyle\sum_{n=1}^{\infty}\left(-\frac{2}{3}\right)^{n-1}$ (2) $2+\sqrt{2}+1+\cdots$

(3) $0.7 + 0.07 + 0.007 + 0.0007 + \cdots$

演習問題

1 $f(x) = -\dfrac{1}{2}x+3$ とする。$x_1 = 1$ とおいて数列 $x_n = f(x_{n-1})$ ($n = 2, 3, 4, \cdots$) をつくり、平面座標上に点 $P_n(x_n, f(x_n))$ をとる。このとき、次の問に答えよ。

(1) 数列 $\{x_n\}$ の一般項 x_n を求めよ。

(2) 動点 P が点 P_1 を出発して、$P_2, P_3, \cdots,$ $P_n, \cdots$ と進むとき、動点 P はどのような点に近づくか、その座標を求めよ。

(3) 線分 P_nP_{n+1} の長さを l_n ($n = 1, 2, 3, \cdots$) とする。$L = \displaystyle\sum_{n=1}^{\infty} l_n$ を求めよ。

(九州大)

第12章 無限の彼方へ ～数列の極限～

2 n を正の整数とし，$y = n - x^2$ で表されるグラフと x 軸とで囲まれる領域を考える．この領域の内部および周に含まれ，x, y 座標の値がともに整数である点の個数を $a(n)$ とする．次の問に答えよ．

(1) $a(5)$ を求めよ．

(2) $\sqrt{n}$ をこえない最大の整数を k とする．$a(n)$ を k と n の多項式で表せ．

(3) $\displaystyle\lim_{n\to\infty} \frac{a(n)}{\sqrt{n^3}}$ を求めよ．

(早稲田大)

(略解)

1 (1) $x_{n+1} = -\dfrac{1}{2} x_n + 3$ … ①

$\alpha = -\dfrac{1}{2}\alpha + 3$ を解いて $\alpha = 2$ より，①は

$x_{n+1} - 2 = -\dfrac{1}{2}(x_n - 2)$

$x_1 - 2 = 1 - 2 = -1$ より，

$x_n - 2 = (-1)\left(-\dfrac{1}{2}\right)^{n-1}$

$\therefore \quad \underline{x_n = 2 - \left(-\dfrac{1}{2}\right)^{n-1}}$

(2) $\displaystyle\lim_{n\to\infty} x_n = 2$，$f(2) = 2$ より，

点 P は $\underline{(2, 2)}$ に近づく．

(3) P_n，P_{n+1} は傾き $-1/2$ の直線上の点であることより，

$l_n = \sqrt{1^2 + \left(-\dfrac{1}{2}\right)^2}\, |x_{n+1} - x_n| = \dfrac{3\sqrt{5}}{4}\left(\dfrac{1}{2}\right)^{n-1}$

$\therefore \quad L = \displaystyle\sum_{n=1}^{\infty} l_n = \dfrac{3\sqrt{5}}{4} \cdot \dfrac{1}{1-(1/2)} = \underline{\dfrac{3\sqrt{5}}{2}}$

2 (1) $y = n - x^2$ は y 軸対称だから，求める点の個数は，(y 軸上の点の個数) + ($x > 0$ の部分の点の個数) × 2 で求められる．よって，

$a(5) = 6 + 2 \times (5 + 2) = \underline{20}$

(2) $-\sqrt{n} \leq x \leq \sqrt{n}$ の範囲では，y 軸上の点の個数が $n + 1$，$0 < x \leq \sqrt{n}$ で点の個数が

$\displaystyle\sum_{i=1}^{k} (n - i^2 + 1)$ であることより

$a(n) = n + 1 + 2\displaystyle\sum_{i=1}^{k}(n - i^2 + 1)$

$= n + 1 + 2(n+1)k - 2 \cdot \dfrac{k(k+1)(2k+1)}{6}$

$= \underline{(2k+1)(n+1) - \dfrac{k(k+1)(2k+1)}{3}}$

(3) $\sqrt{n} - 1 < k \leq \sqrt{n}$ より

$1 - \dfrac{1}{\sqrt{n}} < \dfrac{k}{\sqrt{n}} \leq 1$

$\displaystyle\lim_{n\to\infty}\left(1 - \dfrac{1}{\sqrt{n}}\right) = 1$ より，$\displaystyle\lim_{n\to\infty} \dfrac{k}{\sqrt{n}} = 1$

$\displaystyle\lim_{n\to\infty} \dfrac{a(n)}{\sqrt{n^3}} = \lim_{n\to\infty}\left(\dfrac{2k}{\sqrt{n}} + \dfrac{1}{\sqrt{n}}\right)\left(1 + \dfrac{1}{n}\right)$

$- \dfrac{1}{3}\displaystyle\lim_{n\to\infty} \dfrac{k}{\sqrt{n}}\left(\dfrac{k}{\sqrt{n}} + \dfrac{1}{\sqrt{n}}\right)\left(\dfrac{2k}{\sqrt{n}} + \dfrac{1}{\sqrt{n}}\right)$

$= 2 \cdot 1 - \dfrac{1}{3} \cdot 1 \cdot 1 \cdot 2 = \underline{\dfrac{4}{3}}$

2 の格子点を描く Mathematica のプログラムを示します．

integerpoints[n_Integer?Positive]:=
Module[{k,x,y,pt},k=Floor[Sqrt[n]];pt={ };
Do[
For[y=0,y<=n-x^2,pt=Append[pt,{x,y}];y++]
,{x,-k,k}];
Show[{Plot[n-x^2,{x,-Sqrt[n],Sqrt[n]},
    DisplayFunction->Identity],
   Graphics[{PointSize[0.02],Point/@pt}],
   DisplayFunction->$DisplayFunction]]

integerpoints[5]

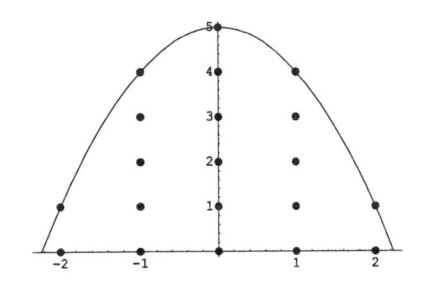

第13章　微小和で測る　～区分求積法～

今回のテーマは，「積分」です．英語では，"integral"といいますが，これは「統合する」「集積する」という意味の"integrate"から派生した語です．「積む」ことと「分ける」ことは，一見矛盾するようにも感じられますが，そのふたつが統合されることを「積分」という言葉が見事に象徴しています．

§1. 区分求積法

関数 $y=x^2$ （$0 \leq x \leq 1$）と x 軸との間にできる面積 S を考えてみましょう．

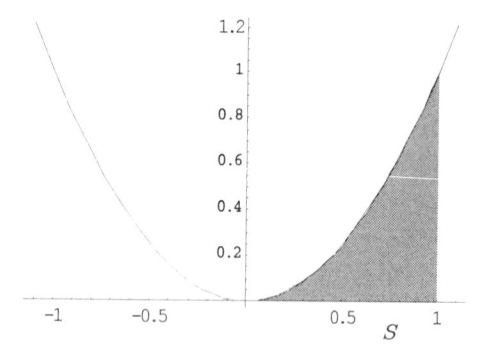

私たちは小学校以来，三角形や四角形，円の面積などを求める公式を学んできましたが，この問題に至って求積の新たな局面を迎えます．未知の問題にあたったときのひとつの方法である，「分割して考える」ことを実践してみましょう．

Mathematicaで，次のように入力すると，関数 $y=f(x)$ $(0 \leq x \leq 1)$ で x を n 等分した場所に

$$f\left(\frac{1}{n}\right),\ f\left(\frac{2}{n}\right),\ \cdots,\ f\left(\frac{k}{n}\right),\ \cdots,\ f\left(\frac{n}{n}\right)$$

の長さの線分が描かれ，領域を n 等分します．

```
f[x_]:=x^2 ;n=10;
g1=Plot[f[x],{x,0,1}];
g2=Graphics[Table[
      Line[{{k/n,0},{k/n,f[k/n]}}],
    {k,1,n}]]
Show[g1,g2]
```

これらの関数の値を縦の辺とし，x 軸方向の $\frac{1}{n}$ 分割を横の辺とした長方形をつくると，領域をほぼ覆う短冊ができます．それらの面積の和は曲線下の面積を近似した値になるはずです．

```
g3=Graphics[Table[ {Hue[0.3],
      Rectangle[{(k-1)/n,0},{k/n,f[k/n]}]},
    {k,1,n}] ]
Show[g3,g1,g2,Axes->Automatic]
```

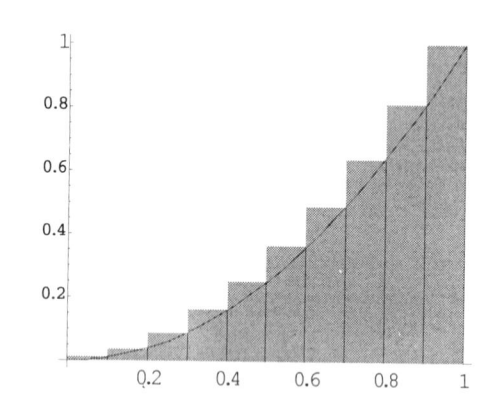

上図の場合，10等分しているので短冊の和は

$$\frac{1}{10}\left(\frac{1}{10}\right)^2 + \frac{1}{10}\left(\frac{2}{10}\right)^2 + \frac{1}{10}\left(\frac{3}{10}\right)^2 + \cdots + \frac{1}{10}\left(\frac{10}{10}\right)^2$$
$$= \frac{1}{10^3}(1^2+2^2+3^2+\cdots+10^2)$$
$$= \frac{1}{10^3} \cdot \frac{10(10+1)(2\cdot 10+1)}{6} = 0.385$$

この値には，曲線上部に短冊がはみだした分が誤差として含まれていますので，実際よりも大きな値です．n 等分した短冊の和 R_n は

$$R_n = \sum_{k=1}^{n} \frac{1}{n} \cdot \left(\frac{k}{n}\right)^2 = \frac{1}{n^3}\sum_{k=1}^{n} k^2$$
$$= \frac{1}{n^3} \cdot \frac{n(n+1)(2n+1)}{6}$$
$$= \frac{(n+1)(2n+1)}{6n^2}$$

トライ！1　上で作った短冊は，分割した $f(x)$ の右側の値を用いていますが，$f(x)$ の左側の値を用いて次図のような短冊で領域を近似することもできます．このようにして10等分したときの短冊の和を計算しなさい．また，n 等分した短冊の和 r_n を n の式で表しなさい．さらに，Mathematica の命令を変更して次の

第13章 微小和で測る ～区分求積法～

図を描きましょう．

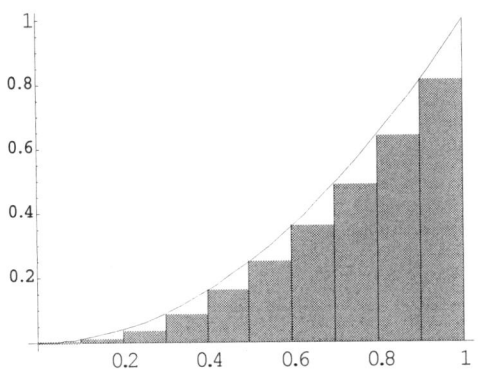

さて，分割数 n の値を大きくしていけば，求めたい面積 S の値に近づいていくことがわかります．先ほどの Mathematica の命令を少々アレンジしすると，その様子が見られます．

```
f[x_]:=x^2;
Do[
  s=N[Sum[f[k/n]/n,{k,1,n}],5];
  g1=Plot[f[x],{x,0,1},
    DisplayFunction->Identity];
  g2=Graphics[Table[
    Line[{{k/n,0},{k/n,f[k/n]}}],{k,1,n}]];
  g3=Graphics[{Hue[0.3],
    Table[Rectangle[{(k-1)/n,0},{k/n,f[k/n]}],
    {k,1,n}]}];
  Show[g3,g2,g1,  PlotLabel->
    "n="<>ToString[n]  "s="<>ToString[s],
    Axes->Automatic,
    DisplayFunction->$DisplayFunction],
{n,10,100,10}]
```

分割を無限にしたときの短冊和の極限が，求めたい S の値になるのです．計算すると，

$$S = \lim_{n\to\infty} R_n = \lim_{n\to\infty} \sum_{k=1}^{n} \frac{1}{n} \cdot \left(\frac{k}{n}\right)^2$$

$$= \lim_{n\to\infty} \frac{(n+1)(2n+1)}{6n^2} = \lim_{n\to\infty} \frac{1}{6}\left(1+\frac{1}{n}\right)\left(2+\frac{1}{n}\right)$$

$$= \frac{1}{6} \cdot 1 \cdot 2 = \frac{1}{3}$$

このように，関数 $y=x^2$（$0 \leq x \leq 1$）と x 軸との間にできる面積 S は $1/3$ であることがわかります．

また，**トライ！1** で求めた短冊の和は

$$r_n = \frac{(n-1)(2n-1)}{6n^2}$$

ですが，

$$r_n \leq S \leq R_n$$

であり，$\displaystyle\lim_{n\to\infty} r_n = \frac{1}{3}$，$\displaystyle\lim_{n\to\infty} R_n = \frac{1}{3}$
はさみうちの定理から

$$S = \frac{1}{3}$$

であることが裏付けられます．

このように，区間を分割してその極限により面積を求める方法を，**区分求積法**とよびます．

トライ！2 上の方法を用いて，次の関数 $y=f(x)$ と x 軸との間にできる面積を求めましょう．

(1) $f(x) = x$ （$0 \leq x \leq 1$）
(2) $f(x) = x^3$ （$0 \leq x \leq 1$）
(3) $f(x) = x^2$ （$0 \leq x \leq 2$）
(4) $f(x) = x^2$ （$1 \leq x \leq 3$）

§2．積分

区分求積を基にして，次のように積分が定義されます．

$f(x)$ が区間 $a \leq x \leq b$ で連続であるとき，この区間を n 等分して両端と分点を
$$a = x_0,\ x_1,\ x_2,\ \cdots,\ x_n = b$$
分割の幅を $\Delta x = \dfrac{b-a}{n}$ とおくと $x_k = a + k\Delta x$

このときできる $f(x_k)\Delta x$ の総和についての極限を関数 $f(x)$ の a から b までの**積分**または**定積分**とよび，
$\displaystyle\int_a^b f(x)\,dx$ で表す．すなわち，

$$\int_a^b f(x)\,dx = \lim_{n\to\infty} \sum_{k=1}^{n} f(x_k)\Delta x$$

$$= \lim_{n\to\infty} \sum_{k=0}^{n-1} f(x_k)\Delta x$$

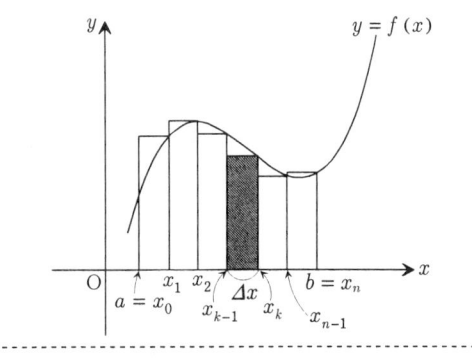

記号 $\int$ は,「インテグラル」と読みます.和を表す "**Sum**" の S を上下に引き伸ばした形です.dx は,分割幅 Δx の極限として捉えられます.積分が和の兄貴分である雰囲気がうかがえますね.

このように,分割した和の極限で定義された積分を**リーマン積分**とよびます.現代数学では,様々な関数に適応した積分を扱うために,他にも積分の定義があります.また,リーマン積分でも,分割 Δx を上記のように等分にとるだけでなく,様々な形の分割を考えることができます.(演習問題 2 参照)それら厳密な定義や論理的な体系は,「微分積分学」の書に詳しく述べられていますので,興味のある人は学んで下さい.

トライ!3 定義に基づいて次の値を求めてください.

(1) $\int_0^1 x\,dx$ (2) $\int_0^1 x^2\,dx$ (3) $\int_0^1 x^3\,dx$

(4) $\int_1^5 x\,dx$ (5) $\int_0^1 3x^2\,dx$ (6) $\int_1^3 x^3\,dx$

自然数 n について,
$$\int_0^1 x^n\,dx = \frac{1}{n+1}$$
であることが知られています.

さて,$\int_0^1 x^2\,dx = \frac{1}{3}$ での $1/3$ という値は,図形的には曲線と x 軸との間の面積です.これは,直線 $y = \frac{1}{3}$ と x 軸との間の面積に一致します.このことから,$1/3$ という値は,$y = x^2$ の区間 $0 \leq x \leq 1$ における平均的な値と捉えることもできます.

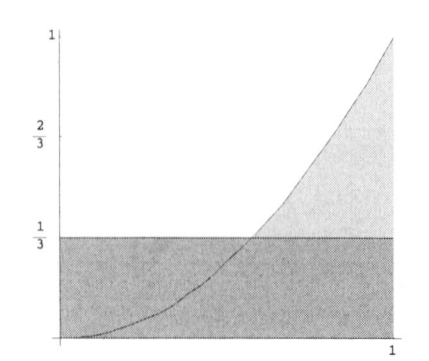

関数 $y = -x^2$ ($0 \leq x \leq 1$) において,分割した $f(x_k)\Delta x$ の値は 0 または負の値になります.定義から,
$$\int_0^1 (-x^2)\,dx = -\frac{1}{3}$$
が導かれます.

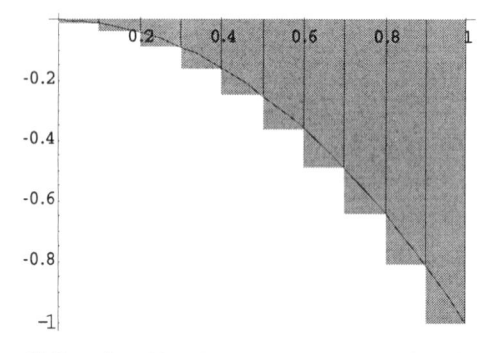

積分が負の値になることは,$y = x^2$ の区間 $0 \leq x \leq 1$ における**平均的な値**が $-1/3$ であると考えれば,自然に了解できます.

トライ!4 $y = x^2$ の区間 $0 \leq x \leq 2$ における平均的な値はいくつといえますか.

一般に,関数 $f(x)$ の a から b までの**平均**は次により求めることができます.
$$\frac{1}{b-a}\int_a^b f(x)\,dx$$
また,次の定理は,しばしば重要な役割を果たします.

> 区間 $a \leq x \leq b$ で $f(x)$ が連続であり,
> $$m \leq f(x) \leq M \quad \text{ならば}$$
> $$m(b-a) \leq \int_a^b f(x)\,dx \leq M(b-a)$$

この定理は,「関数 $f(x)$ の値が m と M の間にあれば,その平均も m と M の間にある」ことを示しています.そのため,**平均値の定理**とよばれます.

トライ!5 次の関数の,示された区間における平均を求めなさい.

(1) $f(x) = x$ ($1 \leq x \leq 4$)
(2) $f(x) = 1 - 3x^2$ ($0 \leq x \leq 1$)
(3) $f(x) = x^3$ ($-2 \leq x \leq 1$)

積分の概念は,求積の過程から生まれたもの

です．しかし，この記法は面積の値にとどまらず，関数のある区間におけるふるまいを探る指標となるのです．

演習問題

[1] $\displaystyle\lim_{n\to\infty}\frac{(1+2+3+\cdots+n)^5}{(1^4+2^4+3^4+\cdots+n^4)^2}=\frac{\Box}{\Box}$
(上智大)

[2] a, h を正の実数で，ある正の整数 n に対して $a=(1+h)^n$ を満たすものとする．
$1\leqq x$ で連続な関数 $f(x)$ に対して
$$L(a,h)=\sum_{k=1}^{n}f((1+h)^{k-1})[(1+h)^k-(1+h)^{k-1}]$$
$$K(a,h)=\sum_{k=1}^{n}f((1+h)^k)[(1+h)^k-(1+h)^{k-1}]$$
とする．
(1) $f(x)$ が減少しているとき，
$$L(a,h)\geqq\int_1^a f(x)dx\geqq K(a,h)$$
であることを示せ．
(2) $f(x)=\dfrac{1}{x}$ のとき $L(a,h)$ を求めよ．また，正の整数 m に対して $L(a^m,h)=mL(a,h)$ が成り立つことを示せ．
(3) $a_n=\left(1+\dfrac{1}{n}\right)^n$ とするとき，(1)の結果を用いて $\displaystyle\lim_{n\to\infty}\int_1^{a_n}\dfrac{1}{x}dx=1$ を示せ．
(徳島大)

（略解）

[1]
$$\lim_{n\to\infty}\frac{\left(\sum_{k=1}^{n}k\right)^5}{\left(\sum_{k=1}^{n}k^4\right)^2}=\lim_{n\to\infty}\frac{\left(\sum_{k=1}^{n}\frac{1}{n}\cdot\frac{k}{n}\right)^5}{\left\{\sum_{k=1}^{n}\frac{1}{n}\cdot\left(\frac{k}{n}\right)^4\right\}^2}$$

$$\lim_{n\to\infty}\sum_{k=1}^{n}\frac{1}{n}\cdot\frac{k}{n}=\int_0^1 x\,dx=\frac{1}{2}$$

$$\lim_{n\to\infty}\sum_{k=1}^{n}\frac{1}{n}\cdot\left(\frac{k}{n}\right)^4=\int_0^1 x^4\,dx=\frac{1}{5}$$

より，求める極限値は
$$\left(\frac{1}{2}\right)^5\div\left(\frac{1}{5}\right)^2=\underline{\frac{25}{32}}$$

[2] (1) $f(x)$ が減少しているとき
$x_k=(1+h)^k$ （k は正の整数）とおくと，
$x_{k-1}\leqq x\leqq x_k$ をみたす x に対して

$$f(x_{k-1})\geqq f(x)\geqq f(x_k)$$
$\Delta x=x_k-x_{k-1}=(1+h)^k-(1+h)^{k-1}$ とおくと
$$f(x_{k-1})\Delta x\geqq\int_{x_{k-1}}^{x_k}f(x)dx\geqq f(x_k)\Delta x$$
$$\sum_{k=1}^{n}f(x_{k-1})\Delta x\geqq\sum_{k=1}^{n}\int_{x_{k-1}}^{x_k}f(x)dx\geqq\sum_{k=1}^{n}f(x_k)\Delta x$$
$$\sum_{k=1}^{n}\int_{x_{k-1}}^{x_k}f(x)dx=\int_{x_0}^{x_n}f(x)dx=\int_1^a f(x)dx$$
より
$$L(a,h)\geqq\int_1^a f(x)dx\geqq K(a,h)$$

(2) $\displaystyle L(a,h)=\sum_{k=1}^{n}\frac{(1+h)^k-(1+h)^{k-1}}{(1+h)^{k-1}}$
$$=\sum_{k=1}^{n}\{(1+h)-1\}=\sum_{k=1}^{n}h=nh$$

$$L(a^m,h)=\sum_{k=1}^{mn}h=mnh=mL(a,h)$$

(3) $\displaystyle L\left(a_n,\frac{1}{n}\right)=n\cdot\frac{1}{n}=1$

また，$\displaystyle K(a,h)=\sum_{k=1}^{n}\frac{h}{1+h}=\frac{nh}{1+h}$ より

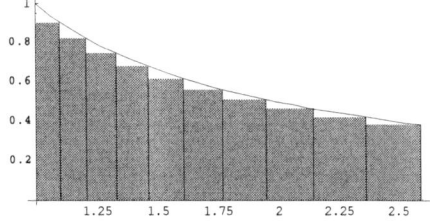

$$1\geqq\int_1^{a_n}\frac{1}{x}dx\geqq\frac{n}{n+1}$$
$$\lim_{n\to\infty}\frac{n}{n+1}=1$$
であるから，はさみうちの定理より
$$\lim_{n\to\infty}\int_1^{a_n}\frac{1}{x}dx=1$$

[2] は最後に $\displaystyle\int_1^e\frac{1}{x}dx=1$ をテクニカルな分割による区分求積で導いたハイセンスな問題です．

第14章 合流のとき 〜微分積分学の基本定理〜

§1. 不定積分

$$F'(x) = f(x)$$

をみたす関数 $F(x)$ を，関数 $f(x)$ の原始関数といいます．つまり，微分して $f(x)$ になる関数です．

トライ！1 次の関数の原始関数をみつけなさい．

(1) $f(x) = x$
(2) $f(x) = 3x^2$
(3) $f(x) = 5x^3$

$f(x) = 3x^2$ の原始関数は，
$(x^3)' = 3x^2$, $(x^3 + 1)' = 3x^2$, $(x^3 - 2)' = 3x^2$
など，複数ありますが，違いは定数部分です．そこで，これらを

$$x^3 + C \quad (Cは定数)$$

と書き表すことで，すべての原始関数を示せます．$f(x)$ の原始関数のひとつを $F(x)$ とすれば，一般に $f(x)$ の原始関数はすべて

$$F(x) + C \quad (Cは定数)$$

と表せます．これら原始関数を一括して

$$\int f(x)\,dx = F(x) + C$$

と表し，$\int f(x)\,dx$ を $f(x)$ の**不定積分**とよびます．また，C を**積分定数**ともよびます．

$F(x)$, $G(x)$ を $f(x)$, $g(x)$ の1つの不定積分とすると，微分の性質から

$\{kF(x)\}' = kF'(x) = kf(x)$ （k は定数）
$\{F(x) + G(x)\}' = F'(x) + G'(x) = f(x) + g(x)$

が成り立ちます．

$$F(x) = \int f(x)\,dx, \quad G(x) = \int g(x)\,dx$$

より，次の性質が成り立ちます．

$$\int kf(x)\,dx = k\int f(x)\,dx \quad (kは定数)$$

$$\int \{f(x) + g(x)\}\,dx = \int f(x)\,dx + \int g(x)\,dx$$

また，x の整式について，次の公式が成り立ちます．

$$\int x^n\,dx = \frac{1}{n+1}x^{n+1} + C \quad (nは自然数)$$

トライ！2 次の不定積分を求めなさい．

(1) $\displaystyle\int (5x^2 + 4x + 1)\,dx$ (2) $\displaystyle\int (t-1)^3\,dt$

不定積分で記号 $\int$（インテグラル）が用いられるのは，区分求積と関わりがあるからに他なりません．次の重要な定理がそれを示します．

＜微分積分学の基本定理＞

$f(x)$ の原始関数のひとつを $F(x)$ とすれば

$$\int_a^b f(x)\,dx = F(b) - F(a)$$

では，「微分積分学の基本定理」が成り立つことを見てゆきましょう．

区間 $[a, b]$ で連続な関数 $y = f(x)$ で，x が a から始まり動いてゆくとき，この曲線と x 軸とではさまれる部分の面積を $S(x)$ とします．区分求積による定積分の定義から，

$$S(x) = \int_a^x f(t)\,dt$$

と表せます．区間の端を x として面積を x の関数で表したいため，積分する変数は文字を変えて t を使っています．

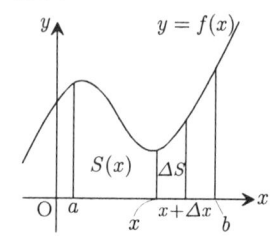

x が Δx だけ増えたときの面積 $S(x)$ の変化を ΔS とすると，

$$\Delta S = S(x + \Delta x) - S(x)$$

第14章 合流のとき ～微分積分学の基本定理～

$$= \int_a^{x+\Delta x} f(t)dt - \int_a^x f(t)dt = \int_x^{x+\Delta x} f(t)dt$$

したがって

$$\frac{\Delta S}{\Delta x} = \frac{1}{\Delta x}\int_x^{x+\Delta x} f(t)dt$$

この式の右辺は，関数 $f(x)$ の区間 $[x, x+\Delta x]$ における「**平均**」を表しています．

$\Delta x \to 0$ とすると，右辺の平均の極限は $f(x)$ になります．また，左辺 $S(x)$ の変化率に対する極限は $S(x)$ の微分に他なりません．すなわち，

$$\lim_{\Delta x \to 0} \frac{\Delta S}{\Delta x} = S'(x)$$

$$\lim_{\Delta x \to 0} \frac{1}{\Delta x}\int_x^{x+\Delta x} f(t)dt = f(x)$$

より，

$$S'(x) = \frac{d}{dx}\int_a^x f(t)dt = f(x)$$

したがって，$f(x)$ の任意の原始関数を $F(x)$ とすると，

$$S(x) = F(x) + C \quad (C \text{は定数})$$

と表せますが，$S(a) = 0$ より

$$0 = F(a) + C \quad \text{よって} \quad C = -F(a)$$

ゆえに

$$S(x) = \int_a^x f(t)dt = F(x) - F(a)$$

この式で x の値を b とし，変数 t を x とすれば

$$S(x) = \int_a^b f(x)dx = F(b) - F(a)$$

少し補足をします．$S(x)$ はイメージがわきやすいように「面積」と表現しましたが，$S(x) = \int_a^x f(t)dt$ から出発すればかならずしも正の値をとる必要はなく，$S(x)$ は $f(x)$ のある区間における指標と捉えられます．そのため，連続関数であればこれまでの話は一般的に成り立ちます．

さて，微分と積分の関係は，先ほど登場した式が明瞭に示しています．

$$\frac{d}{dx}\int_a^x f(t)dt = f(x)$$

すなわち，関数 $f(x)$ を積分し，さらに微分すると元に戻ることから，積分と微分は逆の演算であるとみなせます．

面積や体積を求めるための「求積法」と，接線の研究によって組み上げられてきた「微分法」，この互いに別の発展をとげてきた2つの計算が，「微分積分学の基本定理」によって統一をみることになったのです．

定積分の計算を実際に行うにあたっては，$F(x) = \int f(x)dx$ とおけますので，不定積分がわかれば区間の端を代入して差をとることで求めることができます．計算を示すために

$$\left[F(x)\right]_a^b = F(x) - F(a)$$

という記号がよく用いられます．

例えば，

$$\int_1^3 x^2 dx = \left[\frac{1}{3}x^3\right]_1^3 = \frac{1}{3}\cdot 3^3 - \frac{1}{3}\cdot 1^3 = \frac{26}{3}$$

このように，原始関数がわかっていれば基本定理を用いて区分求積よりはるかに速く定積分が計算できます．「微分積分学の基本定理」は，この領域の広大な沃野を耕す必須の道具であるのです．

トライ！3 次の定積分の値を求めなさい．

(1) $\int_1^2 (3x^2 + x)dx$ (2) $\int_{-1}^3 |x|dx$

(3) $\int_{-4}^1 (x^3 - 2x + 5)dx + \int_1^4 (x^3 - 2x + 5)dx$

トライ！4 次の等式を証明しなさい．

(1) n が奇数のとき $\int_{-a}^a x^n dx = 0$

(2) n が偶数のとき $\int_{-a}^a x^n dx = 2\int_0^a x^n dx$

(3) $\int_\alpha^\beta a(x-\alpha)(x-\beta)dx = -\frac{a}{6}(\beta-\alpha)^3$

トライ！5 次の曲線または直線によって囲まれる図形の面積を求めなさい．

(1) $y = x^2 + 3$, x 軸, $x = -1$, $x = 2$
(2) $y = x^2 - 4x + 3$, x 軸
(3) $y = 2x^2 - 3x + 1$, $y = 2x - 1$
(4) $y = x^2 + 2x - 1$, $y = -2x^2 + 2x + 8$
(5) $y = x^3 - 3x^2 + 2x$, x 軸

トライ！6 次の関数 $f(x)$ の極値を求めなさい．

$$f(x) = \int_0^x (t^2 - 5t + 4)\,dt$$

§2. Integrate と FilledPlot

Mathematica では，$f(x)$ の不定積分を

　　Integrate[f,x]

により求めることができます．例えば $\int x^3 dx$ は

　　Integrate[x^3, x] $\Rightarrow \dfrac{\mathrm{x}^4}{4}$

Mathematica の出力では，積分定数は省略されます．

また，定積分 $\int_a^b f(x)\,dx$ は

　　Integrate[$f,\{x,a,b\}$]

の形で求められます．$\int_{-2}^{4}(x^2+3)^5 dx$ は

Integrate[(x^2+3)^5,{x,-2,4}] $\Rightarrow \dfrac{84680418}{77}$

また，曲線などで囲まれる部分を図示するために，**FilledPlot** という命令があります．これは標準では組み込まれていないので，次のようにパッケージから呼び出して利用します．

　　Needs["Graphics`FilledPlot`"]

トライ！7　FilledPlot を読み込んだ後，次による出力を確認しましょう．
(1) FilledPlot[x^2,{x,0,1}]
(2) FilledPlot[Sin[x],{x,0,2Pi},
　　　　　　　Fills -> Hue[0.1]]
(3) FilledPlot[{x^2,-x^2+4x+6},{x,-1,3}]

Integrate や FilledPlot を使った次のプログラムは，積分と微分の関係をアニメーションで明瞭に示します．

```
sekibun[f_,{a_,b_},n_]:=
 Module[{g,k,t,step=(b-a)/n},
  g=Integrate[f,{x,a,t}];
  p1=Plot[f,{x,a,b},
   DisplayFunction->Identity];
  Do[
    p2=FilledPlot[f/. x->t,{t,a,k},
       Fills -> {{{1, Axis}, Hue[0.4]}},
       DisplayFunction->Identity];
    p3=Plot[g,{t,a,k},PlotStyle->Hue[0],
         DisplayFunction->Identity];
    Show[p2,p1,p3, PlotRange->{{a,b},All},
      AspectRatio->Automatic,
      DisplayFunction->$DisplayFunction],
  {k,a+step,b,step}] ]
```

例えば，$f(x) = x^2 - 2x + 1$ のグラフと x 軸との間の面積の変化を区間 $[0,2]$ において見るには，次のように入力します．最後のパラメータ 8 は，8 枚の画像を出力することを表しています．

sekibun[x^2 -2 x +1, {0,2} , 8]

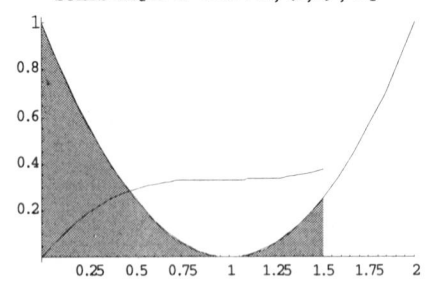

上図は，出力画像の一部です．軸との間にできる面積の累積が赤い線のグラフで示されます．この関数 $F(x)$ は，

$$F(x) = \int_a^x f(t)\,dt$$

すなわち $f(x)$ の積分を示しています．この例では

$$\int_0^x (t^2 - 2t + 1)\,dt = \dfrac{1}{3}(x-1)^3 + \dfrac{1}{3}$$

区間 $[0,1]$ では，関数 $f(x)$ の値が減少していき，面積の増え方も減少するので赤いカーブの傾きがゆるやかになっていきます．$x=1$ のとき，関数 $f(x)$ の値が 0 となり，この瞬間の面積の変化率は 0 です．そのため，赤いグラフ $y=F(x)$ の傾き，すなわち微分係数が 0 となります．その後，面積は再び増加してゆきますので，$F(x)$ のグラフも上昇を続けます．このように，変化の様子を見つめると，微分と積分の理解が深まりますね．

トライ！8　次の結果を見て，積分された関数について考察しなさい．
(1) sekibun[1-x,{0,2},4]
(2) sekibun[x^2-2x,{-1,3},4]
(3) sekibun[Cos[x],{0,2Pi},4]
(4) sekibun[E^x,{-2,1},1]

$y = \sin x$ について，区間 $[0, 2\pi]$ と，それを $\pi/2$ だけずらした区間 $[\pi/2, 5/2\pi]$ の 2 つについて面積が累積されていく様子をプログラムで描いてみましょう．原始関数が定数の差を持つことがよく表れていますね．

sekibun[Sin[x],{0,2Pi},1]

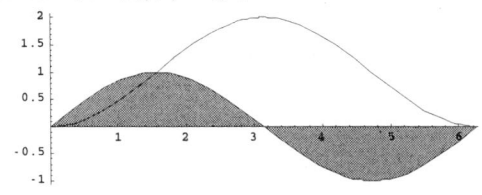

sekibun[Sin[x],{Pi/2,5/2Pi},1]

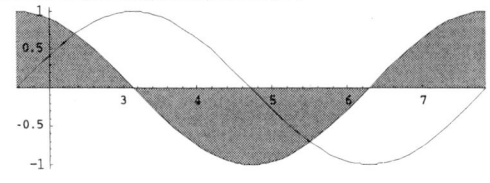

（Mathematica が自動的に描く y 軸の場所は，必ずしも $x=0$ でないことに注意しましょう．）

演習問題

1 関数
$$F(x) = \int_0^x (at^2 + bt + c)dt + d$$
が $x=-1$ で極大値 $\dfrac{17}{3}$ をとり，$x=3$ で極小値 -5 をとるとき，定数 a, b, c, d の値を求め，$F(x)$ のグラフをかけ． （弘前大）

2 a を正の定数とする．
$$f(x) = ax + \int_0^1 \{f(t)\}^2 dt$$
をみたす関数 $f(x)$ がただ一つしか存在しないように定数 a の値を定めよ．
また，そのときの $f(x)$ を求めよ． （東北大）

3 a を実数の定数とする．
xy 平面上の曲線 $C: y = |(x-a)(x-1)|$ および直線 $l: y = a(x-1)$ について，以下の問に答えよ．
(1) C と l の共有点の個数を，a の値によって分類せよ．
(2) C と l の共有点が3個のとき，C と l で囲まれる図形で，l よりも下側の部分の面積を S_1，上側の部分の面積を S_2 とする．$S_1 = 12 S_2$ が成り立つように a を定めよ． （電気通信大）

（略解）

1 $F'(x) = ax^2 + bx + c$

$x = -1, 3$ で極値をとることより，
$$F'(x) = a(x+1)(x-3)$$
$$= ax^2 - 2ax - 3a$$
よって，$b = -2a, \ c = -3a$
$$F(x) = \frac{a}{3}x^3 - ax^2 - 3ax + d$$
$$\begin{cases} F(-1) = \dfrac{5}{3}a + d = \dfrac{17}{3} \\ F(3) = -9a + d = -5 \end{cases}$$
より，$a = 1, \ d = 4$

（答）$\underline{a = 1, \ b = -2, \ c = -3, \ d = 4}$

2 $k = \displaystyle\int_0^1 \{f(t)\}^2 dt$ とおくと，k は定数であり，$f(x) = ax + k$ と表せる．したがって，
$$k = \int_0^1 (at+k)^2 dt \quad \text{より}$$
$$3k^2 + 3(a-1)k + a^2 = 0$$
この k がただ一つしか存在しないためには，この2次方程式の判別式を D として，
$$D = 9(a-1)^2 - 4\cdot 3a^2 = 0$$
$a > 0$ より，$a = -3 + 2\sqrt{3}$
このとき $k = \dfrac{-(a-1)}{2} = 2 - \sqrt{3}$

（答）$\underline{f(x) = (-3 + 2\sqrt{3})x + 2 - \sqrt{3}}$

3
(1) $(x-a)(x-1) = a(x-1)$ とすると $x = 1, 2a$
$-(x-a)(x-1) = a(x-1)$ とすると $x = 0, 1$
（答）$\underline{a < 0 \text{ のとき3個，} a = 0 \text{ のとき2個，}}$
$\underline{0 < a \leq \dfrac{1}{2} \text{ のとき1個，} a > \dfrac{1}{2} \text{ のとき2個}}$

(2) $S_1 = \displaystyle\int_{2a}^a \{a(x-1) - (x-a)(x-1)\}dx$
$\qquad + \displaystyle\int_a^0 \{a(x-1) + (x-a)(x-1)\}dx$
$\quad = -a^3 + a^2$

$S_2 = \displaystyle\int_0^1 \{-(x-a)(x-1) - a(x-1)\}dx = \dfrac{1}{6}$

$S_1 = 12 S_2$ より $\underline{a = -1}$

図は Mathematica で確認してみましょう．
```
Do[Plot[{Abs[(x-a)(x-1)],a(x-1)},{x,-3,3},
    AspectRatio->Automatic,
    PlotRange->{{-3,3},{-1,3}},
    PlotLabel->"a="<>ToString[a] ],
{ a, -2, 2, 0.25 } ]
```

第15章 「限りなく」を形に　～関数の極限～

「微分」の導入(第9章)で,「極限値」を次のように紹介しました.

『変数 x が a 以外の値をとりながら限りなく a の値に近づくとき, $x \to a$ と表します. このとき, 関数 $f(x)$ の値が α に限りなく近づくことを

$$\lim_{x \to a} f(x) = \alpha$$

と表し, α を**極限値**とよぶ.』

この章では, 極限について少し掘り下げて見ていきたいと思います.

まず,

$$\lim_{x \to 1} \frac{x^2 - 1}{x - 1}$$

について考えてみましょう. x にそのまま 1 を代入すると, $\frac{0}{0}$ になってしまいます. ところが, $\frac{x^2-1}{x-1} = \frac{(x+1)(x-1)}{x-1} = x+1$ と約分してから 1 を代入すれば,

$$\lim_{x \to 1} \frac{x^2-1}{x-1} = \lim_{x \to 1}(x+1) = 2$$

のように極限値を求めることができます.

しかし, 次のような疑問がわきませんか. 実際に 1 にできないものに, 1 を代入してもよいものなのか?

そう思った人は, 数学に対するセンスがあるといってよいでしょう. この部分は極限の本質に関わります.

実は, $x \to 1$ は,「x が限りなく 1 に近づく」ことを表していますが,「x は 1 でない」のです. 正確に言うと「x が <u>1 以外の値をとりながら近づくとき</u>」を表しています. x が 1 でないのに, 極限値の計算をするときに $x = 1$ を代入しているのは詐欺ではないかと思われるかもしれませんね. この辺の事情は, グラフで見た方がわかりやすいでしょう.

$y = \frac{x^2-1}{x-1}$ のグラフは, $y = x+1$ のグラフとほぼ同じ形ですが, $x = 1$ では定義されません.

Mathematica で描くには, この点を抜くようにグラフィックスの命令を加える必要があります.

```
g1=Plot[(x^2-1)/(x-1),{x,-2,2},
        AxesLabel->{"x","y"},
        AspectRatio->Automatic]
Show[{g1,Graphics[{
    {RGBColor[1,1,1],Disk[{1,2},0.07]},
    {RGBColor[0,0,0],Circle[{1,2},0.07]} }] }]
```

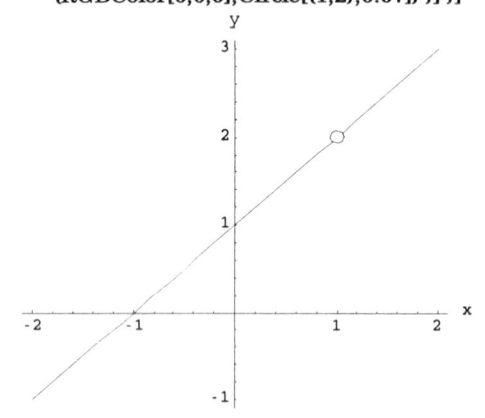

$y = \frac{x^2-1}{x-1}$ は, $x = 1$ で定義されないのですが, x を 1 に近い値をとってやれば, いくらでも y の値を 2 に近づけることができます. 例えば, y と 2 との差を 1/100, すなわち

$$-0.01 < y - 2 < 0.01$$

にするためには,

$$1 - 0.01 < x < 1 + 0.01$$

すなわち

$$-0.01 < x - 1 < 0.01$$

ととることで実現できます. ある値で抑えることは, 絶対値で表現すると的確です. 先ほどのことは

$$|x - 1| < 0.01 \Rightarrow |y - 2| < 0.01$$

と表現できますね. つまり, y は 2 にできないけれど, x の値をうまく 1 に近い値をとってあげれば, いくらでも y は 2 に近づけられますよということを保証しているのです.

数学では, 関数のある場所では値が定義されないけれども, その付近で関数がどんな振る舞いをするのかを調べたいことがよくあります. ただ「限

第15章 「限りなく」を形に 〜関数の極限〜

りなく近く」と言っただけではあまりに曖昧ですが，先ほどのように「近づく」ということが式で示されると，処理がスムーズにすすむのです．そのため，次のように極限を定式化することは関数の研究にかかせないのです．

> 区間 I で定義される関数 $f(x)$ において，任意の $\varepsilon > 0$ に対して，$\delta > 0$ が存在して
> $$x \in I, \ 0 < |x - a| < \delta \quad \text{ならば}$$
> $$|f(x) - \alpha| < \varepsilon$$
> が成り立つとき，α を関数 $f(x)$ の点 a における **極限**といい，
> $$\lim_{x \to a} f(x) = \alpha$$
> と表す．

$f(x) = \dfrac{x^2 - 1}{x - 1}$ では，$\varepsilon > 0$ に対して，$\delta = \varepsilon$ とすれば，$0 < |x - 1| < \delta$ のとき $|f(x) - 2| = |x - 1| < \delta = \varepsilon$ と ε で抑えられるので，$x \to 1$ の極限値は 2 といえます．興味のある人は，解析学の本をひもとくと良いでしょう．まとめると

$$\lim_{x \to 1} \frac{x^2 - 1}{x - 1} = \lim_{x \to 1}(x + 1) = 2$$

は，$x \neq 1$ であるために約分ができたのです．また，$x = 1$ と代入が可能となるのは，いくらでも近づけられるという前提があるからに他なりません．

$f(x) = \dfrac{x^2 - 1}{x - 1}$ において定義されない点 $(1, 2)$ を，$f(x)$ の**特異点**とよびます．この例のように，その付近に特異点がなく，ポツンとあるような点を**孤立特異点**とよびます．孤立特異点では，極限の計算において約分によって極限を求めることができます．この操作は**特異点の除去**の一例です．一般的な特異点の処理は，数学の重要なテーマのひとつです．何気なく行っている約分が，深いテーマに繋がっているのです．

次に，$f(x) = \dfrac{1}{x}$ について考えてみましょう．
x が正の値をとりながら 0 に限りなく近づいてゆくと，$f(x) \to \infty$
x が負の値をとりながら 0 に限りなく近づいてゆくと，$f(x) \to -\infty$
のように，極限の値が近づく方向によって分かれます．一般に，

x が a より大きい値をとりながら a に近づく場合には，$x \to a + 0$
x が a より小さい値をとりながら a に近づく場合には，$x \to a - 0$
と表します．特に，$a = 0$ のときは
$x \to +0$, $x \to -0$ と書きます．
$x \to a + 0$, $x \to a - 0$ のときの $f(x)$ の極限をそれぞれ**右側極限**，**左側極限**といい，
$$\lim_{x \to a+0} f(x), \quad \lim_{x \to a-0} f(x)$$
と表します．先ほどの例では，
$$\lim_{x \to +0} \frac{1}{x} = \infty, \quad \lim_{x \to -0} \frac{1}{x} = -\infty$$
です．このように，右側極限と左側極限の値が異なるならば，$x \to a$ のとき $f(x)$ の**極限はない**といえます．

実数 x に対して $n \leq x$ を満たす最大の整数 n を $[x]$ で表します．

Mathematica では，関数 **Floor** がこれに相当します．ところが，Plot 命令で $y = [x]$ を単純に描かせると，次のようになってしまいます．

Plot[Floor[x],{x,-3,3}]

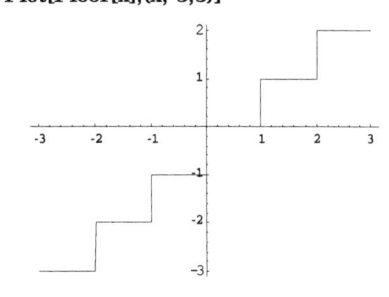

実際は，$[2] = 2$ であり，上図のようにつながってしまうのはおかしいのです．これは，Plot 関数が，x の値を離散的にとってグラフの座標を計算し，それらをつないでゆく方法で描くためにおこる現象です．この例でもわかるように，Mathematica の**出力をそのまま鵜呑みにすることは間違いのもと**です．特に極限のように微妙な値を含む問題ではなおさら注意が必要です．Mathematica を利用する際には，**式をよく考察し，出力結果を検討する**ことが重要です．この検証作業こそが，コンピュータを利用する数学の学習における 要 です．

より正確に Mathematica でこのグラフを表現するためには，工夫をしなければなりません．

```
Show[Graphics[
    Table[{{Thickness[.012],
        Line[{{x,x},{x+1-0.1,x}}]},
        Circle[{x+1,x},0.1]},
    {x,-3,3}] ],
Axes->Automatic,AspectRatio->Automatic]
```

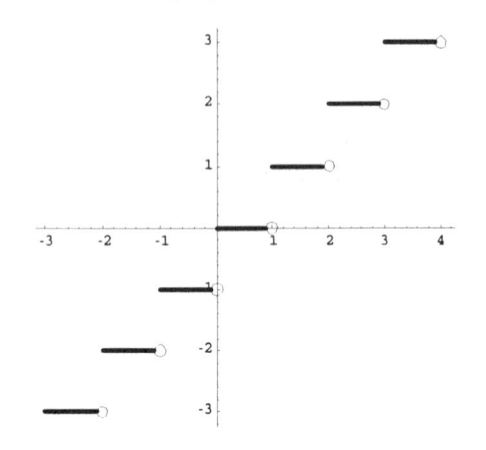

この関数では，$\lim_{x \to 2-0}[x] = 1$，$\lim_{x \to 2+0}[x] = 2$ のように右側極限と左側極限の値が異なるときがあります．

トライ！1 次の極限値を求めなさい．また，Mathematica の Plot 命令で描いた各関数のグラフを検証しなさい．

(1) $\lim_{x \to 2} \dfrac{x^3 - 4x}{x^2 + x - 6}$ (2) $\lim_{x \to 0} \dfrac{\sqrt{x+1} - 1}{x}$

(3) $\lim_{x \to \infty}(\log_2 \sqrt{2x^2 + 3} - \log_2 x)$

(4) $\lim_{x \to +0} \dfrac{x^2 + x}{|x|}$ (5) $\lim_{x \to -0} \dfrac{x^2 + x}{|x|}$

(6) $\lim_{x \to -\infty}(\sqrt{x^2 + 3x} + x)$ (7) $\lim_{x \to \infty} \dfrac{[2x]}{x}$

留意点ですが，(6)については，

$x < 0$ のとき $\sqrt{x^2} = -x$

に注意する必要があります．また，(7)は

$2x - 1 < [2x] \leq 2x$

であることを利用して次の「はさみうちの原理」を適用できます．

> a の近くにおける x で常に $f(x) \leq h(x) \leq g(x)$ で
> $$\lim_{x \to a} f(x) = \lim_{x \to a} g(x) = \alpha$$
> ならば
> $$\lim_{x \to a} h(x) = \alpha$$

トライ！2 次の等式が成り立つように，定数 a，b の値を求めよ．

(1) $\lim_{x \to 1} \dfrac{a\sqrt{x} + b}{x - 1} = 2$

(2) $\lim_{x \to \infty}(\sqrt{ax^2 + x + 1} - bx) = 1$

よく利用される関数の極限の公式をあげておきます．

> $\lim_{x \to 0} \dfrac{\sin x}{x} = 1$ $\quad$ $\lim_{x \to 0} \dfrac{\tan x}{x} = 1$
> $\lim_{x \to 0}(1+x)^{\frac{1}{x}} = e$ $\quad$ $\lim_{x \to \infty}\left(1 + \dfrac{1}{x}\right)^x = e$

トライ！3 次の極限値を求めなさい．

(1) $\lim_{x \to 0} \dfrac{\sin 3x}{x}$ (2) $\lim_{x \to 0} \dfrac{\tan x - \sin x}{x^3}$

(3) $\lim_{x \to \frac{\pi}{2}} \dfrac{(2x - \pi)\cos 3x}{\cos^2 x}$

(4) $\lim_{x \to \infty}\left(\dfrac{x+3}{x}\right)^x$ (5) $\lim_{x \to 0} \dfrac{\log_2(1+x)}{x}$

Mathematica では，極限を求める命令として Limit が用意されています．いくつか例をあげておきます．

数式	Mathematica
$\lim_{x \to 3} x^2$	Limit[x^2,x->3]
$\lim_{x \to \infty} 2^{-x}$	Limit[2^(-x),x->Infinity]
$\lim_{x \to \frac{\pi}{2}-0} \tan x$	Limit[Tan[x],x->Pi/2,Direction->1]
$\lim_{x \to \frac{\pi}{2}+0} \tan x$	Limit[Tan[x],x->Pi/2,Direction->-1]

右極限，左極限の表記と Directoin の符号が逆になるので注意が必要です．

トライ！4 次の極限値を調べなさい．また，Mathematica による結果を確認しなさい．

(1) $\lim_{x \to \infty} \dfrac{1}{x}$ (2) $\lim_{x \to 0} \dfrac{\sin 2x}{\sin x}$

(3) $\lim_{x \to 0} \dfrac{|x|}{x}$ (4) $\lim_{x \to 0} \dfrac{\sqrt{1-x^2} - \left(1 - \dfrac{x^2}{2}\right)}{\sin^4 x}$

第15章 「限りなく」を形に 〜関数の極限〜

演習問題

1 定数 a, b に対して
$$\lim_{x \to 0} \frac{ax^2 + bx^3}{\tan x - \sin x} = 1$$
が成り立つならば, $a = \boxed{}$, $b = \boxed{}$ である.
(明治大)

2 連続関数 $f(x)$ が
$$\lim_{x \to 1+0} \frac{f(x) - 2}{x - 1} = 3, \quad \lim_{x \to 1-0} \frac{f(x) - 2}{x - 1} = -2$$
を満たすとき
$$\lim_{x \to 1+0} \frac{(f(x))^2 - 4}{x - 1} = \boxed{},$$
$$\lim_{x \to 1-0} \frac{(f(x))^2 - 4}{x - 1} = \boxed{},$$
$$\lim_{x \to 1+0} \frac{|(f(x))^2 - 4|}{x - 1} = \boxed{},$$
$$\lim_{x \to 1-0} \frac{|(f(x))^2 - 4|}{x - 1} = \boxed{},$$
(摂南大)

3 O を原点とする座標平面上に 2 点 A$(2, 0)$, B$(0, 1)$ がある. 自然数 n に対し, 線分 AB を $1 : n$ に内分する点を P_n とし, $\angle AOP_n = \theta_n$ とする. ただし, $0 < \theta_n < \frac{\pi}{2}$ である. 線分 AP_n の長さを l_n として, 極限値 $\lim_{n \to \infty} \frac{l_n}{\theta_n}$ を求めよ.
(福島県立医科大)

（略解）

1
$$\frac{ax^2 + bx^3}{\tan x - \sin x} = \frac{x^2(a + bx)}{\dfrac{\sin x}{\cos x} - \sin x}$$
$$= \frac{x^2(a + bx) \cos x (1 + \cos x)}{\sin x (1 - \cos x)(1 + \cos x)}$$
$$= \left(\frac{x}{\sin x}\right)^3 \cdot \left(\frac{a}{x} + b\right) \cdot (1 + \cos x) \cos x$$

$x \to 0$ のとき
$$\frac{x}{\sin x} \to 1, \quad (1 + \cos x) \cos x \to 2 \quad \text{より}$$
$\lim_{x \to 0} \dfrac{ax^2 + bx^3}{\tan x - \sin x} = 1$ となるためには
$$\frac{a}{x} + b \to \frac{1}{2} \quad \text{したがって} \quad \underline{a = 0, \; b = \frac{1}{2}}$$

2
$$\lim_{x \to 1+0} \{f(x) - 2\} = \lim_{x \to 1+0} 3(x - 1) = 0$$
$$\lim_{x \to 1-0} \{f(x) - 2\} = \lim_{x \to 1-0} \{-2(x - 1)\} = 0$$
$$\therefore \lim_{x \to 1+0} f(x) = \lim_{x \to 1-0} f(x) = 2$$

$$\lim_{x \to 1+0} \frac{(f(x))^2 - 4}{x - 1} = \lim_{x \to 1+0} \frac{f(x) - 2}{x - 1} \cdot \{f(x) + 2\}$$
$$= 3(2 + 2) = \underline{12}$$
$$\lim_{x \to 1-0} \frac{(f(x))^2 - 4}{x - 1} = -2(2 + 2) = \underline{-8}$$
$$\lim_{x \to 1+0} \frac{|(f(x))^2 - 4|}{x - 1} = \lim_{x \to 1+0} \left|\frac{(f(x))^2 - 4}{x - 1}\right|$$
$$= |12| = \underline{12}$$
$$\lim_{x \to 1-0} \frac{|(f(x))^2 - 4|}{x - 1} = \lim_{x \to 1-0} \left\{-\left|\frac{(f(x))^2 - 4}{x - 1}\right|\right\}$$
$$= -|-8| = \underline{-8}$$

3 $l_n = \dfrac{\sqrt{5}}{n+1}$, $P_n\left(\dfrac{2n}{n+1}, \dfrac{1}{n+1}\right)$

$$OP_n = \sqrt{\left(\frac{2n}{n+1}\right)^2 + \left(\frac{1}{n+1}\right)^2} = \frac{\sqrt{4n^2 + 1}}{n+1}$$
$$\sin \theta_n = \frac{1}{n+1} \cdot \frac{1}{OP_n} = \frac{1}{\sqrt{4n^2 + 1}}$$

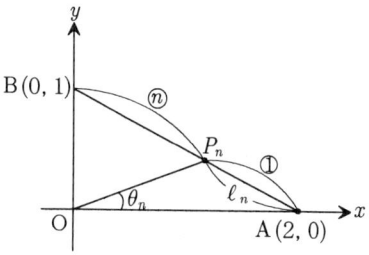

$n \to \infty$ のとき $\theta_n \to 0$ より $\dfrac{\sin \theta_n}{\theta_n} \to 1$
よって
$$\lim_{n \to \infty} \frac{l_n}{\theta_n} = \lim_{n \to \infty} \frac{\sin \theta_n}{\theta_n} \cdot \frac{l_n}{\sin \theta_n}$$
$$= \lim_{n \to \infty} \frac{\sin \theta_n}{\theta_n} \cdot \frac{\sqrt{5}}{n+1} \cdot \sqrt{4n^2 + 1}$$
$$= \lim_{n \to \infty} \frac{\sin \theta_n}{\theta_n} \cdot \frac{\sqrt{5}\sqrt{4 + \dfrac{1}{n^2}}}{1 + \dfrac{1}{n}}$$
$$= \underline{2\sqrt{5}}$$

第 16 章　　変化を探る　〜微分の計算〜

次の Mathematica のプログラムは，接線の傾きの変化をアニメーションで示すものです．

```
sessen[f_,{xmin_,xmax_},{ymin_,ymax_}]:=
Module[{a,y,df,g1,g2,g3,
           step=(xmax-xmin)/20},
Do[ y=f/.x->a;df=D[f,x]/.x->a;
  g1=Plot[{f,df(x-a)+y},{x,xmin,xmax},
         AspectRatio->Automatic,
         PlotRange->{ymin,ymax},
         PlotStyle->{Hue[0.6],Hue[0]},
         DisplayFunction->Identity];
  g2= Plot[Evaluate[D[f,x]],{x,xmin,a},
         AspectRatio->Automatic,
         PlotRange->{ymin,ymax},
         PlotStyle->Hue[0.3],
         DisplayFunction->Identity];
  g3=Graphics[{Hue[0],PointSize[0.03],
         Point[{a,y}]},
         DisplayFunction->Identity];
  Show[g1,g2,g3,
     DisplayFunction->$DisplayFunction],
{a,xmin+step,xmax,step}]]
```

例えば，$y = x^3 - 3x$ のグラフについて，x が $[-3, 3]$ の区間で y 座標の範囲を $[-4, 4]$ に指定して接線の変化を見るには，次のように入力します．

   sessen[x^3-3x, {-3,3}, {-4,4}]

青い線がもとのグラフであり，接線は赤く示されます．また，緑のグラフは接線の傾き，すなわち微分した関数です．出力される画像の数は，3 行目の step に代入される式の除数で調整できます．描かれた画像をダブルクリックすると，接線が動いてゆきます．

接線の傾きが正から負に変わるとき，あるいは負から正に変わるとき，微分した関数は x 軸を横切ります．極値を求めるときに $f'(x) = 0$ を調べればよいことがわかりますね．

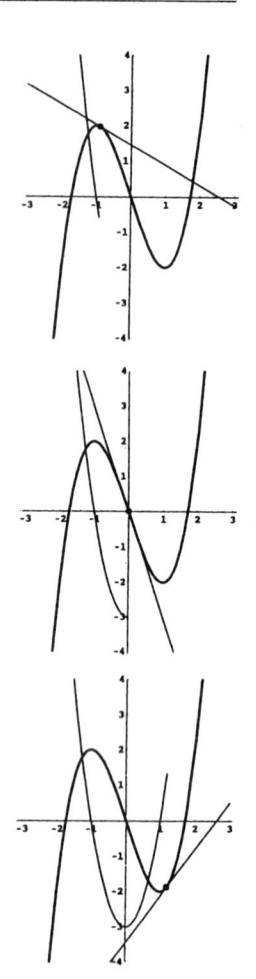

トライ！1 次の関数について，Mathematica で sessen により接線の変化の様子を見て，微分した関数がどうなるか調べなさい．

(1) $y = \sqrt{x}$
   sessen[Sqrt[x],{0,4},{0,3]
(2) $y = \sin x$
   sessen[Sin[x],{0,2Pi},{-2,2}]
(3) $y = \cos x$
   sessen[Cos[x],{0,2Pi},{-2,2}]
(4) $y = \tan x$
   sessen[Tan[x],{0.1,2Pi},{-3,3}]
(5) $y = e^x$
   sessen[Exp[x],{-2,2},{-1,4}]
(6) $y = \log x$
   sessen[Log[x],{0,5},{-3,3}]

第16章 変化を探る ～微分の計算～

各導関数は，Mathematica の出力を見るだけではなく，筆算によって自分で導いてみることが大事です．拠り所となる微分の出発点である式を改めて確認してください．

$$f'(x) = \lim_{h \to 0} \frac{f(x+h) - f(x)}{h}$$

次は微分の基本公式です．

$$(kf(x))' = kf'(x) \quad (k \text{ は定数})$$
$$(f(x) + g(x))' = f'(x) + g'(x)$$
$$(f(x)g(x))' = f'(x)g(x) + f(x)g'(x)$$
$$\left(\frac{f(x)}{g(x)}\right)' = \frac{f'(x)g(x) - f(x)g'(x)}{(g(x))^2}$$

また，基本的な関数の導関数についてまとめておきます．微積分のテキストでこれらが導かれる過程を必ずたどってください．

$$(x^\alpha)' = \alpha x^{\alpha - 1}$$
$$(\sin x)' = \cos x, \quad (\cos x)' = -\sin x$$
$$(\tan x)' = \frac{1}{\cos^2 x}$$
$$(e^x)' = e^x, \quad (a^x)' = a^x \log a$$
$$(\log x)' = \frac{1}{x}, \quad (\log_a x)' = \frac{1}{x \log a}$$

次の式は微分の計算に欠かせません．

合成関数の微分

$y = f(u), \ u = g(x)$ のとき
$$\frac{dy}{dx} = \frac{dy}{du} \cdot \frac{du}{dx}$$

すなわち
$$\bigl(f(g(x))\bigr)' = f'(g(x))g'(x)$$

逆関数の微分
$$\frac{dy}{dx} = \frac{1}{\frac{dx}{dy}}$$

媒介変数で表される関数の微分

$x = f(t), \ y = g(t)$ であるとき
$$\frac{dy}{dx} = \frac{\frac{dy}{dt}}{\frac{dx}{dt}} = \frac{f'(x)}{g'(x)}$$

対数微分法
$$\bigl(\log |f(x)|\bigr)' = \frac{f'(x)}{f(x)}$$

トライ！2 次の関数を微分しなさい．
(1) $y = (2x - 1)(x^3 + 5)$ (2) $y = (3x + 2)^5$
(3) $y = \sin 2x$ (4) $y = \cos^3 x$ (5) $y = \dfrac{1}{\sin x}$
(6) $y = e^{2x}$ (7) $y = e^{-x} \sin x$ (8) $y = \log x^3$
(9) $y = \sqrt{\dfrac{1 - \sin x}{1 + \sin x}}$ (10) $y = \log(x + \sqrt{x^2 - 1})$

トライ！3 次の関数の逆関数の導関数を求めなさい．
(1) $y = \sin x \left(-\dfrac{\pi}{2} \leqq x \leqq \dfrac{\pi}{2}\right)$
(2) $y = \cos x \ (0 \leqq x \leqq \pi)$

トライ！4 次の関数について $\dfrac{dy}{dx}$ を求めなさい．
また，Mathematica の **ParametricPlot** でグラフを描いて関数を調べなさい．

(1) $\begin{cases} x = 2t - 1 \\ y = t^2 \end{cases}$ (2) $\begin{cases} x = \dfrac{1 + t^2}{1 - t^2} \\ y = \dfrac{2t}{1 - t^2} \end{cases}$

(3) $\begin{cases} x = a \log t \\ y = \dfrac{a}{2}\left(t + \dfrac{1}{t}\right) \end{cases}$

微分した関数が極値となるときに着目してみましょう．最初にあげた例の $y = x^3 - 3x$ では，$y' = 3x^2 - 3$ であり，この2次関数が極小となる $x = 0$ の点において，接線の動き具合が違ってくるのがわかるでしょうか．$x = 0$ までは時計の針が進む方向に動いていた接線が，$x = 0$ からは逆方向に回転する動きに移ります．これは，もとの関数を表す曲線が $x = 0$ を境にして違うカーブになることを表します．車の運転でいえば，道路でハンドルを切る方向を変える場所です．

グラフの形で見ると，$y = x^3 - 3x$ は $x < 0$ で上に凸のグラフであり，$x > 0$ では下に凸のグラフとなります．$x = 0$ でのグラフ上の点はこの境となる点であり，これを**変曲点**とよびます．

変曲点においては，$y' = 3x^2 - 3$ の極値となるので，更に微分した値が0となります．

$y = f(x)$ を2回微分して得られる関数を**第2次導関数**といい，次のように表します．

$$y'', \quad f''(x), \quad \frac{d^2y}{dx^2}, \quad \frac{d^2}{dx^2}f(x)$$

曲線 $y = f(x)$ で $x = a$ における点が変曲点であれば，$f''(x) = 0$ です.

トライ！5 関数 $y = e^{-2x^2}$ について，y', y'' を求めなさい．また，$y' = 0$ を解いて増減表を書き，極値を求めなさい．さらに，$y'' = 0$ を解いて変曲点を調べなさい．

sessen[Exp[-2x^2],{-2,2},{-2,2}]

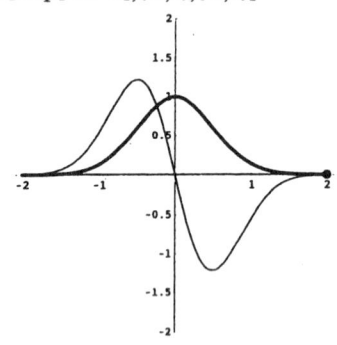

一般に，$y = f(x)$ を n 回微分して得られる関数を**第 n 次導関数**といい，次のように表します．
$$y^{(n)}, \quad f^{(n)}(x), \quad \frac{d^n y}{dx^n}, \quad \frac{d^n}{dx^n} f(x)$$

Mathematica では，関数 $f(x)$ の第 n 次導関数を
$$\mathrm{D}[f,\{\mathbf{x},\ n\}]$$
の形で求めることができます．
例えば，$y = \log x$ の第 3 次導関数は
$$\mathrm{D}[\mathrm{Log}[\mathbf{x}],\{\mathbf{x},3\}]$$
により，$\frac{2}{x^3}$ と求まります．

トライ！6 次の関数の第 3 次導関数を筆算で求め，Mathematica で確認しなさい．
(1) $y = \sin x$ (2) $y = x^n$ $(n \geq 3)$
(3) $y = e^{ax}$ (4) $y = x^2 e^x$

トライ！7 関数 $y = e^{-x} \sin x$ が次の等式を満たすことを示しなさい．
$$y'' + 2y' + 2y = 0$$

曲線 $y = f(x)$ 上の点 $\mathrm{P}(x_1, y_1)$ において，点 P での接線に垂直な直線を**法線**といいます．接線と法線の方程式は次のようになります．

接線の方程式　$y - y_1 = f'(x_1)(x - x_1)$
法線の方程式　$y - y_1 = -\dfrac{1}{f'(x_1)}(x - x_1)$

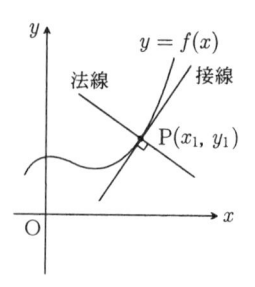

トライ！8 次の曲線上の与えられた点における接線と法線の方程式を求めなさい．
(1) $y = \log x$　　$(1, 0)$
(2) $y = \sin x$　　$\left(\dfrac{\pi}{4}, \dfrac{1}{\sqrt{2}}\right)$
(3) $\sqrt{x} + \sqrt{y} = 3$　　$(1, 4)$
(4) $\begin{cases} x = e^t \cos \pi t \\ y = e^t \sin \pi t \end{cases}$ で $t = 2$ に対応する点

演習問題

1 導関数の定義にもとづいて解答せよ．ただし，e は自然対数の底とし，$a \neq 1$, $a > 0$ とする．

(1) $\lim\limits_{h \to 0} (1+h)^{\frac{1}{h}} = e$ を用いて，$x > 0$ のとき，
$$(\log_a x)' = \frac{1}{x \log_e a}$$ を証明せよ．

(2) $\lim\limits_{h \to 0} \dfrac{e^h - 1}{h} = 1$ を用いて，
$$(a^x)' = a^x \log_e a$$ を証明せよ．
(名古屋市立大)

2 a は正の定数とする．$x > 0$, $y > 0$ において，方程式
$$(1 + \sqrt{xy}) \log \sqrt{\frac{x}{y}} + a(1 - \sqrt{xy}) = 0$$
で表される曲線に関して，次の問に答えよ．

(1) $\sqrt{\dfrac{x}{y}} = t$ とするとき，x と y をそれぞれ t を用いて表せ．
(2) t のとりうる値の範囲を求めよ．
(3) すべての t について $\dfrac{dy}{dx} \geq 0$ となるような a の値の範囲を求めよ．
(4) a の値が(3)で求めた範囲にないとき，$\dfrac{dy}{dx} < 0$ となる x の値の範囲を求めよ．
(大阪府立大)

[略解]

1 (1) $(\log_a x)' = \lim\limits_{h \to 0} \dfrac{\log_a(x+h) - \log_a x}{h}$

$$= \lim_{h\to 0} \frac{1}{h} \log_a \frac{x+h}{x} = \lim_{h\to 0} \frac{1}{x} \log_a \left(1+\frac{h}{x}\right)^{\frac{x}{h}}$$

$$= \frac{1}{x} \log_a e = \frac{1}{x} \cdot \frac{\log_e e}{\log_e a} = \frac{1}{x \log_e a}$$

(2) $(a^x)' = \lim_{h\to 0} \frac{a^{x+h}-a^x}{h} = \lim_{h\to 0} \frac{a^x(a^h-1)}{h}$

ここで，$a^h = e^p$ とすると，

$\log_e a^h = \log_e e^p = p$　より　$a^h = e^{h\log_e a}$

したがって

$$(a^x)' = a^x \lim_{h\to 0} \frac{e^{h\log_e a}-1}{h}$$
$$= a^x \log_e a \cdot \lim_{h\to 0} \frac{e^{h\log_e a}-1}{h\log_e a}$$
$$= a^x \log_e a$$

[2] (1)　$t > 0$ であり

$\frac{x}{y} = t^2$　より　$x = t^2 y$　…①

また　$\sqrt{xy} = \sqrt{t^2 y^2} = ty$

これを与式に代入して

$(1+ty)\log t + a(1-ty) = 0$　…②

①，②より

$$\begin{cases} x = \dfrac{t(a+\log t)}{a-\log t}, \\ y = \dfrac{a+\log t}{t(a-\log t)} \end{cases} \cdots ③$$

(2)　$t>0$，$x>0$，$y>0$ より

$$\frac{a+\log t}{a-\log t} > 0$$

よって　$-a < \log t < a$

ゆえに　$\underline{e^{-a} < t < e^a}$　…④

(3)　③を t で微分して

$$\frac{dx}{dt} = \frac{a^2+2a-(\log t)^2}{(a-\log t)^2}$$

$$\frac{dy}{dt} = \frac{(\log t)^2-a^2+2a}{t^2(a-\log t)^2}$$

④の範囲では x は t に関して単調増加となるので，$\frac{dx}{dt} > 0$　したがって，$\frac{dy}{dx} \geqq 0$ となるためには $\frac{dy}{dt} \geqq 0$　すなわち

$(\log t)^2 - a^2 + 2a \geqq 0$ がすべての t で成り立てばよい．したがって，

$$-a^2 + 2a \geqq 0$$

a は正の定数より　$\underline{0 < a \leqq 2}$

(4)　$\frac{dy}{dx} < 0$ となるためには　$\frac{dy}{dt} < 0$

すなわち　$(\log t)^2 - a^2 + 2a < 0$

$-\sqrt{a^2-2a} < \log t < \sqrt{a^2-2a}$

$e^{-\sqrt{a^2-2a}} < t < e^{\sqrt{a^2-2a}}$

よって求める x の値の範囲は

$$\frac{e^{-\sqrt{a^2-2a}}\left(a-\sqrt{a^2-2a}\right)}{a+\sqrt{a^2-2a}} < x <$$
$$\frac{e^{\sqrt{a^2-2a}}\left(a+\sqrt{a^2-2a}\right)}{a-\sqrt{a^2-2a}}$$

第17章　解のある風景　～中間値の定理・平均値の定理～

§1．中間値の定理

方程式 $x = \cos x$ について考えてみましょう．この方程式の解は，$y = x$ と $y = \cos x$ のグラフの交点として表されます．実際にグラフを描いてみましょう．

Plot[{x,Cos[x]},{x,-Pi,Pi}]

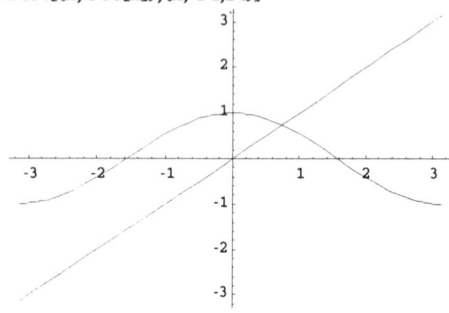

グラフを見る限りでは，0 と $\pi/2$ の間に解がありそうです．では，Mathematica お得意の **Solve** で解かせてみましょう．

Solve[x == Cos[x], x]

何やらエラーメッセージが出てきます．Mathematica でも，この手の方程式を厳密に解くのは苦手のようです．ですが，数値として近似的に解くことは可能です．

FindRoot[x==Cos[x], {x,1}]

とすると，
$$\{x \to 0.739085\}$$
と近似解が出力されます．FindRoot での **{x,1}** という指定は，$x = 1$ 付近を基準に解の探索を始めることを示しています．

さて，このように近似解が求められるためには，そこに **"解が存在する"** ということが前提としてあります．数学で様々な対象を調べていくとき，解が存在するかどうかは大きな問題であり，これが保証されていることで進む理論も少なくありません．今回は，この解の存在に関わる2つの定理を見ていきます．

先ほどの $x = \cos x$ の解が存在することは，
$$f(x) = x - \cos x$$
において $f(x) = 0$ となる x が存在することと同値です．

f[x_]:=x-Cos[x]
Plot[f[x],{x,0,Pi/2}]

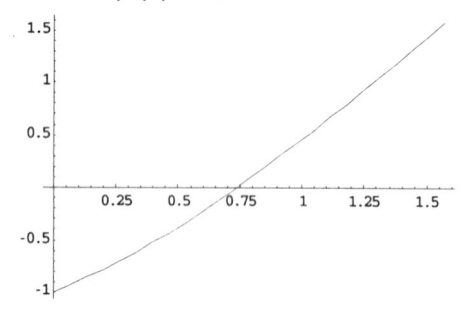

$f(0) = -1$, $f(\pi/2) = \pi/2$

ですから，$f(x)$ が切れ目なくつながっていれば，0 と $\pi/2$ との間に $f(x) = 0$ となる x の値が存在します．また，グラフより $f(x) = 1$ や $f(x) = -0.5$ の解も存在することが予想できます．さらに言えば，$-1 < k < \pi/2$ となる任意の実数 k において

$f(x) = k$ を満たす x が $0 < x < \pi/2$ の範囲に存在します．

トライ！1　グラフより，次の方程式の解がおよそどれくらいか読みとってください．また，FindRoot で近似解を求めてみましょう．
(1) $x - \cos x = 1$　(2) $x - \cos x = -0.5$

一般に，次の **中間値の定理** が成り立ちます．

> 閉区間 $[a, b]$ で連続な関数 $f(x)$ の，この区間における最大値を M，最小値を m とするとき，$m \neq M$ ならば
> 　$m < k < M$ である任意の実数 k に対して
> 　　$f(c) = k$, $a < c < b$
> を満たす実数 c が，少なくとも1つ存在する．

$x - \cos x = 0$ で見たように，
$$f(0) = -1 < 0, \quad f(\pi/2) = \pi/2 > 0$$
と異符号であることは，解の存在の目安になりますが，これは中間値の定理で $k = 0$ の場合であり，よく用いられる定理です．

第17章 解のある風景 〜中間値の定理・平均値の定理〜

> 関数 $f(x)$ が閉区間 $[a,b]$ で連続であるとき，$f(a)$ と $f(b)$ の符号が異なるならば，方程式 $f(x)=0$ は a と b の間に少なくとも 1 つの解をもつ．

さて，これらの定理が成り立つ重要な前提が関数の"連続"です．ここで定義を確認しておきましょう．

> 関数 $f(x)$ が $x=a$ で**連続**であるとは，次の3つの条件が満たされていることである．
> 1. $x=a$ は $f(x)$ の定義域に属する．
> 2. 極限値 $\lim_{x \to a} f(x)$ が存在する．
> 3. $\lim_{x \to a} f(x) = f(a)$ が成り立つ．
>
> 区間 I の各点で $f(x)$ が連続のとき，$f(x)$ は**区間 I で連続**であるという．

極限値の性質から，関数 $f(x), g(x)$ が $x=a$ で連続ならば，次の関数も $x=a$ で連続です．

$kf(x) + lg(x)$ ただし，k,l は実数

$f(x)g(x)$

$\dfrac{f(x)}{g(x)}$ ただし，$g(a) \neq 0$

関数 $y=x$ は，x のすべての値で連続ですから，x の整式で表される関数

$$f(x) = a_0 x^n + a_1 x^{n-1} + \cdots + a_{n-1} x + a_n$$

も x のすべての値で連続となります．

一般に関数 $f(x)$ が定義域のすべての x で連続であるとき，$f(x)$ は**連続関数**であるといいます．整式や分数式で表される有理関数や，三角関数 $\sin x, \cos x, \tan x$，指数関数 a^x，対数関数 $\log_a x$ などもすべて連続関数です．

トライ！2 次の方程式が与えられた区間に実数解を持つことを中間値の定理を用いて示しなさい．

(1) $2^x - 3x = 0 \quad [3,4]$

(2) $x \sin x + \cos x = 0 \quad \left[\dfrac{\pi}{2}, \pi\right]$

(3) $\dfrac{1}{1+e^x} = x \quad [0,1]$

(4) $\tan x + \dfrac{1}{x} = 1 \quad \left[\pi, \dfrac{5}{4}\pi\right]$

トライ！3 関数 $f(x) = \displaystyle\sum_{n=0}^{\infty} \dfrac{x^2}{(1+x^2)^n}$ について

(1) $y = f(x)$ のグラフを描きなさい．
(2) $y = f(x)$ が $x = 0$ で連続かどうか調べなさい．

§2．平均値の定理

中間値の定理に，さらに関数の微分可能性が加味されると，次の**ロル(Rolle)の定理**が適用できます．ロルの定理は，微積分の基礎となる重要な定理です．

> 関数 $f(x)$ が $[a,b]$ で連続で，(a,b) で微分可能であるとき
> $$f(a) = f(b) \quad \text{ならば}$$
> $$f'(c) = 0, \quad a < c < b$$
> を満たす実数 c が存在する．

例えば $f(x) = \sin x$ は $[0,\pi]$ で連続，微分可能であり，$f(0) = f(\pi) = 0$ です．

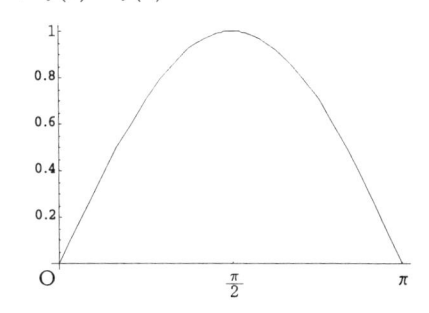

$f'(c) = \cos c = 0$ を満たす $c = \dfrac{\pi}{2}$ が存在．

ロルの定理の拡張である**平均値の定理**を掲げます．

> 関数 $f(x)$ が閉区間 $[a,b]$ で連続で，開区間 (a,b) で微分可能ならば
> $$\dfrac{f(b)-f(a)}{b-a} = f'(c), \quad a < c < b$$
> を満たす実数 c が存在する．

この定理を具体的に見ておきましょう．関数 $f(x) = x^3$ について，

区間 $[0,1]$ における平均変化率は

$$\dfrac{f(1)-f(0)}{1-0} = 1$$

となります．

$$f'(x) = 3x^2$$

において，この値と一致する x の値は

$$3x^2 = 1$$

を解いて得られますが，区間 $[0,1]$ の中に

$x = \dfrac{1}{\sqrt{3}}$ が存在します.

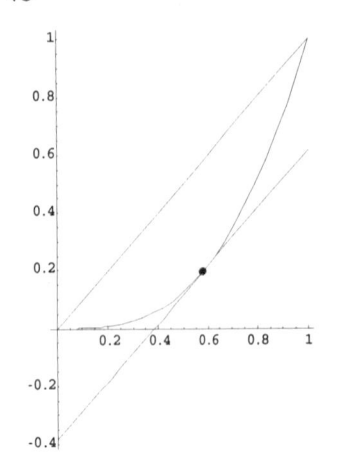

図形的には,曲線 $y = f(x)$ 上の2点 A, B を結ぶ直線の傾きと等しい接線が引けるような点が A, B 間の曲線上にあることを意味しています. 平均値の定理は,連続性と微分可能性のもとでこのような点の存在を保証するものです.

トライ！4 $\dfrac{f(b) - f(a)}{b - a} = k$ とおき,
$F(x) = f(x) - k(x - a)$ に対してロルの定理を用いることにより平均値の定理を証明しなさい.

平均値の定理に基づいて図示する簡易的な Mathematica のプログラムを示します.

```
heikinchi[f_,a_,b_,x0_]:=
  Module[{c,cx,cy,dx,fa,fb,g1,g2,p1,p2},
    fa=f/.x->a;fb=f/.x->b;dx=D[f,x];
    c=FindRoot[(fb-fa)/(b-a)==dx,{x,x0}];
    Print[c];cx=x/.c;cy=f/.c;
    p1=Plot[f,{x,a,b},
        AspectRatio->Automatic,
        DisplayFunction->Identity];
    p2=Plot[ (dx/.c)(x-cx)+cy,{x,a,b},
        PlotStyle->Hue[0.6],
        AspectRatio->Automatic,
        DisplayFunction->Identity];
    g1=Graphics[{Hue[0.3],
        Line[{{a,fa},{b,fb}}]},
        DisplayFunction->Identity];
    g2=Graphics[{Hue[0],
        PointSize[0.03],Point[{cx,cy}]},
        DisplayFunction->Identity];
    Show[p1,p2,g1,g2,
      DisplayFunction->$DisplayFunction]]
```

FindRoot のある行で, $\dfrac{f(b) - f(a)}{b - a} = f'(c)$ を満たす c を求めています. **p1** が元のグラフ,**p2** が c の値に基づく接線,**g1** が曲線上の2点を結ぶ直線,**g2** が接点を表し,**Show** でそれらをまとめて描いています.

先ほどの図は,次の入力により描かれます.
heikinchi[x^3,0,1,0.5]

最初の引数は,$f(x)$ の形の関数,2,3番目の引数が区間の値,4番目の引数として **FindRoot** で計算する際の初期値を入力します. この値によって,複数の c が求まる場合の出力が変わってきます. 例えば,
$$y = \sin\left(x + \dfrac{\pi}{4}\right),\ 区間\left[0, \dfrac{4}{3}\pi\right]$$
における変化率と等しい傾きの接線を描くには
heikinchi[Sin[x+Pi/4], 0, 4 Pi/3, Pi/2]
{x→1.19627}

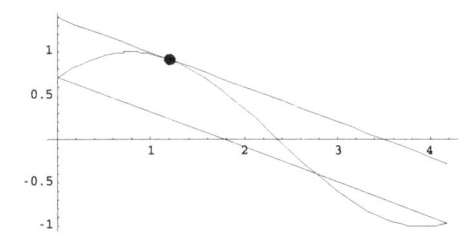

ここで最後の引数を π に変えて
heikinchi[Sin[x+Pi/4], 0, 4 Pi/3, Pi]
と入力すると,もうひとつの接線を描きます.

平均値の定理は解の存在を示すにとどまらず,いろいろと応用がききます. 例えば,
$a > 0$ のとき
$$\dfrac{1}{a+1} < \log(a+1) - \log a < \dfrac{1}{a}$$
は,次のように示されます.
$f(x) = \log x$ は $x > 0$ で微分可能であり,$f'(x) = \dfrac{1}{x}$ であるから,区間 $[a, a+1]$ において平均値の定理より
$$\dfrac{\log(a+1) - \log a}{(a+1) - a} = \dfrac{1}{c},\ a < c < a+1$$
となる c が存在する.
$\log(a+1) - \log a = \dfrac{1}{c}$, $\dfrac{1}{a+1} < \dfrac{1}{c} < \dfrac{1}{a}$ より
$$\dfrac{1}{a+1} < \log(a+1) - \log a < \dfrac{1}{a}$$

第17章　解のある風景　〜中間値の定理・平均値の定理〜

トライ！5　次の不等式を証明しなさい．

(1) $a < b$ のとき　$e^a < \dfrac{e^b - e^a}{b - a} < e^b$

(2) $h > 0$ のとき　$-h \leqq \sin(x+h) - \sin x \leqq h$

平均値の定理は次の形で用いられることもあります．

$$f(b) = f(a) + (b-a)f'(c)$$

さらに $h = b - a$, $\theta = \dfrac{c-a}{b-a}$ とおくことで

$$f(a+h) = f(a) + hf'(a + \theta h), \quad 0 < \theta < 1$$

演習問題

1 微分可能な関数 $f(x)$ については，実数 a と h に対して

$$f(a+h) = f(a) + hf'(a + \theta h),$$
$$0 < \theta < 1 \cdots ①$$

を満たす θ が存在することが知られている（平均値の定理）．

(1) 関数 $f(x) = x^3$ に対して，上の①を満たす θ を a, h の式で表せ．ただし，$a \geqq 0$, $h > 0$ とする．

(2) 上の θ について，$\lim\limits_{h \to 0} \theta$ の値を求めよ．

（愛知教育大）

2 (1) すべての実数 x, y に対して
$$\left|\sin\left(x + \dfrac{\pi}{4}\right) - \sin\left(y + \dfrac{\pi}{4}\right)\right| \leqq |x - y|$$
が成り立つことを示せ．

(2) 数列 $\{x_n\}$ は $x_1 = 0$ で，漸化式
$$x_{n+1} = \dfrac{\pi}{4}\sin\left(x_n + \dfrac{\pi}{4}\right) \ (n = 1, 2, \cdots)$$
をみたすとする．このとき，すべての自然数 n に対して $\left|x_n - \dfrac{\pi}{4}\right| \leqq \left(\dfrac{\pi}{4}\right)^n$ が成り立つことを示せ．

（東京学芸大）

（略解） **1** (1) $f(x) = x^3$ はすべての区間で微分可能であり，$f'(x) = 3x^2$

$$f(a+h) = a^3 + 3a^2h + 3ah^2 + h^3$$
$$f(a) + hf'(a + \theta h) = a^3 + 3a^2h$$
$$+ 6ah^2\theta + 3h^3\theta^2$$

$f(a+h) = f(a) + hf'(a + \theta h)$ より

$$3h\theta^2 + 6a\theta - 3a - h = 0$$

$\theta > 0$ より

$$\theta = \dfrac{-3a + \sqrt{9a^2 + 3h(3a+h)}}{3h}$$

(2) $a = 0$ のとき　$h > 0$ より

$$\theta = \dfrac{\sqrt{3h^2}}{3h} = \dfrac{\sqrt{3}}{3}$$

$a > 0$ のとき

$$\theta = \dfrac{(-3a)^2 - (9a^2 + 3h(3a+h))}{3h\left(-3a - \sqrt{9a^2 + 3h(3a+h)}\right)}$$

$$= \dfrac{3a + h}{3a + \sqrt{9a^2 + 3h(3a+h)}}$$

$$\to \dfrac{3a}{3a + 3a} = \dfrac{1}{2} \quad (h \to 0)$$

2 (1) $x = y$ のときは等号が成立する．

$x \neq y$ のとき，平均値の定理より
$f(x) = \sin\left(x + \dfrac{\pi}{4}\right)$ に対して

$$\dfrac{f(x) - f(y)}{x - y} = f'(c)$$

となる c が x と y の間に存在する．
$f'(x) = \cos\left(x + \dfrac{\pi}{4}\right)$ であるから

$$\left|\dfrac{f(x) - f(y)}{x - y}\right| = \left|\cos\left(c + \dfrac{\pi}{4}\right)\right| \leqq 1$$

∴ $\left|\sin\left(x + \dfrac{\pi}{4}\right) - \sin\left(y + \dfrac{\pi}{4}\right)\right| \leqq |x - y|$

(2) $\left|x_{n+1} - \dfrac{\pi}{4}\right| = \left|\dfrac{\pi}{4}\sin\left(x_n + \dfrac{\pi}{4}\right) - \dfrac{\pi}{4}\right|$

$$= \dfrac{\pi}{4}\left|\sin\left(x_n + \dfrac{\pi}{4}\right) - 1\right|$$

$$= \dfrac{\pi}{4}\left|\sin\left(x_n + \dfrac{\pi}{4}\right) - \sin\dfrac{\pi}{2}\right|$$

$$\leqq \dfrac{\pi}{4}\left|\left(x_n + \dfrac{\pi}{4}\right) - \dfrac{\pi}{2}\right| = \dfrac{\pi}{4}\left|x_n - \dfrac{\pi}{4}\right|$$

$$\left|x_{n+1} - \dfrac{\pi}{4}\right| \leqq \left(\dfrac{\pi}{4}\right)^n \left|x_1 - \dfrac{\pi}{4}\right| = \left(\dfrac{\pi}{4}\right)^{n+1}$$

∴ $\left|x_n - \dfrac{\pi}{4}\right| \leqq \left(\dfrac{\pi}{4}\right)^n$

第18章 技に理あり ～不定積分～

積分は，高校数学の中でも最も華やかな単元でしょう．様々な計算技法が次から次へと現れ，面積，体積，曲線の長さ，不等式の証明など，多彩な応用が展開されます．

この本では「区分求積法」から積分を導入し，「微分積分学の基本定理」で微分と積分が逆の演算となることを確認しました．いわば，「意味」を捉えることを中心にしてきたのですが，今回は，「技」を前面に出します．関数を探る基本となる不定積分の計算がテーマです．何事も，理論と技術が両輪となって初めて実のある成果が得られるものです．ここでは応用のきくウデを磨くことに専念しましょう．

まず，基本的な関数の不定積分を掲げます．

$$\int x^\alpha dx = \frac{1}{\alpha+1} x^{\alpha+1} + C \quad (\alpha \neq -1)$$

$$\int \frac{1}{x} dx = \log|x| + C$$

$$\int \sin x\, dx = -\cos x + C$$

$$\int \cos x\, dx = \sin x + C$$

$$\int \frac{1}{\cos^2 x} dx = \tan x + C$$

$$\int e^x dx = e^x + C$$

$$\int a^x dx = \frac{a^x}{\log a} + C \quad (a > 0,\ a \neq 1)$$

C は積分定数です．これらは微分の逆演算であることより導かれたものです．

$\int f(x)dx$ は Mathematica では，

Integrate[$f(x)$, **x]**

の形で求められます．なお，積分定数Cは省略して出力されますので，注意してください．

トライ！1 Mathematica による次の出力を予想してください．
Integrate[Exp[x], x]
Integrate[{Sin[x], Cos[x], Tan[x] }, x]
Table[Integrate[x^n,x], { n, -3, 3 }]
Plot[Evaluate[%], {x, 0.1, 3}]

「積分を求めなさい」という各**トライ！**では，筆算を行った後，Mathematica で答えを確認してみましょう．当然，自分の手で計算しなければ力がつきませんから，安易に Mathematica に頼るのはいけません．また，不定積分では Mathematica の結果と筆算で出した答えの形が違ってくる場合もあります．

Mathematica の出力のクセを知っておくことも活用する上では大事です．

さて，$x = g(t)$ のとき，$\frac{dx}{dt} = g'(t)$ ですが，これを形式的に $dx = g'(t)dt$ として $\int f(x)dx$ に代入すると，次の**置換積分**の公式が得られます．

$$\int f(x)dx = \int f(g(t))g'(t)dt$$

例えば，$\sin(3x+2)$ の不定積分は，$3x+2 = t$ とおいて $x = \frac{t}{3} - \frac{2}{3}$ より $\frac{dx}{dt} = \frac{1}{3}$ すなわち $dx = \frac{1}{3}dt$ と見られるので，

$$\int \sin(3x+2)dx = \int \sin t \cdot \frac{1}{3} dt = \frac{1}{3}\int \sin t\, dt$$
$$= -\frac{1}{3}\cos t + C = -\frac{1}{3}\cos(3x+2) + C$$

これを一般化した次の公式はよく使われます．

$$\int f(x)dx = F(x) + C \text{ のとき}$$
$$\int f(ax+b)dx = \frac{1}{a}F(ax+b) + C$$
$$(\text{ただし } a \neq 0)$$

これより瞬時に次のような計算ができます．

$$\int \cos ax\, dx = \frac{1}{a}\sin ax + C$$

第18章 技に理あり ～不定積分～

$$\int e^{ax+b}dx = \frac{1}{a}e^{ax+b} + C$$

$\int \dfrac{x^2}{\sqrt{x+1}}\,dx$ を置換積分で求めましょう.

$\sqrt{x+1}=t$ とおくと $x=t^2-1$ より $\dfrac{dx}{dt}=2t$

よって $\displaystyle\int \dfrac{x^2}{\sqrt{x+1}}\,dx = \int \dfrac{(t^2-1)^2}{t}\cdot 2t\,dt$

$= 2\displaystyle\int (t^4-2t^2+1)dt = 2\left(\dfrac{1}{5}t^5 - \dfrac{2}{3}t^3 + t\right) + C$

$= \dfrac{2t(3t^4-10t^2+15)}{15} + C$

$= \dfrac{2}{15}(3x^2-4x+8)\sqrt{x+1} + C$

置換積分により導かれる次の公式もよく利用されます.

$$\int \frac{f'(x)}{f(x)}dx = \log|f(x)| + C$$

例.

$\displaystyle\int \tan x\,dx = \int \dfrac{\sin x}{\cos x}\,dx = \int \dfrac{-(\cos x)'}{\cos x}\,dx$

$= -\log|\cos x| + C$

トライ！2 次の不定積分を求めなさい.

(1) $\displaystyle\int e^{2x}dx$ (2) $\displaystyle\int \cos 4x\,dx$

(3) $\displaystyle\int \sqrt{3x-1}\,dx$ (4) $\displaystyle\int \dfrac{1}{\sqrt{1-x}}\,dx$

(5) $\displaystyle\int \left(x+\dfrac{1}{x}\right)^3 dx$ (6) $\displaystyle\int 2^x dx$

(7) $\displaystyle\int \dfrac{1}{\tan x}\,dx$ (8) $\displaystyle\int \dfrac{2(x-2)}{x^2-4x+1}\,dx$

(9) $\displaystyle\int \dfrac{x}{\sqrt{2x+1}}\,dx$ (10) $\displaystyle\int \dfrac{e^x+e^{-x}}{e^x-e^{-x}}\,dx$

積の微分公式 $(fg)' = f'g + fg'$
を変形して $fg' = (fg)' - f'g$
これを積分すると, 次の**部分積分**の公式が得られます.

$$\int f(x)g'(x)dx = f(x)g(x) - \int f'(x)g(x)dx$$

$f'(x)g(x)$ が積分できるように $f(x)$, $g(x)$ を選ぶことが基本ですが, やはりここは様々な計算にあたってカンを養う必要があります.

例. $\displaystyle\int x\cos x\,dx = \int x(\sin x)'dx$

$= x\sin x - \displaystyle\int 1\cdot \sin x\,dx = x\sin x + \cos x + C$

$\displaystyle\int \log x\,dx = \int \log x\cdot (x)'dx$

$= x\log x - \displaystyle\int x\cdot \dfrac{1}{x}\,dx = x\log x - x + C$

トライ！3 次の不定積分を求めなさい.

(1) $\displaystyle\int xe^{2x}dx$ (2) $\displaystyle\int x\sin 3x\,dx$

(3) $\displaystyle\int \log(x+1)dx$ (4) $\displaystyle\int x^2\cos x\,dx$

(5) $\displaystyle\int (x+\sqrt{x})\log x\,dx$ (6) $\displaystyle\int e^x \sin x\,dx$

$e^x \sin x$, $e^x \cos x$ の積分はペアで扱って処理すると見通しがよくなります.

$I = \displaystyle\int e^x \sin x\,dx$, $J = \displaystyle\int e^x \cos x\,dx$ とおくと,

$I = \displaystyle\int (e^x)'\sin x\,dx = e^x \sin x - \int e^x \cos x$

$J = \displaystyle\int (e^x)'\cos x\,dx = e^x \cos x + \int e^x \sin x$

より,

$I + J = e^x \sin x$, $J - I = e^x \cos x$

が得られます. この連立方程式を解いて

$I = \dfrac{1}{2}e^x(\sin x - \cos x) + C$

$J = \dfrac{1}{2}e^x(\sin x + \cos x) + C$

トライ！4 次式が成り立つことを示しなさい.

$\displaystyle\int e^{ax}\sin bx\,dx = \dfrac{e^{ax}}{a^2+b^2}(a\sin bx - b\cos bx) + C$

$\displaystyle\int e^{ax}\cos bx\,dx = \dfrac{e^{ax}}{a^2+b^2}(b\sin bx + a\cos bx) + C$

三角関数では, 次数を下げるために次の公式が活躍します.

$\sin 2x = 2\sin x\cos x$

$\cos 2x = 1 - 2\sin^2 x = 2\cos^2 x - 1$

$\sin^2 x = \dfrac{1-\cos 2x}{2}$, $\cos^2 x = \dfrac{1+\cos 2x}{2}$

$$\tan^2 x = \frac{1-\cos 2x}{1+\cos 2x}$$
$$\sin\alpha\cos\beta = \frac{1}{2}\{\sin(\alpha+\beta)+\sin(\alpha-\beta)\}$$
$$\cos\alpha\sin\beta = \frac{1}{2}\{\sin(\alpha+\beta)-\sin(\alpha-\beta)\}$$
$$\cos\alpha\cos\beta = \frac{1}{2}\{\cos(\alpha+\beta)+\cos(\alpha-\beta)\}$$
$$\sin\alpha\sin\beta = -\frac{1}{2}\{\cos(\alpha+\beta)-\cos(\alpha-\beta)\}$$

トライ！5 次の加法定理を基に，上の公式を導きなさい．（複号同順）
$$\sin(\alpha\pm\beta) = \sin\alpha\cos\beta \pm \cos\alpha\sin\beta$$
$$\cos(\alpha\pm\beta) = \cos\alpha\cos\beta \mp \sin\alpha\cos\beta$$

例．
$$\int \sin^2 x\,dx = \int \frac{1-\cos 2x}{2}dx$$
$$= \frac{1}{2}x - \frac{1}{4}\sin 2x + C$$
$$\int \sin 5x \cos 3x\,dx = \frac{1}{2}\int(\sin 8x + \sin 2x)dx$$
$$= -\frac{1}{16}\cos 8x - \frac{1}{4}\cos 2x + C$$

トライ！6 加法定理より，次の3倍角の公式を導きなさい．
$$\sin 3x = -4\sin^3 x + 3\sin x$$
$$\cos 3x = 4\cos^3 x - 3\cos x$$
これを利用して，次の不定積分を求めなさい．
$$\int \sin^3 x\,dx, \quad \int \cos^3 x\,dx$$

上の不定積分は，次のようにして求めることもできます．
$t = \cos x$ とおくと $\frac{dt}{dx} = -\sin x$ より
$$\int \sin^3 x\,dx = \int(1-\cos^2 x)(-\cos x)'dx$$
$$= -\int(1-t^2)dt = \frac{1}{3}t^3 - t + C$$
$$= \frac{1}{3}\cos^3 x - \cos x + C$$

この式が上の**トライ！6**より導かれた式と同値であることは，三角関数の次数を下げる **TrigReduce** で確認できます．

TrigReduce[Cos[x]^3-Cos[x]]
$$\Rightarrow \quad \frac{1}{12}(\text{-}9\,\text{Cos[x]+Cos[3 x]})$$

三角関数の変形を行うには，他にも **TrigExpand**, **TrigFactor** などの命令があります．

トライ！7 次の出力はどうなりますか．
TrigExpand[Cos[a+b]]
TrigFactor[Sin[4x]+Cos[2x]]

トライ！8 次の不定積分を求めなさい．

(1) $\displaystyle\int \cos x \cos 2x\,dx$ (2) $\displaystyle\int \sin^3 x \cos x\,dx$

(3) $\displaystyle\int \sin^4 x\,dx$ (4) $\displaystyle\int \sin(\log x)dx$

分数関数の積分では，部分分数に分けるなどにより，分子の次数を下げることを心がけます．

例．
$$\int \frac{1}{x^2-1}dx = \int \frac{1}{2}\left(\frac{1}{x-1} - \frac{1}{x+1}\right)dx$$
$$= \frac{1}{2}(\log|x-1| - \log|x+1|) + C$$
$$= \frac{1}{2}\log\left|\frac{x-1}{x+1}\right| + C$$

例．
$$\int \frac{3x+2}{x(x+1)^2}dx$$
$$\frac{3x+2}{x(x+1)^2} = \frac{a}{x} + \frac{b}{x+1} + \frac{c}{(x+1)^2}$$
とおき，両辺に左辺の分母をかけると
$3x+2 = a(x+1)^2 + bx(x+1) + cx$
$3x+2 = (a+b)x^2 + (2a+b+c)x + a$
x の係数を比較して $a=2,\ b=-2,\ c=1$
$$\int \frac{3x+2}{x(x+1)^2}dx$$
$$= \int \frac{2}{x}dx - \int \frac{2}{x+1}dx + \int \frac{1}{(x+1)^2}dx$$
$$= 2\log|x| - 2\log|x+1| + \frac{1}{-1}(x+1)^{-1} + C$$
$$= 2\log\left|\frac{x}{x+1}\right| - \frac{1}{x+1} + C$$

トライ！9 次の不定積分を求めなさい．

(1) $\displaystyle\int \frac{1}{x^2-x}dx$ (2) $\displaystyle\int \frac{3x+4}{x^2+3x+2}dx$

(3) $\displaystyle\int \frac{1}{x^2(x+1)}dx$ (4) $\displaystyle\int \frac{x^4+1}{x^3-1}dx$

第18章 技に理あり ～不定積分～

トライ！10 次を導きなさい.

> $\tan \dfrac{x}{2} = t$ とおくと
>
> $\sin x = \dfrac{2t}{1+t^2}$, $\cos x = \dfrac{1-t^2}{1+t^2}$,
>
> $\tan x = \dfrac{2t}{1-t^2}$, $\dfrac{dx}{dt} = \dfrac{2}{1+t^2}$

この式により，三角関数の積分を分数関数の積分にもちこむことができるのです．そんな応用がきくのも，この式が様々な背景を持っているからに他なりません．

トライ！11 $\displaystyle\int \dfrac{1}{\sin x}dx$ を，次の2通りの置換によって求めなさい．

（i）
$$\int \dfrac{1}{\sin x}dx = \int \dfrac{\sin x}{\sin^2 x}dx = \int \dfrac{\sin x}{1-\cos^2 x}dx$$
より，$u = \cos x$ とおく．

（ii）$\tan \dfrac{x}{2} = t$ とおき，**トライ！10** の結果を利用する．

演習問題

$f(x) = -x + \sqrt{x^2-1}$ とおく．次の問に答えよ．

(1) $\displaystyle\lim_{x\to\infty} f(x)$, $\displaystyle\lim_{x\to\infty} f'(x)$, $\displaystyle\lim_{x\to-\infty} f(x)$, $\displaystyle\lim_{x\to-\infty} f'(x)$ をそれぞれ求めよ．

(2) $\sqrt{x^2-1} = t - x$ とおくとき，x を t の式で表せ．

(3) 不定積分 $\displaystyle\int \dfrac{dx}{\sqrt{x^2-1}}$ を求めよ．

(4) 部分積分を利用して不定積分
$\displaystyle\int \sqrt{x^2-1}\,dx$ を求めよ．

（香川大）

［略解］

(1) $\displaystyle\lim_{x\to\infty} f(x) = \lim_{x\to\infty} \left(\dfrac{1}{-x-\sqrt{x^2-1}}\right) = \underline{0}$

$\displaystyle\lim_{x\to\infty} f'(x) = \lim_{x\to\infty}\left(-1 + \dfrac{x}{\sqrt{x^2-1}}\right)$

$= \displaystyle\lim_{x\to\infty}\left(-1 + \dfrac{1}{\sqrt{1-\dfrac{1}{x^2}}}\right) = \underline{0}$

$-x = u$ とおくと，

$\displaystyle\lim_{x\to-\infty} f(x) = \lim_{u\to\infty}\left(u + \sqrt{u^2-1}\right) = \underline{\infty}$

$\displaystyle\lim_{x\to-\infty} f'(x) = \lim_{u\to\infty}\left(-1 + \dfrac{-1}{\sqrt{1-\dfrac{1}{u^2}}}\right) = \underline{-2}$

(2) $x^2 - 1 = (t-x)^2$ より $\underline{x = \dfrac{t^2+1}{2t}}$

(3) $\dfrac{1}{\sqrt{x^2-1}} = \dfrac{1}{t-x} = \dfrac{2t}{t^2-1}$

また，$\dfrac{dx}{dt} = \dfrac{t^2-1}{2t^2}$ より

$\displaystyle\int \dfrac{dx}{\sqrt{x^2-1}} = \int \dfrac{2t}{t^2-1}\cdot\dfrac{t^2-1}{2t^2}dt$

$= \displaystyle\int \dfrac{1}{t}dt = \log|t| + C$

$= \underline{\log|x + \sqrt{x^2-1}| + C}$

(4) $\displaystyle\int \sqrt{x^2-1}\,dx = \int (x)'\sqrt{x^2-1}\,dx$

$= x\sqrt{x^2-1} - \displaystyle\int x(\sqrt{x^2-1})'dx$

$= x\sqrt{x^2-1} - \displaystyle\int \dfrac{x^2}{\sqrt{x^2-1}}dx$

$= x\sqrt{x^2-1} - \displaystyle\int \left(\dfrac{x^2-1}{\sqrt{x^2-1}} + \dfrac{1}{\sqrt{x^2-1}}\right)dx$

$= x\sqrt{x^2-1} - \displaystyle\int \sqrt{x^2-1}\,dx - \int \dfrac{1}{\sqrt{x^2-1}}dx$

$\therefore\ 2\displaystyle\int \sqrt{x^2-1}\,dx = x\sqrt{x^2-1} - \int \dfrac{1}{\sqrt{x^2-1}}dx$

(3)の結果より

$\displaystyle\int \sqrt{x^2-1}\,dx$

$= \underline{\dfrac{1}{2}x\sqrt{x^2-1} - \dfrac{1}{2}\log|x + \sqrt{x^2-1}| + C}$

第19章　力を累積　〜定積分〜

定積分は，不定積分がスンナリ求まるのであれば，$f(x)$ の不定積分のひとつを $F(x)$ として

$$\int_a^b f(x)dx = [F(x)]_a^b = F(b) - F(a)$$

により計算できます．しかし，不定積分がすぐに求まらなくともワザによって計算できるケースもあり，そこには数学の様々な背景が見え隠れします．

まずは，不定積分の復習も兼ねて，スンナリ派の計算を確認しましょう．
例．

$$\int_0^2 2^x dx = \left[\frac{2^x}{\log 2}\right]_0^2 = \frac{2^2 - 2^0}{\log 2} = \frac{3}{\log 2}$$

$$\int_0^\pi (\sin x + \cos x)^2 dx = \int_0^\pi (1 + \sin 2x) dx$$
$$= \left[x - \frac{1}{2}\cos 2x\right]_0^\pi = \pi$$

トライ！1　次の定積分を求めなさい．

(1) $\displaystyle\int_0^{\frac{\pi}{2}} \sin x\, dx$　　(2) $\displaystyle\int_1^e \frac{1}{x}\, dx$

(3) $\displaystyle\int_1^4 \frac{(1-\sqrt{x})^2}{\sqrt{x}}\, dx$　　(4) $\displaystyle\int_0^{\frac{\pi}{4}} \tan^2 x\, dx$

定積分 $\displaystyle\int_a^b f(x)dx$ は Mathematica では

Integrate[f, { x, a, b }]

の形で求められます．例えば，

$$\int_1^2 (\sqrt{x} + x)^2 dx \text{ は}$$

Integrate[(Sqrt[x]+x)^2,{x,1,2}]
$\Rightarrow \dfrac{91}{30} + \dfrac{16\sqrt{2}}{5}$

さて，次の **sekibun1** は，第14章「微分積分学の基本定理」に掲げた Mathematica の **sekibun** というプログラムを簡略化したものです．スンナリ派の積分であれば，原始関数の様子を面積と関連づけて図示します．なお，実行前に **FilledPlot** 命令を読み込んでおく必要があります．

```
Needs["Graphics`FilledPlot`"]
sekibun1[f_,a_,b_]:=
Module[{g,h,t,p1,p2,p3},
    g=Integrate[f,x]; h=Integrate[f,{x,a,t} ];
  Print[{f,g,h/.t->x,h/.t->b}];
  p1=Plot[f,{x,a,b},
      DisplayFunction->Identity];
  p2=FilledPlot[f,{x,a,b},
      Fills -> {{{1, Axis}, Hue[0.4]}},
      DisplayFunction->Identity];
  p3=Plot[h,{t,a,b},
      PlotStyle->Hue[0],
      DisplayFunction->Identity];
  Show[p2,p1,p3,
      DisplayFunction->$DisplayFunction];
]
```

例えば，$\displaystyle\int_0^{\frac{3}{2}\pi} \sin x\, dx$ では，

sekibun1[Sin[x], 0, 3Pi/2]

と入力することで，次の出力がなされます．

{Sin[x],-Cos[x],1-Cos[x],1}

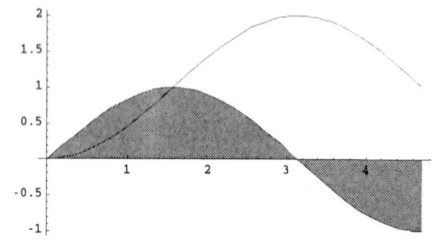

出力されたリストの最初の要素は，基になる関数，第2要素は，Mathematica が求めた不定積分のひとつ，第3要素は，積分の下端を初期値とした原始関数，第4要素が定積分の結果となります．出力された図の赤いグラフは，この第3要素を描いたもので，基の関数 $y = f(x)$ と x 軸の間にできる面積部分を累積していく関数であり，

$$S(x) = \int_a^x f(t)dt = F(x) - F(a)$$

を表しています．

このプログラムがエラーなく実行されるためには，**Integrate[f,x]** による不定積分の計算が求められることが条件となります．

第19章 力を累積 〜定積分〜

トライ！2
Mathematica で トライ！1 の積分を, sekibun1 によって確認してみましょう.

例. m, n を自然数とするとき,
$$I = \int_0^\pi \sin mx \sin nx \, dx$$
を求めてみましょう.
$$I = \int_0^\pi \frac{1}{2}\{\cos(m-n)x - \cos(m+n)x\} dx$$

$m \neq n$ のとき
$$I = \frac{1}{2}\left[\frac{\sin(m-n)x}{m-n} - \frac{\sin(m+n)x}{m+n}\right]_0^\pi = 0$$

$m = n$ のとき
$$I = \int_0^\pi \frac{1}{2}(1 - \cos 2mx) dx$$
$$= \frac{1}{2}\left[x - \frac{\sin 2mx}{2m}\right]_0^\pi = \frac{\pi}{2}$$

Mathematica の命令 GraphicsArray を用いると, 図を行列のように出力し, この関数の概要を見渡すことができます.

```
Show[GraphicsArray[
  Table[Plot[ Sin[m x] Sin[n x],
    {x,0,Pi},PlotRange->{-1,1},
    Ticks->{{0,Pi},{-1,0,1}},
    DisplayFunction->Identity],
    {m,1,3},{n,1,3}] ] ]
```

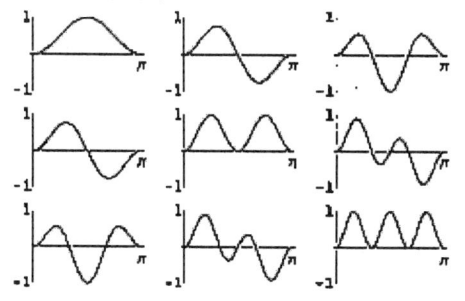

トライ！3
m, n を自然数とするとき, 次の積分を調べなさい.
$$I = \int_0^\pi \sin mx \cos nx \, dx$$

区間 $[a, b]$ で連続な関数 $f(x)$ についての定積分で置換積分が行えますが, 積分範囲に留意することが必要です.

> $x = g(t)$ とするとき,
> $a = g(\alpha)$, $b = g(\beta)$ ならば
> $$\int_a^b f(x)dx = \int_\alpha^\beta f(g(t))g'(t)dt$$

例. $\int_{-1}^1 x\sqrt{1-x} \, dx$

$\sqrt{1-x} = t$ とおくと, $x = 1 - t^2$, $\frac{dx}{dt} = -2t$
また, x が $-1 \to 1$ のとき t は $\sqrt{2} \to 0$ と連続的に変わるから
$$\int_{-1}^1 x\sqrt{1-x} \, dx = \int_{\sqrt{2}}^0 (1-t^2)t(-2t)dt$$
$$= 2\int_0^{\sqrt{2}} (t^2 - t^4)dt$$
$$= 2\left[\frac{t^3}{3} - \frac{t^5}{5}\right]_0^{\sqrt{2}} = -\frac{4\sqrt{2}}{15}$$

例. $\int_0^1 \frac{1}{\sqrt{4-x^2}} dx$

$x = 2\sin\theta$ とおくと, $\frac{dx}{d\theta} = 2\cos\theta$
x が $0 \to 1$ のとき θ は $0 \to \frac{\pi}{6}$ に対応し, $\cos\theta > 0$ より
$$\sqrt{4-x^2} = 2\sqrt{1-\sin^2\theta} = 2\cos\theta$$
$$\int_0^1 \frac{1}{\sqrt{4-x^2}} dx = \int_0^{\frac{\pi}{6}} \frac{2\cos\theta}{2\cos\theta} d\theta$$
$$= \int_0^{\frac{\pi}{6}} d\theta = \frac{\pi}{6}$$

例. $\int_{-\sqrt{3}}^{\sqrt{3}} \frac{1}{1+x^2} dx$

$x = \tan\theta$ とおくと, $\frac{dx}{d\theta} = \frac{1}{\cos^2\theta}$
x が $-\sqrt{3} \to \sqrt{3}$ のとき θ は $-\frac{\pi}{3} \to \frac{\pi}{3}$ に対応し,
$$\frac{1}{1+x^2} = \frac{1}{1+\tan^2\theta} = \cos^2\theta \quad \text{より}$$
$$\int_{-\sqrt{3}}^{\sqrt{3}} \frac{1}{1+x^2} dx = \int_{-\frac{\pi}{3}}^{\frac{\pi}{3}} \frac{\cos^2\theta}{\cos^2\theta} d\theta$$
$$= \int_{-\frac{\pi}{3}}^{\frac{\pi}{3}} d\theta = \frac{2}{3}\pi$$

`sekibun1[1/(1+x^2),-Sqrt[3],Sqrt[3]]`

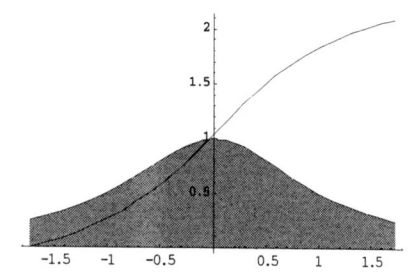

上図の積分された曲線は，$y = \tan x$ の逆関数を平行移動したものです．$y = \tan x$ の逆関数を $y = \tan^{-1} x$ と表し，**アークタンジェント**とよびます．Mathematica の出力に現れる **ArcTan[x]** は，$\tan^{-1} x$ を意味しています．

トライ！4 次の定積分を求めなさい．

(1) $\int_0^2 x^3 \sqrt{4-x^2}\, dx$

(2) $\int_0^{\frac{\pi}{2}} \dfrac{\cos x}{1+2\sin x}\, dx$

(3) $\int_{-a}^{a} \sqrt{a^2 - x^2}\, dx \ (a > 0)$

(4) $\int_1^{\sqrt{3}} \dfrac{1}{3+x^2}\, dx$

(5) $\int_0^1 \dfrac{x^3}{x^8+1}\, dx$ (6) $\int_{\frac{\pi}{4}}^{\frac{3}{4}\pi} \dfrac{1}{\sin x}\, dx$

次は定積分の部分積分公式です．

$$\int_a^b f(x)g'(x)\,dx = [f(x)g(x)]_a^b - \int_a^b f'(x)g(x)\,dx$$

例．$\int_0^{\frac{\pi}{2}} x \sin x\, dx = \int_0^{\frac{\pi}{2}} x(-\cos x)'\, dx$

$= [-x \cos x]_0^{\frac{\pi}{2}} - \int_0^{\frac{\pi}{2}} 1 \cdot (-\cos x)\, dx$

$= 0 + [\sin x]_0^{\frac{\pi}{2}} = 1$

$\int_1^e x \log x\, dx = \int_1^e \left(\dfrac{x^2}{2}\right)' \log x\, dx$

$= \left[\dfrac{x^2}{2} \log x\right]_1^e - \int_1^e \dfrac{x^2}{2} \cdot \dfrac{1}{x}\, dx = \dfrac{e^2+1}{4}$

トライ！5 次の定積分を求めなさい．

(1) $\int_1^2 xe^x\, dx$ (2) $\int_0^{\frac{\pi}{4}} x \cos 3x\, dx$

(3) $\int_1^2 \dfrac{\log x}{x^2}\, dx$ (4) $\int_0^{\frac{\pi}{2}} e^x \sin x\, dx$

トライ！6 n は0または自然数とする．

$I_n = \int_0^{\frac{\pi}{2}} \sin^n x\, dx$ とするとき

$n \geq 2$ で $I_n = \dfrac{n-1}{n} I_{n-2}$ となることを示し，I_7，I_8 を求めなさい．

演習問題

1 m を自然数とするとき，定積分

$\int_0^{\pi} \cos mx \sin^2 x\, dx$ を求めよ．

(埼玉大)

2 $f(x)$ を周期1の周期関数とする．すなわち，$f(x+1) = f(x) \ (-\infty < x < \infty)$ とする．a を実数とし，$p = \int_0^1 e^{ax} f(x)\, dx$ とするとき，次の問いに答えよ．

(1) n を自然数とするとき，$\int_n^{n+1} e^{ax} f(x)\, dx$ を p を用いて表せ．

(2) n を自然数とするとき，$\int_0^n e^{ax} f(x)\, dx$ を p を用いて表せ．

(3) 周期1の周期関数 $f(x)$ が $0 \leq x \leq 1$ の範囲で $f(x) = -\left|x - \dfrac{1}{2}\right| + \dfrac{3}{2}$ であるとき，

$\lim_{n\to\infty} \int_0^n e^{-x} f(x)\, dx$ を求めよ．

(北海道大)

3 数列 $\{c_n\}$ を次の式で定める．

$c_n = (n+1) \int_0^1 x^n \cos \pi x\, dx$

$(n = 1, 2, \cdots)$

(1) c_n と c_{n+2} の関係を求めよ

(2) $\lim_{n\to\infty} c_n$ を求めよ．

(3) (2)で求めた極限値を c とするとき，

$\lim_{n\to\infty} \dfrac{c_{n+1} - c}{c_n - c}$ を求めよ．

(京都大)

(略解)

1 $\int_0^{\pi} \cos mx \sin^2 x\, dx$

$$= \int_0^\pi \cos mx \frac{1-\cos 2x}{2}dx$$

$$= \int_0^\pi \frac{1}{2}(\cos mx - \cos mx \cos 2x)dx$$

$$= \int_0^\pi \left(\frac{1}{2}\cos mx - \frac{1}{4}\{\cos(m+2)x + \cos(m-2)x\}\right)dx$$

$m \neq 2$ のとき

$$\left[\frac{1}{2m}\sin mx - \frac{1}{4(m+2)}\sin(m+2)x - \frac{1}{4(m-2)}\sin(m-2)x\right]_0^\pi = \underline{0}$$

$m = 2$ のとき

$$\int_0^\pi \left(\frac{1}{2}\cos 2x - \frac{1}{4}\cos 4x - \frac{1}{4}\right)dx = -\underline{\frac{\pi}{4}}$$

$\boxed{2}$ (1) $x - n = t$ とおくと, x が $n \to n+1$ のとき t は $0 \to 1$ に対応し, $f(x)$ が周期 1 の周期関数より $f(x) = f(t)$ したがって

$$\int_n^{n+1} e^{ax}f(x)dx = \int_0^1 e^{a(n+t)}f(t)dt$$

$$= e^{an}\int_0^1 e^{at}f(t)dt = pe^{an}$$

(2) $\int_0^n e^{ax}f(x)dx = \sum_{k=0}^{n-1}\int_k^{k+1}e^{ax}f(x)dx$

$$= \sum_{k=0}^{n-1}pe^{ak}$$ より

$$\begin{cases} a \neq 0 \text{ のとき } \dfrac{p(e^{an}-1)}{e^a-1} \\ a = 0 \text{ のとき } np \end{cases}$$

(3) $a = -1$ で

$$p = \int_0^1 e^{-x}f(x)dx$$

$$= \int_0^{\frac{1}{2}}(x+1)e^{-x}dx + \int_{\frac{1}{2}}^1(2-x)e^{-x}dx$$

$$= 2(1 - e^{-\frac{1}{2}})$$

よって

$$\lim_{n\to\infty}\int_0^n e^{-x}f(x)dx = \lim_{n\to\infty}\frac{2(1-e^{-\frac{1}{2}})(e^{-n}-1)}{e^{-1}-1}$$

$$= \frac{2(e - e^{\frac{1}{2}})}{e-1} = \underline{\frac{2\sqrt{e}}{\sqrt{e}+1}}$$

$\boxed{3}$ (1) $c_{n+2} = (n+3)\int_0^1 x^{n+2}\cos \pi x\,dx$

$$= (n+3)\left(\left[x^{n+2}\cdot\frac{1}{\pi}\sin \pi x\right]_0^1 - \int_0^1 (n+2)x^{n+1}\cdot\frac{1}{\pi}\sin \pi x\,dx\right)$$

$$= \frac{(n+3)(n+2)}{\pi}\int_0^1 x^{n+1}(-\sin \pi x)dx$$

$$= \frac{(n+3)(n+2)}{\pi}\left(\left[x^{n+1}\cdot\frac{1}{\pi}\cos \pi x\right]_0^1 - \int_0^1 (n+1)x^n \cdot\frac{1}{\pi}\cos \pi x\,dx\right)$$

$$= \frac{(n+3)(n+2)}{\pi^2}\left(-1 - (n+1)\int_0^1 x^n \cos \pi x\,dx\right)$$

$$\therefore \quad \underline{c_{n+2} = \frac{(n+3)(n+2)}{\pi^2}(-1 - c_n)}$$

(2) $c_n + 1 = -\dfrac{\pi^2}{(n+3)(n+2)}c_{n+2}$

$0 \leq x \leq 1$ において $-1 \leq \cos \pi x \leq 1$ より

$$-\int_0^1 x^{n+2}dx \leq \int_0^1 x^{n+2}\cos \pi x\,dx \leq \int_0^1 x^{n+2}dx$$

$$-\frac{1}{n+3} \leq \int_0^1 x^{n+2}\cos \pi x\,dx \leq \frac{1}{n+3}$$

$-1 \leq c_{n+2} \leq 1$ したがって $\underline{\lim_{n\to\infty}c_n = -1}$

(3) $\dfrac{c_{n+1}-c}{c_n-c} = \dfrac{-\pi^2 c_{n+3}}{(n+4)(n+3)}\cdot\dfrac{(n+3)(n+2)}{-\pi^2 c_{n+2}} = \dfrac{n+2}{n+4}\cdot\dfrac{c_{n+3}}{c_{n+2}}$

$$\therefore \quad \lim_{n\to\infty}\frac{c_{n+1}-c}{c_n-c} = 1\cdot\frac{-1}{-1} = \underline{1}$$

第20章　求積の広がり　～積分の応用～

§1. 面積

区間$[a,b]$において，曲線$y=f(x)$とx軸とで囲まれる部分の面積Sは，区間において常に$f(x)\geqq 0$であれば

$$S=\int_a^b y\,dx=\int_a^b f(x)\,dx$$

区間において常に$f(x)\leqq 0$であれば

$$S=-\int_a^b y\,dx=-\int_a^b f(x)\,dx$$

一般に

$$S=\int_a^b |f(x)|\,dx$$

また，区間$[a,b]$において，2つの連続関数$f(x)$，$g(x)$のグラフで囲まれる部分の面積Sは，次の式で表されます．

$$S=\int_a^b |f(x)-g(x)|\,dx$$

計算をする際，絶対値記号をはずすためにグラフの上下関係を調べることが重要です．

例． 2曲線$y=\sin x \ (0\leqq x\leqq \pi)$，$y=2\sin 2x \ (0\leqq x\leqq \pi)$で囲まれる図形の面積を求めなさい．

解． $0<x<\pi$における2曲線の交点のx座標をαとすると

$$2\sin 2\alpha = \sin\alpha$$
$$(4\cos\alpha - 1)\sin\alpha = 0$$

$0<x<\pi$より $\sin\alpha \neq 0$ ∴ $\cos\alpha = \dfrac{1}{4}$

$0\leqq x\leqq \alpha$ で $2\sin 2x \geqq \sin x$

$\alpha\leqq x\leqq \pi$ で $2\sin 2x \leqq \sin x$

より，求める面積をSとすると

$$S=\int_0^\alpha (2\sin 2x - \sin x)\,dx$$
$$+\int_\alpha^\pi (\sin x - 2\sin 2x)\,dx$$
$$=\Big[-\cos 2x + \cos x\Big]_0^\alpha + \Big[-\cos x + \cos 2x\Big]_\alpha^\pi$$
$$=-2\cos 2\alpha + 2\cos\alpha + 2$$
$$=-2(2\cos^2\alpha - 1)+2\cos\alpha + 2$$

$\cos\alpha = \dfrac{1}{4}$ を代入して $S=\dfrac{17}{4}$

```
<<Graphics`FilledPlot`
FilledPlot[{Sin[x],2Sin[2x]},{x,0,Pi}]
```

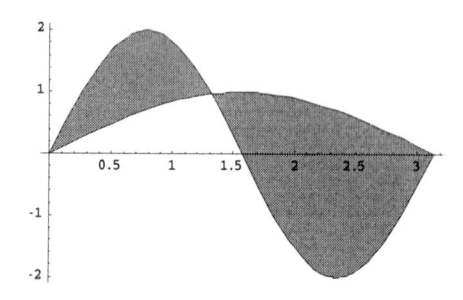

トライ！1　次の曲線または直線で囲まれる部分の面積を求めなさい．

(1) $y=x\sqrt{1-x^2} \ (0\leqq x\leqq 1)$，$x$軸

(2) $y=e^x$，$y=x+1$，$y=3$

(3) $y=\tan x$，$y=1$，y軸

(4) $y=\dfrac{8a^3}{x^2+4a^2}$，$y=\dfrac{1}{4a}x^2 \ (a>0)$

```
a=2;
f1=8a^3/(x^2+4a^2);f2=x^2/(4a);
Plot[{f1,f2},{x,-7,7}]
```

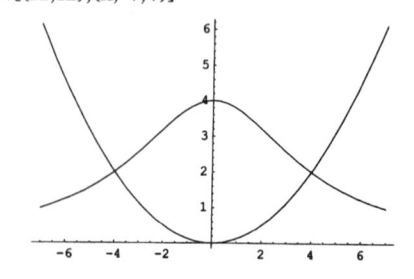

トライ！2　楕円$\dfrac{x^2}{a^2}+\dfrac{y^2}{b^2}=1 \ (a>0, b>0)$で囲まれる部分の面積$S$を求めなさい．

半径aの円がx軸に接しながら回転するとき，円周上の定点Pが描く軌跡を**サイクロイド**といい，媒介変数表示で次のように表されます．

$x = a(\theta - \sin\theta)$, $y = a(1 - \cos\theta)$

Mathematica によってこのアニメーションを描くプログラムを示します．

```
cycloid[a_,step_]:=
 Module[{t,th,p1,p2,s}, s = 2 Pi /step;
 Do[
p1=ParametricPlot[a{t-Sin[t],1-Cos[t]},
    {t,0,th},PlotRange->{{-a,2a Pi+a},{0,2a}},
    AspectRatio->Automatic,
DisplayFunction->Identity];
  p2=Graphics[{Circle[{a th,a},a],
    Line[{{a th,a},
    {a(th-Sin[th]),a(1-Cos[th])}}]},
        DisplayFunction->Identity];
  Show[p1,p2,
DisplayFunction->$DisplayFunction],
{th,s,2Pi ,s}]]
```

cycloid[2,10] とすると，半径2の円がころがりサイクロイドを描く様を10ステップに分けて描きます．

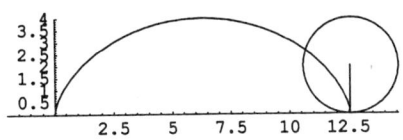

サイクロイド $x = a(\theta - \sin\theta)$, $y = a(1 - \cos\theta)$ $(0 \leq \theta \leq 2\pi)$ と x 軸とで囲まれる部分の面積 S は，置換積分を用いて次のように計算されます．

x が $0 \to 2\pi a$ のとき θ は $0 \to 2\pi$ に対応し，$dx = a(1-\cos\theta)d\theta$ より

$$S = \int_0^{2\pi a} y\,dx$$
$$= \int_0^{2\pi} a(1-\cos\theta)\cdot a(1-\cos\theta)\,d\theta$$
$$= a^2 \int_0^{2\pi} \left(1 - 2\cos\theta + \frac{1+\cos 2\theta}{2}\right)d\theta$$
$$= a^2 \left[\frac{3}{2}\theta - 2\sin\theta + \frac{1}{4}\sin 2\theta\right]_0^{2\pi} = 3\pi a^2$$

トライ！3 次の媒介変数表示で表される図形によって囲まれる部分の面積を求めなさい．

(1) $x = \cos t$, $y = \frac{1}{2}\sin 2t$ $(0 \leq t \leq 2\pi)$

(2) $x = 3t^2$, $y = 3t - t^3$

§2. 体積

立体を x 軸に垂直な平面で切ったときの断面積が $S(x)$ であるとき，この立体の $x = a$ と $x = b$ との間にある部分の体積 V は

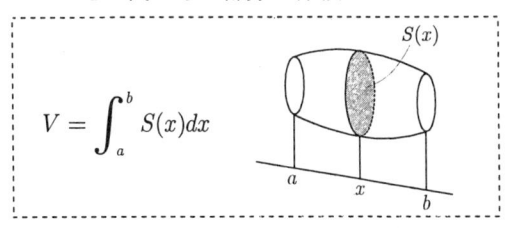

$$V = \int_a^b S(x)dx$$

これは，立体を x 軸に垂直にスライスした微小片を $S(x)dx$ として，それらを $[a,b]$ の区間で集めたもの（インテグレイトする）と考えれば，自然な式ですね．

特に，曲線 $y = f(x)$ $(a \leq x \leq b)$ と x 軸とで囲まれる部分を x 軸のまわりに回転してできる回転体の体積 V は，$S(x) = \pi y^2$ ですから，

$$V = \pi\int_a^b y^2 dx = \pi\int_a^b \{f(x)\}^2 dx$$

例． $y = \sin x$ $(0 \leq x \leq 2\pi)$ を x 軸のまわりに回転してできる回転体の体積 V は，

$$V = \pi\int_0^{2\pi} \sin^2 x\,dx$$
$$= \pi\int_0^{2\pi} \frac{1-\cos 2x}{2}\,dx$$
$$= \pi\left[\frac{1}{2}x - \frac{1}{4}\sin 2x\right]_0^{2\pi} = \pi^2$$

Mathematica の ParametricPlot3D を用いて，この立体の概形を見ることができます．

```
y=Sin[x];
ParametricPlot3D[{ x, y Cos[t], y Sin[t] },
{t,0,2Pi},{x,0,2Pi}]
```

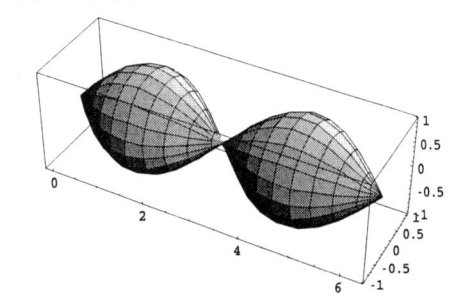

トライ！4 次の曲線または直線で囲まれた部分を x 軸のまわりに回転させてできる回

転体の体積を求めなさい．
(1) $y = e^{-x}$, $x = 2$, x 軸, y 軸
(2) 曲線 $C : y = \log x$，点 $(1, 0)$ における C の接線，直線 $x = e$
(3) 円 $x^2 + y^2 = r^2$ $(r > 0)$
(4) 楕円 $x^2 + \dfrac{1}{2}(y-1)^2 = 1$ で $y \geqq 0$ にある部分

トライ！5 $y = \cos x$ $\left(0 \leqq x \leqq \dfrac{\pi}{2}\right)$ と x 軸，y 軸で囲まれた図形を y 軸のまわりに回転させてできる回転体の体積を求めなさい．

トライ！6 上の**トライ！4**，**トライ！5**の立体を Mathematica で描きなさい．ただし，自分で体積を計算できてからのお楽しみにしましょう．

§3．曲線の長さ

曲線の方程式が，媒介変数 t を用いて
$$x = f(t), \quad y = g(t) \quad (\alpha \leqq t \leqq \beta)$$
と表され，$f(t)$，$g(t)$ の導関数がともに連続であるとき，この曲線の長さ L は次の式で与えられます．

$$L = \int_\alpha^\beta \sqrt{\left(\dfrac{dx}{dt}\right)^2 + \left(\dfrac{dy}{dt}\right)^2} \, dt$$
$$= \int_\alpha^\beta \sqrt{\{f'(t)\}^2 + \{g'(t)\}^2} \, dt$$

また，この式で $x = t$ とすることにより，曲線 $y = f(x)$ $(a \leqq x \leqq b)$ の長さ L を求める式は

$$L = \int_a^b \sqrt{1 + \left(\dfrac{dy}{dx}\right)^2} \, dx$$
$$= \int_a^b \sqrt{1 + \{f'(t)\}^2} \, dx$$

例． $x = a \cos^3 t$, $y = a \sin^3 t$
$$(a > 0, \ 0 \leqq t \leqq 2\pi)$$
で表される曲線の長さ L を求めます．
$$\dfrac{dx}{dt} = 3a \cos^2 t (-\sin t),$$
$$\dfrac{dy}{dt} = 3a \sin^2 t \cos t$$
より $\left(\dfrac{dx}{dt}\right)^2 + \left(\dfrac{dy}{dt}\right)^2 = 9a^2 \cos^2 t \sin^2 t$

$$= \dfrac{9}{4} a^2 (2 \cos t \sin t)^2 = \dfrac{9}{4} a^2 \sin^2 2t$$
$$L = \int_0^{2\pi} \sqrt{\dfrac{9}{4} a^2 \sin^2 2t} \, dt$$
$$= \dfrac{3}{2} a \int_0^{2\pi} |\sin 2t| \, dt$$
$$= 4 \cdot \dfrac{3}{2} a \int_0^{\frac{\pi}{2}} \sin 2t \, dt = 6a$$

積分される関数の絶対値をはずす箇所で図形の対称性を利用しました．この曲線は，**アステロイド**とよばれます．

ParametricPlot[{Cos[t]^3,Sin[t]^3},
 {t,0,2Pi}, AspectRatio -> Automatic]

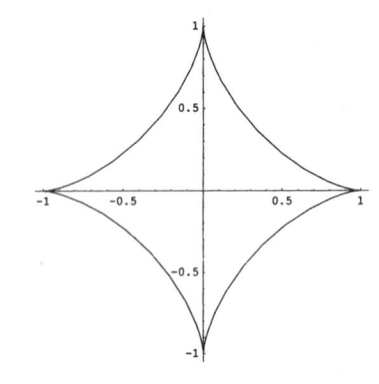

トライ！7 次の曲線の長さを求めなさい．
(1) $x = a(\theta - \sin \theta)$, $y = a(1 - \cos \theta)$
  $(0 \leqq \theta \leqq 2\pi)$ ［サイクロイド］
(2) $y = \dfrac{2}{3} \sqrt{x^3}$ $(0 \leqq x \leqq 3)$
(3) $y = \dfrac{e^x + e^{-x}}{2}$ $(-1 \leqq x \leqq 1)$

Plot[{Exp[x],Exp[-x],(Exp[x]+Exp[-x])/2},
  {x,-1.5,1.5},
   PlotStyle->{Dashing[{0.02,0.02}],
    Dashing[{0.02,0.02}],Dashing[{1,0}]},
AspectRatio->Automatic,PlotRange->{0,2.5}]

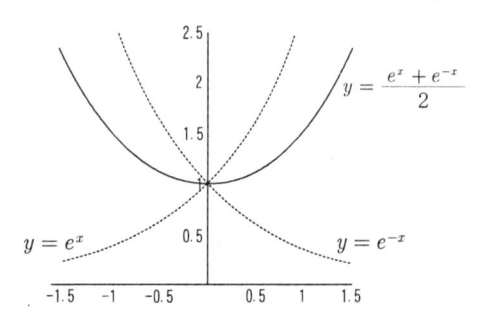

第20章 求積の広がり 〜積分の応用〜

この曲線を**カテナリー**といいます．鎖の両端を固定して垂らしたときにできる形です．

カテナリーの式は，様々な背景をもっています．まとめの演習も兼ねてその一端を紹介しておきましょう．

演習問題

$$x = \frac{e^t + e^{-t}}{2}, \quad y = \frac{e^t - e^{-t}}{2} \quad \cdots\cdots ①$$

とする．

(1) $x^2 - y^2 = 1$ が成り立つことを示せ．
(2) $t \geqq 0$ のとき，t を x の式で表せ．
(3) 双曲線 $x^2 - y^2 = 1$ 上で，第1象限の部分に点 $P(x_1, y_1)$ をとる．このときの①における t の値を u とする．原点を O とし，点 $A(1, 0)$ をとるとき，線分 OP，OA とこの双曲線で囲まれる図形の面積 S を u の式で表せ．

（頻出問題）

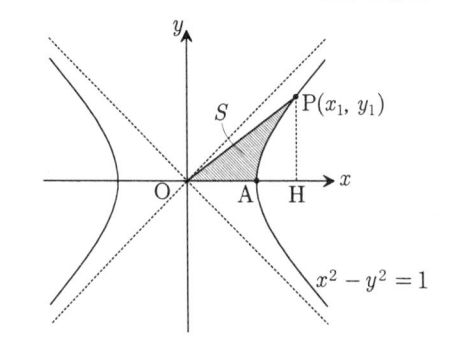

(**解答**) (1) $x^2 - y^2$
$$= \frac{e^{2t} + 2 + e^{-2t}}{4} - \frac{e^{2t} - 2 + e^{-2t}}{4} = 1$$

(2) $x = \dfrac{e^t + e^{-t}}{2}$ の両辺に $2e^t$ をかけて整理すると

$$e^{2t} - 2xe^t + 1 = 0$$

これを解いて $e^t = x \pm \sqrt{x^2 - 1}$ だが，
$t \geqq 0$ より $e^t \geqq 1$ でなければならないが，
$x \geqq 1$ で $x - \sqrt{x^2 - 1} \leqq 1$ となるため
$$e^t = x + \sqrt{x^2 - 1}$$
$$\therefore \quad t = \log\left(x + \sqrt{x^2 - 1}\right)$$

(3) 点 P から x 軸に降ろした垂線の足を H とする．線分 AH，PH と双曲線で囲まれた部分の面積は

$$\int_1^{x_1} y\, dx = \int_0^u y\, \frac{dx}{dt} dt$$
$$= \int_0^u \frac{e^t - e^{-t}}{2} \cdot \frac{e^t - e^{-t}}{2} dt$$
$$= \frac{1}{4} \int_0^u (e^{2t} + e^{-2t} - 2) dt$$
$$= \frac{1}{4} \left(\frac{1}{2}(e^{2u} - e^{-2u}) - 2u \right)$$
$$= \frac{1}{2} \left(\frac{e^u + e^{-u}}{2} \cdot \frac{e^u - e^{-u}}{2} - u \right)$$
$$= \frac{1}{2}(x_1 y_1 - u)$$

よって，求める図形の面積は $\triangle OPH$ からこの値を引いて

$$S = \frac{1}{2} x_1 y_1 - \frac{1}{2}(x_1 y_1 - u) = \underline{\frac{1}{2} u}$$

この演習問題で現れた2つの関数は，**双曲線関数**の一種で，次のように定義されます．

$$\cosh x = \frac{e^x + e^{-x}}{2}, \quad \sinh x = \frac{e^x - e^{-x}}{2}$$

h は双曲線 hyperbola から派生した hyperbolic を表し，それぞれ，ハイパボリックコサイン，ハイパボリックサインと読みます．
これらは，次のような性質を持っています．
$\cosh^2 x - \sinh^2 x = 1$
$\sinh(x + y) = \sinh x \cosh y + \cosh x \sinh y$
$\cosh(x + y) = \cosh x \cosh y + \sinh x \sinh y$
$(\cosh x)' = \sinh x, \quad (\sinh x)' = \cosh x$

三角関数 $\sin x$，$\cos x$ とたいへんよく似た性質ですね．

図形的には，三角関数が円の座標と面積に関わるのに対し，双曲線関数は双曲線上の座標と面積に関係しています．円と双曲線は2次曲線として，広い観点では統一的な扱いができる図形です．その意味でも，三角関数と双曲線関数はまさしく表裏一体をなす関数なのです．

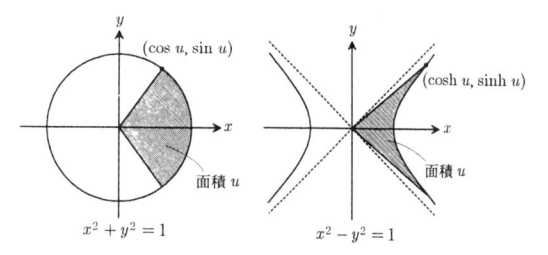

第21章　シンプルなベース　〜ベクトル〜

平面上に2点 A, B をとって A から B への矢線を描いたものを**有向線分**といい，$\overrightarrow{AB}$ と表します．この有向線分の方向と長さにより，「向きと大きさによって定まる量＝ベクトル」が表現できます．

今，2点 C, D を始点・終点とする有向線分 $\overrightarrow{CD}$ があり，平行移動により $\overrightarrow{AB}$ と重ね合わせることができるならば，$\overrightarrow{CD}$ は「向きと大きさ」が $\overrightarrow{AB}$ と同じになりますので，同じベクトルを表すとみなせます．このとき，

$$\overrightarrow{AB} = \overrightarrow{CD}$$

とします．この2つの有向線分は「同じ型」であるともいいます．同じ型の有向線分は，1つのベクトルを表します．

2つのベクトル $\vec{a}, \vec{b}$ の和は，次のように有向線分をつないで得られる新たな有向線分により定義できます．

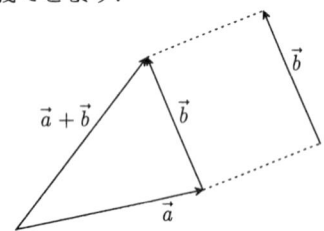

$\vec{a}$ と逆向きの有向線分で表されるベクトルを，$-\vec{a}$ で表します．$\vec{a}+(-\vec{b})$ を $\vec{a}-\vec{b}$ と表すことで，"差"にあたる演算を行うことができます．

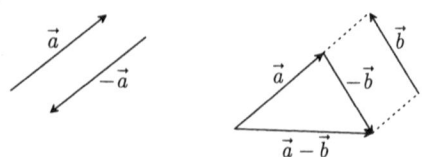

$\vec{a} - \vec{a}$ は，始点と終点が一致したベクトルになります．これは，長さが 0 で方向のないベクトルであり，**零ベクトル**といい，$\vec{0}$ で表します．

零ベクトルは，

$$\vec{a} + \vec{0} = \vec{a}$$

が成り立つベクトルという定義もできます．

ベクトルに実数をかけることを**スカラー倍**といいます．有向線分では，実数 2 をかけると，長さが 2 倍になることで表現できます．また，-3 倍は，有向線分を逆向きにして3倍したものに対応します．

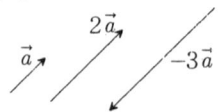

このように演算を定義することで，代数的な処理を幾何学的なイメージに投影させる仕組みができました．ごく単純なことのように見えますが，そのシンプルさゆえに様々な発展がなされ，ベクトルは現代数学のベースのひとつとして"**線形代数**"という基音を奏でることになるのです．

なじみの深い平面上で話をしていくことにします．平面上のベクトルは平面座標に対応させることができます．$\vec{a}$ を表す有向線分の始点を原点にもってきたとき，終点が点 $A(a_1, a_2)$ を示しているならば，

$$\vec{a} = (a_1, a_2)$$

と表すことにし，a_1, a_2 を $\vec{a}$ の**成分**とよびます．

Mathematica で平面ベクトルの図示をしてみましょう．矢線を描くには，ライブラリから `Arrow` を読み込んでから用います．**Arrow** はグラフィックオブジェクトのひとつですので，**Show, Graphics** のコマンドと共に用います．

```
<<Graphics`Arrow`
Show[Graphics[
    {Arrow[{0,0},{3,2}], Arrow[{1,3},{4,5}]}],
    Axes->True, GridLines->Automatic]
```

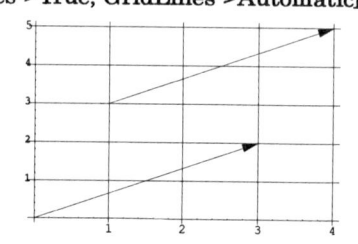

上図より，2点 P(1, 3)，Q(4, 5) を結んだ有向線分が表すベクトルの成分は
$$\overrightarrow{PQ} = (4-1,\ 5-3) = (3,\ 2)$$
と求められることがわかります.

Mathematica では，ベクトルはリストで表現されます.

    a={3,1}; b={2,4};

のとき

    a+b   ⇒　{5,5}

この様子を図で示すために，Mathematica で原点を始点とした矢線をひく関数 **vg** をつくっておき，リストで表されたベクトルを **Map** によって **vg** に適用し描くと効率がよいでしょう.

```
vg[{x_,y_}]:=
    Graphics[Arrow[{0,0},{x,y}]]

Show[Map[vg,{a,b,a+b}],
    Axes->True,GridLines->Automatic,
    AspectRatio->Automatic]
```

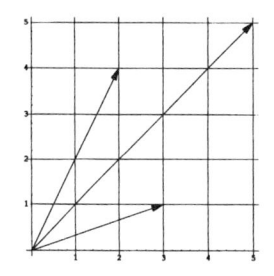

トライ！1 上の a, b に対し，次の出力結果を予想しなさい．また，Mathematica で図を描きなさい．

(1) $2a$　　(2) $a - b$　　(3) $-3a + 2b$

平面上で，$\vec{e_1} = (1, 0)$，$\vec{e_2} = (0, 1)$ を **基本ベクトル** といいます．$\vec{a} = (a_1, a_2)$ は，これを用いて
$$\vec{a} = a_1 \vec{e_1} + a_2 \vec{e_2}$$
と表されます．このように，ベクトルの和で表現される式は **線形結合** とよばれ，極めて重要な形です．

トライ！2 $\vec{a} = (1, 2)$，$\vec{b} = (1, -1)$ とするとき，$\vec{c} = (5, 4)$ が $\vec{c} = s\vec{a} + t\vec{b}$ となる s, t を求めなさい．

上の **トライ！2** のように，いつも $\vec{c}$ が $\vec{a}, \vec{b}$ の線形結合で表せるとは限りません．例えば，$\vec{a} = (1, 2)$，$\vec{b} = (2, 4)$ のとき，$\vec{c} = (5, 4)$ を $\vec{c} = s\vec{a} + t\vec{b}$ のように表すことはできません．これは，$\vec{a}, \vec{b}$ が同じ方向を向いているためです．一般に，$\vec{0}$ でない2つのベクトル $\vec{a}, \vec{b}$ の向きが同じであるか，逆のときに $\vec{a}, \vec{b}$ は **平行** であるといい，次のことがいえます．

> $\vec{a}, \vec{b}$ が平行 $\iff \vec{b} = k\vec{a}$ となる
> 0 でない実数 k がある．

平面上の任意のベクトル $\vec{p}$ は，$\vec{a}, \vec{b}$ が平行でなければ，実数 s, t を用いて
$$\vec{p} = s\vec{a} + t\vec{b}$$
と一意に表せます．このような $\vec{a}, \vec{b}$ を，**線形独立** であるといいます．図形的には，$\vec{a}, \vec{b}$ を何倍かに伸ばしてやれば，どんな点でも指し示せることに相当し，$\vec{a}, \vec{b}$ が基準となりえることを意味しています．

1点 O を固定したとき，点 P に対応するベクトル $\vec{p} = \overrightarrow{OP}$ を点 P の **位置ベクトル** といいます．これにより，平面上の点全体と平面のベクトル全体が1対1に対応します．

位置ベクトルは図形を調べるためにも有効です．次の表現はよく用いられます．
$$\overrightarrow{AB} = \vec{b} - \vec{a}$$

線分 AB を $m : n$ に内分する点 P の位置ベクトルは，
$$\vec{p} = \frac{n\vec{a} + m\vec{b}}{m + n}$$

特に，線分 AB の **中点** M の位置ベクトルは，
$$\vec{m} = \frac{\vec{a} + \vec{b}}{2}$$

トライ！3 △ABC の内部に点 P があり，
$$\overrightarrow{PA} + \overrightarrow{PB} + \overrightarrow{PC} = \vec{0}$$
を満たすとき，点 P が △ABC の重心となることを示しなさい．

さて，ベクトルの計量的な側面をもう少し見ておきましょう．まず，ベクトルの **大きさ** は，有向線分の長さとみなすことで，

$\vec{a}=(a_1, a_2)$ のとき $|\vec{a}|=\sqrt{a_1{}^2+a_2{}^2}$

2つのベクトル $\vec{a}, \vec{b}$ のなす角を θ ($0°\leqq\theta\leqq 180°$) とするとき，次の演算を**内積**といいます．

$$\vec{a}\cdot\vec{b}=|\vec{a}||\vec{b}|\cos\theta$$

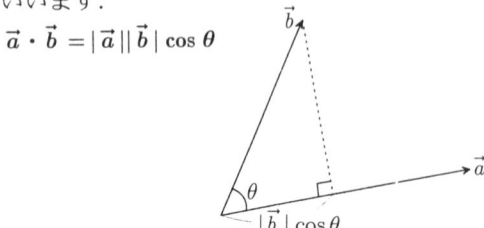

定義に表れる $|\vec{b}|\cos\theta$ は，図形的には $\vec{a}$ で示される直線上に落とした $\vec{b}$ の影の大きさを表します．つまり，内積は $\vec{a}$ の方向から見た，$\vec{a}$ と $\vec{b}$ の影響力の積です．

トライ！4 $\vec{a}=(a_1, a_2)$，$\vec{b}=(b_1, b_2)$ のとき，
$$\vec{a}\cdot\vec{b}=a_1b_1+a_2b_2$$
となることを示しなさい．

Mathematica では"."（ドット）で内積を表します．

```
a={3,2}; b={x,y};
a.b     ⇒    3 x+2 y
b.b     ⇒    x² + y²
```

次の式は，当然のようですが重要です．

$$|\vec{a}|^2=\vec{a}\cdot\vec{a}$$

さらに重要なのは，内積を特徴づける次の性質です．

$\vec{a}\neq 0$, $\vec{b}\neq 0$ であれば，
$\vec{a}\perp\vec{b} \Longleftrightarrow \vec{a}\cdot\vec{b}=0$

トライ！5 $\vec{a}=(1,1)$，$\vec{b}=(2,4)$ のとき，
(1) $|\vec{b}-k\vec{a}|$ が最小となる実数 k の値と，そのときの最小値を求めなさい．
(2) $(\vec{b}-k\vec{a})\cdot\vec{a}=0$ となる k の値を求めなさい．

(1), (2) の k の値が同じになるのは偶然ではありません．その理由を，図を書いて考えてください．ちなみに，$\vec{a}=(1,1)$ では，k の値は $\vec{b}$ の成分の**平均**となります．

次に，ベクトルによる図形の表現「**ベクトル方程式**」を見ていきます．まずは皆さんで考えてください．

トライ！6 $\vec{p}=(x, y)$ とするとき，次の式を満たす $\vec{p}$ に対応する点 P の描く図形を求めなさい．

(1) $\vec{a}=(1, 4)$，$\vec{d}=(3, 2)$ のとき，
$\vec{p}=\vec{a}+t\vec{d}$
(2) $\vec{a}=(1, 2)$，$\vec{b}=(3, 1)$ のとき
$\vec{p}=(1-t)\vec{a}+t\vec{b}$
(3) $\vec{a}=(4, 3)$，$\vec{n}=(1, 2)$ のとき
$\vec{n}\cdot(\vec{p}-\vec{a})=0$
(4) $\vec{c}=(4, 3)$，$r=2$ のとき
$(\vec{p}-\vec{c})\cdot(\vec{p}-\vec{c})=r^2$
(5) $\vec{a}=(1, 2)$，$\vec{b}=(5, 3)$ のとき
$(\vec{p}-\vec{a})\cdot(\vec{p}-\vec{b})=0$

Mathematica でそれぞれの図を描かせる命令を示します．あらかじめ

```
<<Graphics`Arrow`
vg[{x_,y_}]:=
  Graphics[Arrow[{0,0},{x,y}]]
```

と，**Arrow** が読み込まれ，**vg** が定義されていることが前提です．

(1)
```
a={1,4};d={3,2};
p=a+t d
g1=ParametricPlot[Evaluate[p],{t,-1,2}];
g2=Map[vg,{a,d}];
Show[g1,g2]
```
$\vec{d}$ をこの直線の**方向ベクトル**とよびます．

(2) これはアニメーションで示します．
```
a={1,2};b={3,1};
Do[va=(1-t)a; vb=t b; p=va+vb;
v=Map[vg,{a,b,va,vb,p}];
Show[v,PlotLabel->"t="<>ToString[t],
Axes->True,AspectRatio->Automatic],
{t,0,1,0.1}]
```

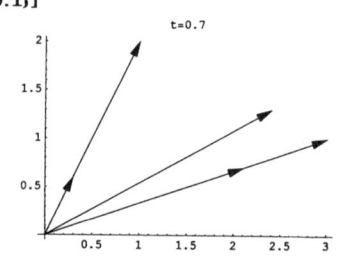

第21章 シンプルなベース 〜ベクトル〜

$0 \leq t \leq 1$ では線分 AB を移動することがわかりますね．最後の行を `{t,-1,2,0.1}` とすれば，直線全体を表す様子が描かれます．

(3)
```
<<Graphics`ImplicitPlot`
a={4,3};n={1,2};p={x,y};
n.(p-a)==0
g1=ImplicitPlot[n.(p-a)==0,{x,-2,6}];
g2=Map[vg,{n,a}];
Show[g1,g2]
```

直線に垂直な $\vec{n}$ をこの直線の**法線ベクトル**とよびます．

(4)
```
<<Graphics`ImplicitPlot`
a={4,3};r=2;p={x,y};
(p-a).(p-a)==r^2
g1=ImplicitPlot[(p-a).(p-a)==r^2,{x,-2,6}];
g2=vg[a];
Show[g1,g2]
```

(5) は，(4)を変形してすぐに描けます．

演習問題

1 点 O を中心とする半径1の円に内接する正五角形 ABCDE を考える．$\overrightarrow{OA} = \vec{a}$，$\overrightarrow{OB} = \vec{b}$ とする．このとき，次の問いに答えよ．ただし，$\cos 72° = \dfrac{\sqrt{5}-1}{4}$，$\sin 72° = \dfrac{\sqrt{10+2\sqrt{5}}}{4}$ を用いてもよい．

(1) ベクトル $\overrightarrow{OC}$，$\overrightarrow{OE}$ を $\vec{a}, \vec{b}$ を用いて表せ．

(2) 対角線 AC と BE の交点を F とする．ベクトル $\overrightarrow{OF}$ を $\vec{a}, \vec{b}$ を用いて表せ．

(大阪府立大)

2 平面上の2つのベクトル $\vec{a}, \vec{b}$ のなす角は $60°$ で，$|\vec{a}| = 1$，$|\vec{b}| = 2$ である．このとき，点 $P(\vec{p})$ に関するベクトル方程式 $(\vec{p}+3\vec{a})\cdot(\vec{p}-\vec{a}-k\vec{b}) = 0$ で表される円を C とし，ベクトル方程式 $\vec{p} = -4\vec{a} + t\vec{b}$ で表される直線を l とする．次の問いに答えよ．ただし，k は定数とする．

(1) 円 C の半径を k を用いて表せ．

(2) 円 C の中心から直線 l に下ろした垂線の足を $\vec{a}, \vec{b}$ と k を用いて表せ．

(3) 直線 l が円 C と接するとき，定数 k の値を求めよ．

(福岡大)

[略解] **1** (1) A と C は OB に関して対称であるため

$$\frac{\overrightarrow{OA} + \overrightarrow{OC}}{2} = \cos 72° \overrightarrow{OB}$$

$$\therefore \quad \overrightarrow{OC} = \frac{\sqrt{5}-1}{2}\vec{b} - \vec{a}$$

$\overrightarrow{OE}$ は 上式で $\overrightarrow{OA}$ と $\overrightarrow{OB}$ を入れかえた位置であるから

$$\overrightarrow{OE} = \frac{\sqrt{5}-1}{2}\vec{a} - \vec{b}$$

(2) 点 F が AC を $t : (1-t)$ に内分するとき

$$\overrightarrow{OF} = (1-t)\overrightarrow{OA} + t\overrightarrow{OC}$$
$$= (1-2t)\vec{a} + \frac{\sqrt{5}-1}{2}t\vec{b}$$

$\vec{a}, \vec{b}$ は $\overrightarrow{OF}$ に関して対称であるので，

$$1 - 2t = \frac{\sqrt{5}-1}{2}t \quad \text{より} \quad t = \frac{3-\sqrt{5}}{2}$$

$$\therefore \quad \overrightarrow{OF} = (\sqrt{5}-2)\vec{a} + (\sqrt{5}-2)\vec{b}$$

2 $\vec{a} \cdot \vec{b} = 1 \cdot 2 \cos 60° = 1$

(1) 円 C は $-3\vec{a}$, $\vec{a}+k\vec{b}$ が表す2点を直径の両端とするため，半径の2乗は

$$\left|\frac{1}{2}\{\vec{a}+k\vec{b}-(-3\vec{a})\}\right|^2$$
$$= 4|\vec{a}|^2 + 2k\vec{a}\cdot\vec{b} + \frac{k^2}{4}|\vec{b}|^2$$
$$= k^2 + 2k + 4 \quad \therefore \quad \sqrt{k^2+2k+4}$$

(2) 円 C の中心の座標を C，垂線の足を H とし，それらの位置ベクトルを $\vec{c}, \vec{h}$ とすると，

$$\vec{c} = \frac{-3\vec{a}+(\vec{a}+k\vec{b})}{2} = -\vec{a} + \frac{k}{2}\vec{b}$$

$\vec{h} = -4\vec{a} + t\vec{b}$ とおくと，

$$\overrightarrow{CH} \perp \vec{b} \quad \text{より} \quad (\vec{c}-\vec{h})\cdot\vec{b} = 0$$

$$t = \frac{2k+3}{4} \quad \therefore \quad \vec{h} = -4\vec{a} + \frac{2k+3}{4}\vec{b}$$

(3) $|\overrightarrow{CH}|^2 = \left|3\vec{a} - \frac{3}{4}\vec{b}\right|^2 = \frac{27}{4}$

$$k^2 + 2k + 4 = \frac{27}{4} \quad \text{より} \quad k = \frac{-2 \pm \sqrt{15}}{2}$$

第22章　縦横無尽　〜行列と連立1次方程式〜

$$\begin{cases} s + 3t = 9 \\ 2s - t = 4 \end{cases}$$

これは何気ない連立1次方程式であり，すらりと解けますが，ちょと角度を変えてみると，いろいろなものが見えてきます．まず，変数 s, t の係数を抜き出してカッコでくくると，

$$\begin{pmatrix} 1 & 3 \\ 2 & -1 \end{pmatrix}$$

となります．このように，タテヨコに数や式を並べたものを**行列**といい，配置された数や式を**成分**といいます．

行列の和，差，実数倍は，ベクトルと同様に

$$\begin{pmatrix} a & b \\ c & d \end{pmatrix} + \begin{pmatrix} a' & b' \\ c' & d' \end{pmatrix} = \begin{pmatrix} a+a' & b+b' \\ c+c' & d+d' \end{pmatrix}$$

$$\begin{pmatrix} a & b \\ c & d \end{pmatrix} - \begin{pmatrix} a' & b' \\ c' & d' \end{pmatrix} = \begin{pmatrix} a-a' & b-b' \\ c-c' & d-d' \end{pmatrix}$$

$$k\begin{pmatrix} a & b \\ c & d \end{pmatrix} = \begin{pmatrix} ka & kb \\ kc & kd \end{pmatrix}$$

と定義されます．また，成分が全て0の行列を**零行列**といい，O で表すことにします．

さて，先ほどの行列は，ヨコに見ると

$$(1\ 3) \quad (2\ -1)$$

の2つのベクトルで構成されていると言えます．これらを**行ベクトル**といいます．また，タテに見て

$$\begin{pmatrix} 1 \\ 2 \end{pmatrix} \quad \begin{pmatrix} 3 \\ -1 \end{pmatrix}$$

の2つの**列ベクトル**からできていると捉えることもできます．タテに切るかヨコに切るかの違いだけですが，これが重要な意味を持ってくるのです．

行ベクトルと列ベクトルの積を

$$(a\ b)\begin{pmatrix} p \\ q \end{pmatrix} = ap + bq$$

と定めれば，これはベクトルの内積に相当します．行列の積は，この形が基本となって定義されます．まず，行列と列ベクトルの積は，前の行列を2つの行ベクトルと考えて

$$\begin{pmatrix} a & b \\ c & d \end{pmatrix}\begin{pmatrix} p \\ q \end{pmatrix} = \begin{pmatrix} ap + bq \\ cp + dq \end{pmatrix}$$

と決めるのが自然です．さらに後ろの列ベクトルが2つになって行列が構成されると見れば

$$\begin{pmatrix} a & b \\ c & d \end{pmatrix}\begin{pmatrix} p & r \\ q & s \end{pmatrix} = \begin{pmatrix} ap+bq & ar+bs \\ cp+dq & cr+ds \end{pmatrix}$$

と定義できます．

Mathematica では，基本的には行ベクトルのリストとして行列を表現できます．カッコのついた形で出力するには，**MatrixForm** で指定をします．最初にあげた行列を例にすると，

a={{1,3},{2,-1}}

a // MatrixForm ⇒ $\begin{pmatrix} 1 & 3 \\ 2 & -1 \end{pmatrix}$

トライ！1　次の結果を予想しなさい．
a={{2,3},{-1,5}} ; b={{1,4},{2,-7}} ;
a + b
2 a - b // MatrixForm
a . b // MatrixForm

さて，最初に掲げた連立1次方程式は，次のように行列で表現することができます．

$$\begin{pmatrix} 1 & 3 \\ 2 & -1 \end{pmatrix}\begin{pmatrix} s \\ t \end{pmatrix} = \begin{pmatrix} 9 \\ 4 \end{pmatrix}$$

左辺の係数を並べた行列は，**係数行列**ともよばれます．これを解く過程も，行列を用いると簡潔になります．係数と右辺の定数項を並べた**拡大係数行列**を変形することで，解を導いてみます．

$$\begin{pmatrix} 1 & 3 & | & 9 \\ 2 & -1 & | & 4 \end{pmatrix}$$

↓　　第2行から第1行の2倍を引く

$$\begin{pmatrix} 1 & 3 & | & 9 \\ 0 & -7 & | & -14 \end{pmatrix}$$

↓　　第2行を（−7）で割る

$$\begin{pmatrix} 1 & 3 & | & 9 \\ 0 & 1 & | & 2 \end{pmatrix}$$

↓　　第1行から第2行の3倍を引く

第22章 縦横無尽 〜行列と連立1次方程式〜

$$\left(\begin{array}{cc|c} 1 & 0 & 3 \\ 0 & 1 & 2 \end{array}\right)$$

この変形によって,

$$\begin{pmatrix} 1 & 0 \\ 0 & 1 \end{pmatrix}\begin{pmatrix} s \\ t \end{pmatrix} = \begin{pmatrix} 3 \\ 2 \end{pmatrix} \quad \text{すなわち} \quad \begin{cases} s = 3 \\ t = 2 \end{cases}$$

となり,見事に解が求められました.このように,行列を用いて方程式の同値変形を見ていくと,係数がくっきりと浮き上がります.これは視覚的にわかりやすいだけでなく,理論的にも重要な変形です.

一般に,行列に関する次の操作を**基本変形**といいます.

- ある行 [または列] に他のある行 [列] の定数倍を加える
- ある行 [列] を0以外の数で定数倍する
- ある行 [列] と他の行を交換する

行に対する操作を**行基本変形**,列に対する操作を**列基本変形**ともよびます.

係数行列を A,変数を並べた列ベクトルを $\vec{x}$,右辺の定数項を表す列ベクトルを $\vec{c}$ とすると,連立1次方程式は次のように表現できます.

$$A\vec{x} = \vec{c}$$

連立1次方程式を基本変形によって解くと,係数行列は最終的に次の形になります.

$$E = \begin{pmatrix} 1 & 0 \\ 0 & 1 \end{pmatrix}$$

これを**単位行列**とよびます.単位行列 E は同じ型の行列 A に対して,

$$AE = EA = A$$

を満たします.数で言えば,1と同じ性質をもっているのです.

トライ！2 次の連立1次方程式を行列の基本変形によって解きなさい.

(1) $\begin{cases} p - 2q = 7 \\ 3p + 4q = 11 \end{cases}$ (2) $\begin{cases} 2x - y = 1 \\ -4x + 2y = -2 \end{cases}$

この(2)では,変形によって第2行の成分がすべて0になってしまいます.それもそのはずで,第1式を -2 倍すれば第2式になるので,2つの式は同値であるからです.このようなとき,解は「$2x - y = 1$ を満たす全ての実数の組 (x, y)」といえます.このように解が一意に定まらない場合と,一意に定まる場合の相違は,たいへん重要な内容を含んでいます.

まず,最初の連立1次方程式をもう一度振り返ります.

$$\begin{pmatrix} 1 & 3 \\ 2 & -1 \end{pmatrix}\begin{pmatrix} s \\ t \end{pmatrix} = \begin{pmatrix} 9 \\ 4 \end{pmatrix}$$

この式は,次のように変形すると本質が浮き上がります.

$$s\begin{pmatrix} 1 \\ 2 \end{pmatrix} + t\begin{pmatrix} 3 \\ -1 \end{pmatrix} = \begin{pmatrix} 9 \\ 4 \end{pmatrix}$$

つまり,連立1次方程式の左辺は,係数行列を構成する**列ベクトルの線形結合**として表せ,変数は結合の係数という見方ができるのです.

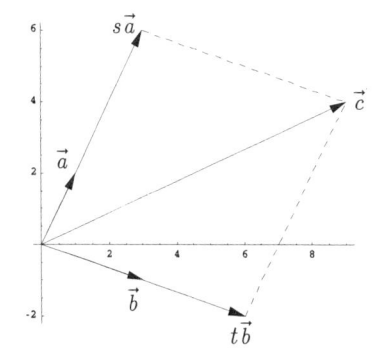

今,$\vec{a} = \begin{pmatrix} 1 \\ 2 \end{pmatrix}$, $\vec{b} = \begin{pmatrix} 3 \\ -1 \end{pmatrix}$, $\vec{c} = \begin{pmatrix} 9 \\ 4 \end{pmatrix}$

とおけば,

$$s\vec{a} + t\vec{b} = \vec{c}$$

と表現できます.$\vec{c}$ の表す点は $(9, 4)$ 以外でも可能です.実は,平面上の点を表す全てのベクトルは,この2つのベクトル $\vec{a}, \vec{b}$ を基にした線形結合 $s\vec{a} + t\vec{b}$ で表せます.試しに,平面のどこかに鉛筆で点をチョンとつけてみてください.この点から,$\vec{a}, \vec{b}$ の方向に平行になるように線を引き,平行四辺形をつくれば,原点と置いた点を結ぶベクトルは $\vec{a}, \vec{b}$ をそれぞれ適当な長さに伸縮したものの和で表せることが分かります.しかも,表し方はただ一通りだけということも重要です.

$s\vec{a} + t\vec{b}$ で表される点全体の集合を,$\vec{a}, \vec{b}$ **の張る空間**といいます.この問題での $\vec{a}, \vec{b}$ が張る空間は,平面全体です.

また,$s\vec{a} + t\vec{b} = \vec{0}$ となるのは,$s = 0$, $t = 0$ のとき以外にはありません.図形的に見

れば，$\vec{a}, \vec{b}$ を一生懸命伸び縮みさせても，和を作って $\vec{0}$ にするには，お互いの影響を 0 にするしかないということです．どちらかが少しでも自分の方向を主張してしまうとダメなわけです．これは，$\vec{a}, \vec{b}$ がそれぞれ独立した存在であることの証しにもなります．このように，$s\vec{a} + t\vec{b} = \vec{0}$ となるのが，$s = 0, t = 0$ の場合だけであるとき，$\vec{a}, \vec{b}$ は**線形独立**であるといいます．

これに対し，**トライ！2** (2) については
$$\begin{pmatrix} 2 & -1 \\ -4 & 2 \end{pmatrix} \begin{pmatrix} x \\ y \end{pmatrix} = \begin{pmatrix} 1 \\ -2 \end{pmatrix}$$
と行列で表現できますが，列ベクトルの結合として
$$x \begin{pmatrix} 2 \\ -4 \end{pmatrix} + y \begin{pmatrix} -1 \\ 2 \end{pmatrix} = \begin{pmatrix} 1 \\ -2 \end{pmatrix}$$
と表したとき，この左辺の結合によって表せる点は，直線 $y = -2x$ 上の点に限定されます．

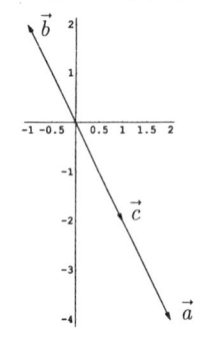

すなわち，$\vec{a} = \begin{pmatrix} 2 \\ -4 \end{pmatrix}$，$\vec{b} = \begin{pmatrix} -1 \\ 2 \end{pmatrix}$ としたとき，$\vec{a}, \vec{b}$ が張る空間は，直線 $y = -2x$ 上の点の集合で表されるのです．このことから，
$$\begin{pmatrix} 2 & -1 \\ -4 & 2 \end{pmatrix} \begin{pmatrix} x \\ y \end{pmatrix} = \begin{pmatrix} 1 \\ 3 \end{pmatrix}$$
のような，右辺が直線 $y = -2x$ 上の点であらわせない連立方程式は，解を持たないこともわかりますね．また，
$$s\vec{a} + t\vec{b} = \vec{0}$$
は，$s = 0, t = 0$ の場合だけでなく，$t = 2s$ を満たす全ての実数の組 (s, t) で成り立ちます．このように，$s\vec{a} + t\vec{b} = \vec{0}$ が $s = 0, t = 0$ 以外にも解をもつとき，$\vec{a}, \vec{b}$ を**線形従属**であるといいます．線形従属であれば，$\vec{b} = -\frac{1}{2}\vec{a}$ のように，$\vec{b}$ は $\vec{a}$ を用いて表現できますので，

線形結合 $s\vec{a} + t\vec{b}$ は，結局まとめて $k\vec{a}$ と表しても同じことです．ですから，線形結合という点では，2 つのベクトルがあるのはムダで，$\vec{a}, \vec{b}$ どちらかひとつで済むのです．

空間を張る線形独立なベクトルを**基底**といい，その個数を**次元**といいます．先の 2 つの例では $\vec{a} = \begin{pmatrix} 1 \\ 2 \end{pmatrix}$，$\vec{b} = \begin{pmatrix} 3 \\ -1 \end{pmatrix}$ では $\vec{a}, \vec{b}$ が基底となり，その張る空間は 2 次元であり，
$\vec{a} = \begin{pmatrix} 2 \\ -4 \end{pmatrix}$，$\vec{b} = \begin{pmatrix} -1 \\ 2 \end{pmatrix}$ では $\vec{a}, \vec{b}$ どちらか一方が基底となって張る空間は 1 次元．

一般に，$\vec{0}$ でない平面上のベクトル $\vec{a}, \vec{b}$ に対して，次のことは互いに同値です．

- $\vec{a}, \vec{b}$ が平行
- $\vec{b} = k\vec{a}$ （k は 0 でない実数）と表せる
- $\vec{a}, \vec{b}$ が線形従属

さて，話を行列に戻します．単位行列 E に対し，
$$XA = AX = E$$
となる行列 X が存在するとき，A は**正則**であるといいます．X を A の**逆行列**とよび，$\boldsymbol{A^{-1}}$ と表します．

トライ！3
$$\begin{pmatrix} a & b \\ c & d \end{pmatrix} \begin{pmatrix} p & r \\ q & s \end{pmatrix} = \begin{pmatrix} 1 & 0 \\ 0 & 1 \end{pmatrix}$$
の左辺と右辺の成分を比較し，p, q, r, s を a, b, c, d で表すことにより，次を導きなさい．

$A = \begin{pmatrix} a & b \\ c & d \end{pmatrix}$ とする．A は $\boldsymbol{ad - bc \neq 0}$ を満たすとき正則であり，このとき逆行列は
$$\boldsymbol{A^{-1} = \frac{1}{ad - bc} \begin{pmatrix} d & -b \\ -c & a \end{pmatrix}}$$

トライ！4 次の行列が逆行列を持つ条件を示しなさい．また，逆行列を求め，Mathematica の関数 Inverse を用いて，結果を確認しなさい．

(1) $\begin{pmatrix} p & p+2 \\ p-2 & 3 \end{pmatrix}$ (2) $\begin{pmatrix} \cos\theta & -\sin\theta \\ \sin\theta & \cos\theta \end{pmatrix}$

逆行列が求まれば，連立 1 次方程式

第22章 縦横無尽 〜行列と連立1次方程式〜

$$A\vec{x} = \vec{c}$$

は，両辺に A^{-1} をかけて

$$A^{-1}A\vec{x} = A^{-1}\vec{c}$$
$$E\vec{x} = A^{-1}\vec{c}$$
$$\vec{x} = A^{-1}\vec{c}$$

となりますので，解を機械的に求めることができます．

トライ！5 係数行列を用いて連立1次方程式を解きなさい．

(1) $\begin{cases} 2x + 3y = 5 \\ 3x + 5y = 9 \end{cases}$ (2) $\begin{cases} 2ax + (a+1)y = 2 \\ x + ay = a \end{cases}$

連立一次方程式と行列との関連をまとめます．

$\begin{cases} ax + by = e \\ cx + dy = f \end{cases}$

において，係数行列 $A = \begin{pmatrix} a & b \\ c & d \end{pmatrix}$ を構成する2つの列ベクトル $\begin{pmatrix} a \\ c \end{pmatrix}, \begin{pmatrix} b \\ d \end{pmatrix}$ が線形独立ならば連立一次方程式の解が一意に存在する．このとき，A は逆行列が存在する，すなわち正則である．成分による条件は，

$$ad - bc \neq 0$$

演習問題

1 行列 $A = \begin{pmatrix} a & \frac{\sqrt{3}}{2} \\ -\frac{\sqrt{3}}{2} & a \end{pmatrix}$ が $A^3 = E$ をみたすとき，$a = \boxed{}$ である．このとき，$A^5 \begin{pmatrix} x \\ y \end{pmatrix} = \begin{pmatrix} 1 \\ 1 \end{pmatrix}$ となるベクトルは $\begin{pmatrix} x \\ y \end{pmatrix} = \boxed{}$ である．ただし，E は単位行列とする．

(福岡大)

2 ある定数 a に対して，$\begin{pmatrix} -2 & -1 \\ 5 & 4 \end{pmatrix} \begin{pmatrix} x \\ y \end{pmatrix} = a \begin{pmatrix} x \\ y \end{pmatrix}$ をみたす点 (x, y) の描く図形は直線であるという．定数 a の値とその直線の方程式を求めよ．

(岡山理科大)

（略解）1

$A^3 = \frac{1}{8} \begin{pmatrix} 8a^3 - 18a & 3\sqrt{3}(4a^2 - 1) \\ -3\sqrt{3}(4a^2 - 1) & 8a^3 - 18a \end{pmatrix}$ が

$E = \begin{pmatrix} 1 & 0 \\ 0 & 1 \end{pmatrix}$ と等しいことより，成分を比較して

$\begin{cases} a^3 - \frac{9}{4}a = 1 & \cdots\cdots ① \\ 3\sqrt{3}(4a^2 - 1)/8 = 0 & \cdots\cdots ② \end{cases}$

②より $a = \pm \frac{1}{2}$ だが，このうち①を満たすのは $\underline{a = -\frac{1}{2}}$

このとき $A^3 = E$ より $A^5 = A^3 A^2 = A^2$
したがって

$A^5 \begin{pmatrix} x \\ y \end{pmatrix} = \begin{pmatrix} 1 \\ 1 \end{pmatrix} \Longleftrightarrow A^2 \begin{pmatrix} x \\ y \end{pmatrix} = \begin{pmatrix} 1 \\ 1 \end{pmatrix}$

$\Longleftrightarrow A^3 \begin{pmatrix} x \\ y \end{pmatrix} = A \begin{pmatrix} 1 \\ 1 \end{pmatrix}$

$\Longleftrightarrow \begin{pmatrix} x \\ y \end{pmatrix} = \frac{1}{2} \begin{pmatrix} -1 & \sqrt{3} \\ -\sqrt{3} & -1 \end{pmatrix} \begin{pmatrix} 1 \\ 1 \end{pmatrix}$

$\therefore \underline{\begin{pmatrix} x \\ y \end{pmatrix} = \frac{1}{2} \begin{pmatrix} \sqrt{3} - 1 \\ -\sqrt{3} - 1 \end{pmatrix}}$

2 $\begin{pmatrix} -2 - a & -1 \\ 5 & 4 - a \end{pmatrix} \begin{pmatrix} x \\ y \end{pmatrix} = \begin{pmatrix} 0 \\ 0 \end{pmatrix}$ より

$\begin{pmatrix} -2 - a & -1 \\ 5 & 4 - a \end{pmatrix}$ の逆行列が存在すれば，

$\begin{pmatrix} x \\ y \end{pmatrix} = \begin{pmatrix} 0 \\ 0 \end{pmatrix}$ となり，点 (x, y) の描く図形は直線とならない．したがって逆行列が存在せず，

$(-2 - a)(4 - a) - (-1) \cdot 5 = 0$
$\therefore a = -1, 3$

これらを代入して点 (x, y) の描く図形は

$\begin{cases} a = -1 \text{ のとき 直線 } x + y = 0 \\ a = 3 \text{ のとき 直線 } 5x + y = 0 \end{cases}$

第23章 空間をつかむ 〜3次元ベクトル〜

Mathematica で次を入力することにより，直方体と立方体を描くことができます．

```
Show[Graphics3D[{Cuboid[{0,0,0},{3,2,1}],
    Cuboid[{3,2,1},{4,3,2}] }],
  Axes->True, AxesLabel->{"x","y","z"}]
```

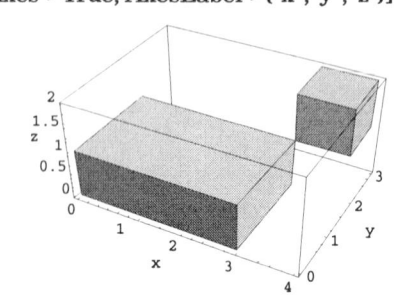

Cuboid[{0,0,0},{3,2,1}] の部分は，座標 $(0,0,0)$ と $(3,2,1)$ を対角線とする直方体を表します．このように，直交する3直線を基準として x 軸, y 軸, z 軸とすれば，これらを組とした実数で3次元の図形を表現することができます．3次元上に座標が定められた場合，「平面座標」に対して「**空間座標**」とよびます．

ベクトルについても，平面から空間へ自然に拡張ができます．座標上に3点

$$E_1(1,0,0), \quad E_2(0,1,0), \quad E_3(0,0,1)$$

をとるとき，単位ベクトル

$$\vec{e_1} = \overrightarrow{OE_1}, \quad \vec{e_2} = \overrightarrow{OE_2}, \quad \vec{e_3} = \overrightarrow{OE_3}$$

を**基本ベクトル**といいます．

$\vec{a} = \overrightarrow{OA}$ となる点 A が座標 (a_1, a_2, a_3) に対応しているとき，

$$\vec{a} = a_1\vec{e_1} + a_2\vec{e_2} + a_3\vec{e_3}$$

と，$\vec{a}$ は基本ベクトルの線形結合として表現できます．この実数 a_1, a_2, a_3 を $\vec{a}$ の**成分**といい，

$$\vec{a} = (a_1, a_2, a_3)$$

と表します．今回は，この3次元のベクトル，「**空間ベクトル**」が主役です．

空間ベクトルの和，差，実数倍の演算に関しては，平面ベクトルと同様に計算できます．例えば，$\vec{a} = (3,2,1)$, $\vec{b} = (1,1,1)$ のとき，

$$\vec{a} + \vec{b} = (3+1, 2+1, 1+1) = (4,3,2)$$

となることは，最初の図からも感得できますね．

Mathematica では，ベクトルの成分計算はリスト演算で表現されます．

```
a={3,2,1};b={1,1,1};
a+b                    ⇒  {4,3,2}
```

3次元上で矢線のグラフィックスを表す簡易的な Mathematica のプログラムを示します．

```
vec3D[a_,b_]:=
  Module[{fd=b-a,len,h={0,0,1},cv,fdu},
   len=N[Sqrt[fd.fd]]; fdu=fd*0.5/len;
   cv=Cross[fdu,h];   {Line[{a,b -fdu}],
Polygon[{b, b-cv*0.3-fdu, b+cv*0.3-fdu, b}]} ];
```

vec3D は，3次元の成分を表す2つのリストが引数となり，2点を結ぶ矢線のグラフィックス・プリミティブを生成します．実際に表示するには，Graphics3D と Show が必要になります．例えば，次の入力で $(0,0,0)$ と $(3,2,1)$ を結ぶ矢線を描きます．

```
Show[Graphics3D[vec3D[{0,0,0},{3,2,1}]]]
```

あまり汎用性はありませんが，ベクトルの様子を示すには充分でしょう．空間ベクトルの和を表す例をのせておきます．

```
o={0,0,0}; a={3,2,1}; b={1,1,1};
Show[Graphics3D[{vec3D[o,a],vec3D[o,b],
vec3D[a,a+b],vec3D[o,a+b]}],Axes->True]
```

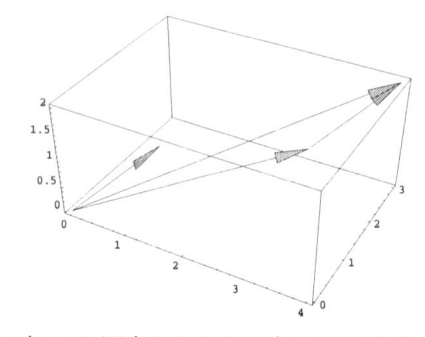

1点 O を固定したとき，点 P に対応するベクトル $\vec{p} = \overrightarrow{OP}$ を点 P の**位置ベクトル**といいました．平面と同様に，位置ベクトルを用いて

第23章 空間をつかむ ～3次元ベクトル～

空間上の点と空間のベクトルを対応させられます．以下の公式は，平面，空間，さらに高次元の座標系にも適用できます．

$$\overrightarrow{AB} = \vec{b} - \vec{a}$$

線分 AB を $m:n$ に**内分する点** P の位置ベクトルは，

$$\vec{p} = \frac{n\vec{a} + m\vec{b}}{m+n}$$

特に，線分 AB の**中点** M の位置ベクトルは，

$$\vec{m} = \frac{\vec{a} + \vec{b}}{2}$$

トライ！1 2点 $A(1, 3, 2)$，$B(6, -2, -3)$ について，次を求めなさい．
(1) A, B を $3:2$ に内分する点 P の座標
(2) A, B の中点 M
(3) 原点 O が三角形 ABC の重心となるような点 C の座標

計量的な公式も，平面の自然な拡張で定義できます．空間ベクトルの**大きさ**は $\vec{a} = (a_1, a_2, a_3)$ のとき

$$|\vec{a}| = \sqrt{a_1{}^2 + a_2{}^2 + a_3{}^2}$$

2つのベクトル $\vec{a}$, $\vec{b}$ のなす角を θ ($0° \leq \theta \leq 180°$) とするとき，$\vec{a}, \vec{b}$ の**内積**は

$$\vec{a} \cdot \vec{b} = |\vec{a}||\vec{b}|\cos\theta$$

また，$\vec{a} = (a_1, a_2, a_3)$, $\vec{b} = (b_1, b_2, b_3)$ のとき，

$$\vec{a} \cdot \vec{b} = a_1 b_1 + a_2 b_2 + a_3 b_3$$

トライ！2 $\vec{a} = (2, -3, 1)$, $\vec{b} = (-3, 1, 2)$ の内積となす角を求めなさい．

トライ！3 原点 O に対し，$\overrightarrow{OA} = \vec{a}$, $\overrightarrow{OB} = \vec{b}$ とするとき，$\triangle OAB$ の面積 S が次の式で表されることを示しなさい．

$$S = \frac{1}{2}\sqrt{|\vec{a}|^2|\vec{b}|^2 - (\vec{a} \cdot \vec{b})^2}$$

また，3点 $P(2, 1, 3)$, $Q(5, -1, 2)$, $R(4, 2, 5)$ について，$\triangle PQR$ の面積を求めなさい．

平面上で，点 A を通り，ベクトル $\vec{d}$ に平行な直線上の点 P の位置ベクトルは

$$\vec{p} = \vec{a} + t\vec{d}$$

で表されましたが，この式は空間においても直線を表します．例えば，点 $A(1, -1, 3)$ を通り $\vec{d} = (2, 1, 1)$ に平行な直線上の点 $P(x, y, z)$ を表す方程式は，$\vec{p} = \vec{a} + t\vec{d}$ に成分を代入し

$$\begin{pmatrix} x \\ y \\ z \end{pmatrix} = \begin{pmatrix} 1 \\ -1 \\ 3 \end{pmatrix} + t \begin{pmatrix} 2 \\ 1 \\ 1 \end{pmatrix} \text{より} \begin{cases} x = 1 + 2t \\ y = -1 + t \\ z = 3 + t \end{cases}$$

パラメータ t を変化させることにより，$P(x, y, z)$ は直線上を動きます．Mathematica では，この様子を素直に記述して変化の様子を見ることができます．

```
a={1,-1,3};d={2,1,1};o={0,0,0};
p=a+ t d;
g1=ParametricPlot3D[Evaluate[p],
    {t,-1,2.2}, DisplayFunction->Identity];
Do[ Print["t="<>ToString[t]];
    Show[{g1,
      Graphics3D[{vec3D[o,a],vec3D[o,d],
        vec3D[o,p]}]},
    DisplayFunction->$DisplayFunction],
{t,-1,2,0.5} ]
```

トライ！4 2点 A, B を通る直線上の点 P の位置ベクトルが，次の式で表されることを示しなさい．また，Mathematica で図示しなさい．

$$\vec{p} = (1-t)\vec{a} + t\vec{b}$$

では，$\vec{n} = (1, 1, 2)$ に垂直な点 $P(x, y, z)$ は，どのような図形になるでしょうか．

垂直であれば，内積が0ですから，

$$\vec{n} \cdot \vec{p} = 0$$

$$\therefore \quad x + y + 2z = 0$$

これを満たす点 P の集合は，原点を通り $\vec{n} = (1, 1, 2)$ に垂直な平面になります．この $\vec{n}$ を平面の**法線ベクトル**とよびます．

Mathematica では，グラフィックスのパッケージに含まれる`ContourPlot3D`という関数を用いて視覚化できます．これは，3次元空間で値が0となる面を描く関数です．

```
<<Graphics`ContourPlot3D`
n={1,1,2};p={x,y,z};o={0,0,0};
g1=
  ContourPlot3D[n.p,{x,-2,2},{y,-2,2},{z,-2,2}];
g2=Graphics3D[vec3D[o,n]];
```

Show[g1,g2, Axes->True]

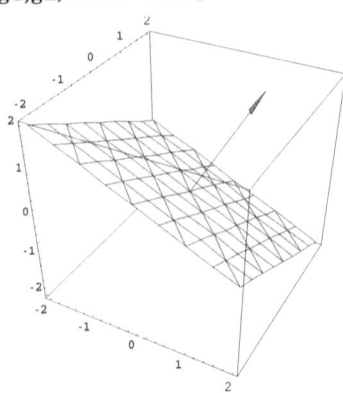

トライ！5 次の式を満たす点 $P(x, y, z)$ は，どんな図形を表すか考えてみましょう．わかったら，Mathematica で描いて確認しなさい．

(1) $\vec{n} = (1, 1, 2)$, $\vec{a} = (0, 0, -2)$ のとき，
$\vec{n} \cdot (\vec{p} - \vec{a}) = 0$

(2) $\vec{p} \cdot \vec{p} = 4$

(3) $\vec{c} = (1, 0, -1)$ のとき
$(\vec{p} - \vec{c}) \cdot (\vec{p} - \vec{c}) = 1$

一般に，点 $A(x_1, y_1, z_1)$ を通り，法線ベクトルが $\vec{n} = (l, m, n)$ である**平面の方程式**は
$\vec{n} \cdot (\vec{p} - \vec{a}) = 0$
$l(x - x_1) + m(y - y_1) + n(z - z_1) = 0$

中心 $C(x_1, y_1, z_1)$，半径 r の**球面の方程式**は
$|\vec{p} - \vec{c}| = r$
$(\vec{p} - \vec{c}) \cdot (\vec{p} - \vec{c}) = r^2$
$(x - x_1)^2 + (y - y_1)^2 + (z - z_1)^2 = r^2$

$\vec{p} \cdot \vec{p} = 4$ を描く例を示します．

```
p={x,y,z};
ContourPlot3D[p.p-4,
{x,-2,2},{y,-2,2},{z,-2,2},
Axes->True]
```

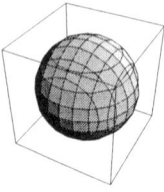

2つの平行でない空間ベクトル $\vec{a}, \vec{b}$ （ともに零ベクトルでないとします）の線形結合
$$\vec{p} = s\vec{a} + t\vec{b}$$
の表す点 P 全体の集合は，ある平面上の点になります．この $\vec{a}, \vec{b}$ の張る平面を求めるために，新たな演算，「外積」を導入します．

空間ベクトル $\vec{a}, \vec{b}$ に対し，次の3つを満たすベクトル $\vec{c}$ を $\vec{a}$ と $\vec{b}$ の**外積**または**ベクトル積**といい，$\vec{a} \times \vec{b}$ で表す．
1. $\vec{c}$ は $\vec{a}$ と $\vec{b}$ の両方に垂直である．
2. $\vec{c}$ の大きさは $\vec{a}$ と $\vec{b}$ によって作られる平行四辺形の面積に等しい．
3. $\vec{a}, \vec{b}, \vec{c}$ は**右手系**をなす．すなわち，$\vec{a}, \vec{b}, \vec{c}$ が右手の親指，人差し指，中指の上にくるような位置関係であるとする．
これらの性質を満たすベクトルは，
$\vec{a} = (a_1, a_2, a_3)$, $\vec{b} = (b_1, b_2, b_3)$ とすると，
$\vec{a} \times \vec{b} = (a_2 b_3 - a_3 b_2, a_3 b_1 - a_1 b_3, a_1 b_2 - a_2 b_1)$

トライ！6 $\vec{a}, \vec{b}$ が $\vec{a} \times \vec{b}$ と垂直になることを，内積を用いて示しなさい．また，$\vec{a} = (1, -1, 0)$, $\vec{b} = (2, 1, -1)$ のとき $\vec{a} \times \vec{b}$ を求めなさい．

$\vec{a} \times \vec{b}$ は $\vec{a}, \vec{b}$ の張る平面の法線ベクトルになりますので，上の $\vec{a}, \vec{b}$ が張る原点を通る平面の方程式は
$$x + y + 3z = 0$$

Mathematica では，**Cross[a,b]** で3つの成分のリスト a, b の外積を求められます．これを用い，$\vec{a}, \vec{b}$ の張る平面を描画することができます．

```
a={1,-1,0};b={2,1,-1};
p={x,y,z}; n=Cross[a,b]
g1=ContourPlot3D[n.p,
  {x,-3,3},{y,-3,3},{z,-3,3}];
```

次に，もうひとつのベクトル $\vec{c} = (1, 2, 2)$ を加えて描くと，このベクトルは $\vec{a}, \vec{b}$ の張る平面上にはないことが確認できます．このように $\vec{a}, \vec{b}, \vec{c}$ が同一平面上にない矢線で表されるとき，これらは**線形独立**であると言います．

```
c={1,2,2};o={0,0,0};
g2=Graphics3D[
  {vec3D[o,a],vec3D[o,b],vec3D[o,c]}];
Show[g1,g2,Axes->True,
  AxesLabel->{"x","y","z"}]
```

第23章 空間をつかむ 〜3次元ベクトル〜

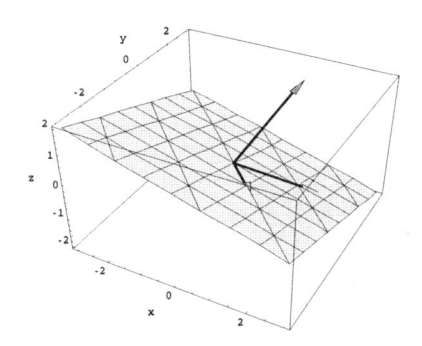

線形独立なベクトル $\vec{a}, \vec{b}, \vec{c}$ を基準とした線形結合 $s\vec{a} + t\vec{b} + u\vec{c} = \vec{p}$ では，空間上の全ての点 P を表すことができます．

$$s\begin{pmatrix}1\\-1\\0\end{pmatrix} + t\begin{pmatrix}2\\1\\-1\end{pmatrix} + u\begin{pmatrix}1\\2\\2\end{pmatrix}$$

$$= \begin{pmatrix}1 & 2 & 1\\-1 & 1 & 2\\0 & -1 & 2\end{pmatrix}\begin{pmatrix}s\\t\\u\end{pmatrix}$$

と変形できるので，$\vec{a}, \vec{b}, \vec{c}$ を列ベクトルとする係数行列による連立 1 次方程式

$$\begin{pmatrix}1 & 2 & 1\\-1 & 1 & 2\\0 & -1 & 1\end{pmatrix}\begin{pmatrix}s\\t\\u\end{pmatrix} = \begin{pmatrix}p_1\\p_2\\p_3\end{pmatrix}$$

は一意の解を持ちます．また，線形独立な空間ベクトル $\vec{a}, \vec{b}, \vec{c}$ において，$s\vec{a} + t\vec{b} + u\vec{c} = \vec{0}$ の解は $s = t = u = 0$ に限ります．

それに対し，$\vec{d} = (0, -3, 1)$ は，$\vec{a}, \vec{b}$ の張る平面上に図示されます．

```
d={0,-3,1};
g2=Graphics3D[
   {vec3D[o,a],vec3D[o,b],vec3D[o,d]}];
Show[g1,g2,Boxed->False,Ticks->None]
```

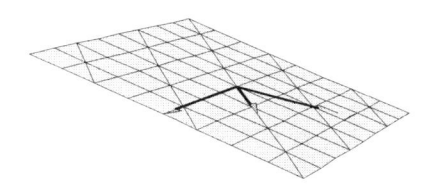

このとき，$\vec{a}, \vec{b}, \vec{d}$ は **線形従属** であるといい，$s\vec{a} + t\vec{b} + u\vec{d} = \vec{0}$ の解は $s = t = u = 0$ 以外にも存在します．（調べてみましょう．）また，列ベクトルが線形従属である係数行列による連立 1 次方程式 $s\vec{a} + t\vec{b} + u\vec{d} = \vec{p}$ では，$\vec{p}$ の表す点が $\vec{a}, \vec{b}$ の張る平面上になければ，解を持ちません．ベクトルが，代数と図形を結ぶ強力な道具であることが明らかになってきましたね．

演習問題

x, y, z を未知数とする連立一次方程式
$$\begin{cases}x + y + 2z = 2\\2x + y + (k-1)z = 1\\x + (2k+1)y + (k^2+5)z = 4\end{cases}$$
を解けば，$k \neq \boxed{ア}$ かつ $k \neq 3$ のとき，一組の解 $x = \boxed{イ}$, $y = \dfrac{k+1}{k-3}$, $z = \boxed{ウ}$
が得られる．
さらに，$k = 3$ の場合に解はなく，$k = \boxed{ア}$ の場合の解は，$z = t$（t は任意の実数）とするとき，$x = \boxed{エ}$, $y = \boxed{オ}$ である．
（東京慈恵会医科大）

（略解） 連立1次方程式の拡大係数行列に基本変形を施して

$$\begin{pmatrix}1 & 1 & 2 & | & 2\\2 & 1 & k-1 & | & 1\\1 & 2k+1 & k^2+5 & | & 4\end{pmatrix}$$

$$\rightarrow \begin{pmatrix}1 & 1 & 2 & | & 2\\0 & 1 & 5-k & | & 3\\0 & 0 & (3k-1)(k-3) & | & -2(3k-1)\end{pmatrix}$$

$$\begin{cases}x + y + 2z = 2 & \cdots ①\\y + (5-k)z = 3 & \cdots ②\\(3k-1)(k-3)z = -2(3k-1) & \cdots ③\end{cases}$$

③で z の係数が 0 でないとき，すわなち $k \neq 3$, $k \neq \dfrac{1}{3}$ のとき一意の解 $z = -\dfrac{2}{k-3}$ を持つ．

②，①に代入し $y = \dfrac{k+1}{k-3}$, $x = 1$

$k = \dfrac{1}{3}$ のとき，$z = t$ として②，① より

$x = -1 + \dfrac{8}{3}t$, $y = 3 - \dfrac{14}{3}t$

第24章　行列の作用　～線形変換～

点 $P(x, y)$ が次の操作により点 $P(x', y')$ に移るとします.
$$\begin{cases} x' = ax + by \\ y' = cx + dy \end{cases}$$
ここで, $A = \begin{pmatrix} a & b \\ c & d \end{pmatrix}$, $\vec{x} = \begin{pmatrix} x \\ y \end{pmatrix}$, $\vec{x}' = \begin{pmatrix} x' \\ y' \end{pmatrix}$

とおくと, 最初の式は次の形に表せます.
$$\vec{x}' = A\vec{x}$$
この式により, $\vec{x}$ で表される点を $\vec{x}'$ に移すことを行列 A による**線形変換**といいます.

例えば, $A = \begin{pmatrix} -1 & 0 \\ 0 & 1 \end{pmatrix}$ によって $\vec{x} = \begin{pmatrix} 3 \\ 2 \end{pmatrix}$ は

$$\vec{x}' = A\vec{x} = \begin{pmatrix} -1 & 0 \\ 0 & 1 \end{pmatrix}\begin{pmatrix} 3 \\ 2 \end{pmatrix} = \begin{pmatrix} -3 \\ 2 \end{pmatrix}$$

したがって, 行列 A によって点 $P(3, 2)$ は y 軸に関して対称な点 $P(-3, 2)$ に移されます.

1点だけでなく, 複数の点を移すと行列 A がどんな変換を引き起こすか明確になるでしょう.

トライ！1　3点 $P(1, 0)$, $Q(3, 0)$, $R(2, 3)$ の3点を結ぶ $\triangle PQR$ を座標平面上に描きなさい. P, Q, R をそれぞれ $A = \begin{pmatrix} 1 & -1 \\ 1 & 1 \end{pmatrix}$ による線形変換で移動した点を P', Q', R' とするとき, $\triangle P'Q'R'$ を同一平面上に描きなさい. これらはどのような位置関係にありますか.

Mathematica により, 点で囲まれた図を描くには, **ListPlot** を用い, 次のように点を結ぶ指定をします. 元になる座標を表すリストでは, 最初の点を表す成分を最後にもう一度指定することで, 閉じた図形にすることができます.

```
p={{1,0},{3,0},{2,3},{1,0}};
p1=ListPlot[p,PlotJoined->True,
    AspectRatio->Automatic]
```

次にこれを行列 A で変換するためには, 次のように行列とベクトルとの積を関数として定義し, **Map** ですべての点をこの関数に適用すると変換後の座標がリストとして出力されます.

```
ma={{1,-1},{1,1}};
f[x_]=ma . x ;
pma=Map[f,p]
    ⇒  {{1,1},{3,3},{-1,5},{1,1}}
```

この結果を **ListPlot** で結べば, 線形変換された図が描かれます.

```
p2=ListPlot[pma,PlotJoined->True,
        AspectRatio->Automatic]
Show[p1,p2]
```

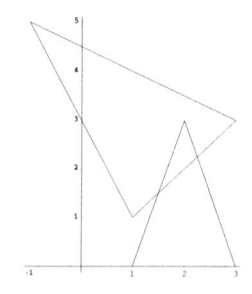

この一連の流れをまとめたものが, 次の **henkan** という関数です.

```
henkan[matrix_,zukei_]:=
 Module[{p1,p2,f,x},
   f[x_]:=matrix.x;
   p1=ListPlot[zukei,PlotJoined->True,
        DisplayFunction->Identity];
   p2=ListPlot[Map[f,zukei],
        PlotJoined->True,
        PlotStyle->Thickness[0.02],
        DisplayFunction->Identity];
   Show[p1,p2, AspectRatio->Automatic,
    DisplayFunction->$DisplayFunction]]
```

これを利用した例を示します.

```
m={{-1,0},{0,1}};
animal={{2,0},{2,1.5},{3,1.5},{3,0},
        {4,2},{4,3},{5,4},{4,4},
        {3,5},{3,3},{1,3},{0,4},{2,0}};
henkan[m,animal]
```

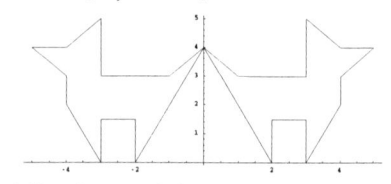

変換の行列を表すリスト **m** を変えることで,

第24章 行列の作用 〜線形変換〜

線形変換を具体的な図で調べることができますね.

トライ！2 図形を次のように変換する行列を考えなさい. わかったら, henkan により実際にそのような変換がなされるか確認してみましょう.
(1) x 軸に関する対称移動
(2) 原点に関する対称移動
(3) 直線 $y = x$ に関する折り返し
(4) 直線 $y = -x$ に関する折り返し
(5) 縦横とも 2 倍に拡大
(6) 原点中心に反時計回りに 90° の回転

最後の問題は重要です. 具体的な座標で考えると, $(3, 2)$ が $(-2, 3)$ に移ることから分かるように, 原点まわりの 90° の回転は,

$$\begin{cases} x' = -y \\ y' = x \end{cases} \quad つまり \quad \begin{cases} x' = 0x - 1y \\ y' = 1x + 0y \end{cases}$$

と表せますので, 対応する行列は

$$A = \begin{pmatrix} 0 & -1 \\ 1 & 0 \end{pmatrix}$$

次に, 変換を続けて行う場合について考えてみます. x 軸に関する折り返しを表す行列は

$$B = \begin{pmatrix} 1 & 0 \\ 0 & -1 \end{pmatrix}$$

ですが, 原点中心に 90° の回転を行った後, x 軸に関する折り返しを行う変換は次の式で表せます.

$$\vec{x}' = B(A\vec{x})$$

この 2 つの操作は, 行列の積を計算し

$$BA = \begin{pmatrix} 1 & 0 \\ 0 & -1 \end{pmatrix}\begin{pmatrix} 0 & -1 \\ 1 & 0 \end{pmatrix} = \begin{pmatrix} 0 & -1 \\ -1 & 0 \end{pmatrix}$$

とすることで, ひとつの行列で表すことができます. すなわち,

$$\vec{x}' = (BA)\vec{x}$$

結果は, 直線 $y = -x$ に関する折り返しを表す変換であることがわかります. このように, 行列 A の変換に続けて行列 B の変換を行う作用をひとつの行列で表すとき, これを行列 A と行列 B による**合成変換**とよびます.

さて, 先ほどの合成変換の順番を変えてみましょう. すなわち,

90° の回転 → x 軸に関する折り返しの順を変えて

x 軸に関する折り返し → 90° の回転

を考えます. この合成変換は

$$\vec{x}' = A(B\vec{x}) = (AB)\vec{x}$$

で示されますので, 対応する行列は

$$AB = \begin{pmatrix} 0 & -1 \\ 1 & 0 \end{pmatrix}\begin{pmatrix} 1 & 0 \\ 0 & -1 \end{pmatrix} = \begin{pmatrix} 0 & 1 \\ 1 & 0 \end{pmatrix}$$

となり, これは直線 $y = x$ に関する折り返しであり, BA とは異なった結果になります.

行列の積に関しては交換法則が成り立たないことが, 合成変換からも見てとれますね.

a={{0,-1},{1,0}};b={{1,0},{0,-1}};
henkan[b.a,animal]   henkan[a.b,animal]

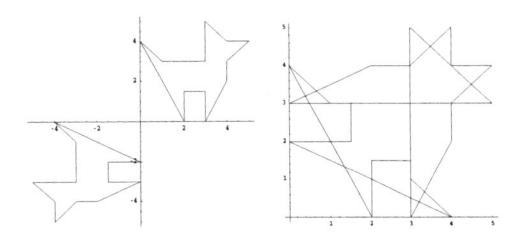

トライ！3 逆の作用をする変換を**逆変換**といいます. **トライ！2** の各線形変換の逆変換を述べなさい. また, それを表す行列を答えなさい. さらに, 合成変換 BA の逆変換について考察し, 次が成り立つことを例証しなさい.

$$(BA)^{-1} = A^{-1}B^{-1}$$

次に, より一般的な線形変換を見てゆきましょう.

トライ！4 次の行列により, 自分の好きな形を henkan によって線形変換し, なぜそのような結果になるのか考察しなさい.

(1) $A = \begin{pmatrix} 3 & 2 \\ 1 & 4 \end{pmatrix}$ (2) $B = \begin{pmatrix} 1 & 3 \\ 2 & -1 \end{pmatrix}$

(3) $P = \begin{pmatrix} 1 & -\sqrt{3} \\ \sqrt{3} & 1 \end{pmatrix}$ (4) $Q = \begin{pmatrix} 1 & 2 \\ 2 & 4 \end{pmatrix}$

線形変換のしくみは, 基本ベクトルを用いるとはっきりします.

$\vec{e_1} = \begin{pmatrix} 1 \\ 0 \end{pmatrix}$, $\vec{e_2} = \begin{pmatrix} 0 \\ 1 \end{pmatrix}$ の行列 $A = \begin{pmatrix} a & b \\ c & d \end{pmatrix}$ による線形変換は

$$A\vec{e_1} = \begin{pmatrix} a \\ c \end{pmatrix}, \quad A\vec{e_2} = \begin{pmatrix} b \\ d \end{pmatrix}$$

点 $P(p, q)$ を表す位置ベクトルは，
$$\vec{x} = p\vec{e_1} + q\vec{e_2}$$
と表せますが，これを変換すると線形性より
$$\begin{aligned}\vec{x}' = A\vec{x} &= A(p\vec{e_1} + q\vec{e_2}) \\ &= pA\vec{e_1} + qA\vec{e_2} \\ &= p\begin{pmatrix}a\\c\end{pmatrix} + q\begin{pmatrix}b\\d\end{pmatrix}\end{aligned}$$

つまり，行列の列ベクトルを基準とした新たな座標上に図形が変換されることになるのです．

この様子をはっきりと見るために，先ほどの **animal** というリストを一辺が1の正方形におさまるよう縮小し，さらに正方形の座標を加えたリスト **animal2** を作り，これを変換してみましょう．

```
animal2=Join[0.2*animal,
        {{0,0},{1,0},{1,1},{0,1},{0,0}}]
m={{3,2},{1,4}}; henkan[m,animal2]
```

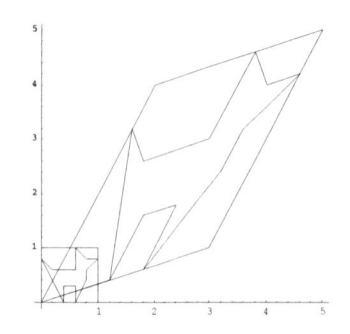

$A = \begin{pmatrix} 3 & 2 \\ 1 & 4 \end{pmatrix}$ による変換では，図形は
$$A\vec{e_1} = \begin{pmatrix} 3 \\ 1 \end{pmatrix}, \quad A\vec{e_2} = \begin{pmatrix} 2 \\ 4 \end{pmatrix}$$
という位置ベクトルを2辺とする平行四辺形を基準とした座標上に変換されることが見てとれますね．

ここで，変換後の面積について着目してみます．前章の**トライ！3**で登場した三角形の面積の式を2倍して次の公式が得られます．

> 2つのベクトル $\vec{a}, \vec{b}$ によってできる平行四辺形の面積を S とすると，
> $$S = \sqrt{|\vec{a}|^2|\vec{b}|^2 - (\vec{a}\cdot\vec{b})^2}$$

$\sqrt{}$ の中については，内積の定義より $\vec{a}\cdot\vec{b} = |\vec{a}||\vec{b}|\cos\theta \leq |\vec{a}||\vec{b}|$ であり，0以上であることが保証されます．成分を用いると
$$\vec{a} = \begin{pmatrix}a\\c\end{pmatrix}, \quad \vec{b} = \begin{pmatrix}b\\d\end{pmatrix} のとき，$$
$$\begin{aligned}S &= \sqrt{(a^2+c^2)(b^2+d^2) - (ab+cd)^2} \\ &= \sqrt{a^2d^2 + b^2c^2 - 2abcd} = \sqrt{(ad-bc)^2}\end{aligned}$$
したがって
$$S = |ad - bc|$$

この $ad - bc$ という式はよく出てきますね．これは行列の性質に関わる基本的な値です．

> $A = \begin{pmatrix} a & b \\ c & d \end{pmatrix}$ のとき，$ad - bc$
> を A の **行列式** といい，
> $\begin{vmatrix} a & b \\ c & d \end{vmatrix}$，$|A|$，$\det A$ などで表す．

さて，$A = \begin{pmatrix} 3 & 2 \\ 1 & 4 \end{pmatrix}$ による変換では，一辺1の正方形が
$$|A| = ad - bc = 3\cdot 4 - 2\cdot 1 = 10$$
より面積10になり，図形もそれを基準に変換されますので，変換後の**面積比**は10倍になります．

また，$B = \begin{pmatrix} 1 & 3 \\ 2 & -1 \end{pmatrix}$ による変換では，この行列式を求めると
$$|B| = 1\cdot(-1) - 3\cdot 2 = -7$$
となります．面積比は変換の前後で7倍であることがわかります．ですが，このマイナスはなにを意味するのでしょうか．ヒントは，動物の向きにあります．

変換行列 $A = \begin{pmatrix} a & b \\ c & d \end{pmatrix}$ で $\vec{a} = \begin{pmatrix} a \\ c \end{pmatrix}$, $\vec{b} = \begin{pmatrix} b \\ d \end{pmatrix}$

とするとき，$\vec{a}, \vec{b}$ のなす角を $0° \leq \theta \leq 180°$ で考えたとき，時計と逆回りに $\vec{a}, \vec{b}$ の順で角度をなしているとき行列式の値が $+$，$\vec{b}, \vec{a}$ の順で角度をなしているとき行列式の値が $-$ になっているのです．つまり，行列式の符号は $\vec{a}, \vec{b}$ の**位置関係**を示しているのです．行列式は変換による面積と位置の情報を持った値でもあるのです．

第24章 行列の作用 〜線形変換〜

さて，$P = \begin{pmatrix} 1 & -\sqrt{3} \\ \sqrt{3} & 1 \end{pmatrix}$ による変換は，元の図形が縦横2倍になり，さらに原点を中心として60°回転しています．なぜこの式になるのかを見ていきましょう．

原点を中心として角度 θ の回転をするとき，点 $(1, 0)$, $(0, 1)$ の移動を基に考えると

$$A\vec{e}_1 = \begin{pmatrix} \cos\theta \\ \sin\theta \end{pmatrix}, \quad A\vec{e}_2 = \begin{pmatrix} -\sin\theta \\ \cos\theta \end{pmatrix}$$

となります．したがって，

原点を中心として角度 θ の回転を表す行列は

$$A = \begin{pmatrix} \cos\theta & -\sin\theta \\ \sin\theta & \cos\theta \end{pmatrix}$$

次は animal を回転させるプログラムです．行列のリストとパラメータ t の設定を変えて様々な応用ができます．

```
rot={{Cos[t],-Sin[t]},{Sin[t],Cos[t]}};
f[x_]:=rot.x;
Do[p1=ListPlot[Map[f,animal],
    PlotJoined->True,
    DisplayFunction->Identity];
  Show[p1,AspectRatio->Automatic,
    AxesOrigin->{0,0},
    PlotRange->{{-8,8},{-8,8}},
    DisplayFunction->$DisplayFunction],
{t,0, 2Pi-0.01, 2Pi/12}]
```

トライ！5 角度 α, β の回転を表す行列

$$A = \begin{pmatrix} \cos\alpha & -\sin\alpha \\ \sin\alpha & \cos\alpha \end{pmatrix},$$

$$B = \begin{pmatrix} \cos\beta & -\sin\beta \\ \sin\beta & \cos\beta \end{pmatrix}$$

において，位置ベクトル $\vec{x} = \begin{pmatrix} x \\ y \end{pmatrix}$ で示される点を α 回転させ，続けて β 回転させる合成変換 $\vec{x}' = (BA)\vec{x}$ から，加法定理

$$\sin(\alpha+\beta) = \sin\alpha\cos\beta + \cos\alpha\sin\beta$$
$$\cos(\alpha+\beta) = \cos\alpha\cos\beta - \sin\alpha\sin\beta$$

を導きなさい．

さて，$P = \begin{pmatrix} 1 & -\sqrt{3} \\ \sqrt{3} & 1 \end{pmatrix}$ による変換ですが，

$$P = 2\begin{pmatrix} 1/2 & -\sqrt{3}/2 \\ \sqrt{3}/2 & 1/2 \end{pmatrix}$$

$$= 2\begin{pmatrix} \cos 60° & -\sin 60° \\ \sin 60° & \cos 60° \end{pmatrix}$$

という変形により，図形を60°回転させた後，2倍にする変換であることがわかります．

一般に，実数 a, b において，

$$A = \begin{pmatrix} a & -b \\ b & a \end{pmatrix}$$

は，**回転させ，さらに実数倍させる線形変換**を表します．なぜなら，$r = \sqrt{a^2 + b^2}$ とおくと，

$$A = r\begin{pmatrix} \frac{a}{r} & -\frac{b}{r} \\ \frac{b}{r} & \frac{a}{r} \end{pmatrix}$$

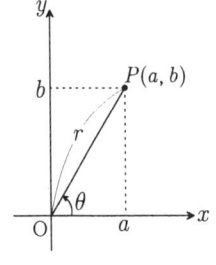

右図のように角度 θ を定めれば，$\frac{a}{r} = \cos\theta$, $\frac{b}{r} = \sin\theta$ と表せるので，

$$A = r\begin{pmatrix} \cos\theta & -\sin\theta \\ \sin\theta & \cos\theta \end{pmatrix}$$

さて，**トライ！4** 最後の行列 $Q = \begin{pmatrix} 1 & 2 \\ 2 & 4 \end{pmatrix}$ による変換では，図形がペシャンコにつぶれてしまいました．これは，

$$A\vec{e}_1 = \begin{pmatrix} 1 \\ 2 \end{pmatrix}, \quad A\vec{e}_2 = \begin{pmatrix} 2 \\ 4 \end{pmatrix}$$

と基本ベクトルを変換したベクトルが同一直線上にくるためです．すなわち，変換行列の列ベクトルが**線形従属**であるためです．

このとき，行列式 $|A| = 0$ であり，変換後の面積が0となることにもかなっています．さらに，逆行列も存在しません．動物は逆変換で再起することもできないのです．このように，行列式が0である行列による線形変換は，変換後に図形の次元を変えてしまいます．

たいへん特殊でありますが，特殊さが活躍をする場合があります．次章，行列を決定づける重要な属性である「固有値」の登場がその場面です．

第25章 変換の特質をさぐる ～固有値・固有ベクトル～

行列 $A = \begin{pmatrix} 1 & 3 \\ 2 & 2 \end{pmatrix}$ による線形変換

$$\begin{pmatrix} x' \\ y' \end{pmatrix} = \begin{pmatrix} 1 & 3 \\ 2 & 2 \end{pmatrix} \begin{pmatrix} x \\ y \end{pmatrix}$$

について，変換によって方向がどう変化するかを見てみましょう．2つのベクトル

$$v_1 = \begin{pmatrix} 1 \\ 1 \end{pmatrix}, \quad v_2 = \begin{pmatrix} 1 \\ 2 \end{pmatrix}$$

の A による線形変換は，

$$v_1' = \begin{pmatrix} 1 & 3 \\ 2 & 2 \end{pmatrix} \begin{pmatrix} 1 \\ 1 \end{pmatrix} = \begin{pmatrix} 4 \\ 4 \end{pmatrix}$$

$$v_2' = \begin{pmatrix} 1 & 3 \\ 2 & 2 \end{pmatrix} \begin{pmatrix} 1 \\ 2 \end{pmatrix} = \begin{pmatrix} 7 \\ 6 \end{pmatrix}$$

この2つの結果は，Mathematica で図に表すとはっきりします．

```
<<Graphics`Arrow`
a={{1,3},{2,2}}
v={1,1};o={0,0};
Show[Graphics[{Arrow[o,v],Arrow[o,a. v]}],
     Axes->True,GridLines->Automatic]
```

v_2 の変換を見るには，v={1,2} として実行します．v_1 と v_2 の変換では，決定的な違いがあるのがわかるでしょうか．

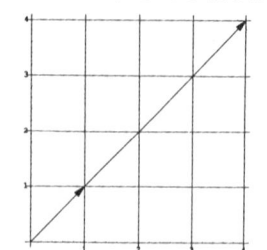

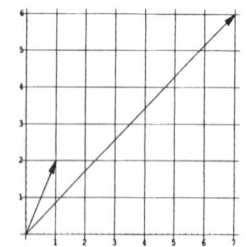

v_1 と変換後の v_1' が同じ向きになるのに対し，v_2 と v_2' では，向きが異なりますね．

トライ！1 行列 A による線形変換で，向きを変えないベクトルは，v_1 以外にどんなものがあるでしょうか．

変換全体を眺めるのに便利な命令として，**PlotVectorField** があります．これは標準では組み込まれていないので，パッケージから読み込んで用います．

```
<<Graphics`PlotField`
PlotVectorField[{ x + 3 y , 2 x + 2 y },
    {x,-5,5},{y,-5,5}]
```

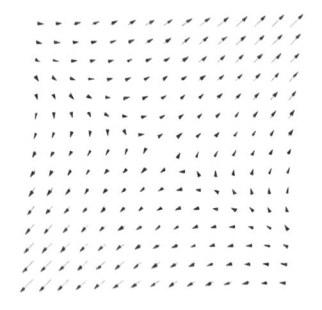

この命令により，各点が変換で移動する方向が矢線によって示されます．$v_1 = \begin{pmatrix} 1 \\ 1 \end{pmatrix}$ の実数倍の座標上，すなわち直線 $y = x$ の上では，同じ方向に変換されることが見てとれますね．具体的には，

$$A \begin{pmatrix} 1 \\ 1 \end{pmatrix} = 4 \begin{pmatrix} 1 \\ 1 \end{pmatrix}$$

が成り立ちます．実はもうひとつ，$v = \begin{pmatrix} 3 \\ -2 \end{pmatrix}$ の実数倍のベクトルも変換後に同じ直線上に変換されます．次の命令ではっきりするでしょう．

```
a={{1,3},{2,2}};v={x,y};
p1=PlotVectorField[a.v,{x,-5,5},{y,-5,5}]
p2=ParametricPlot[s{1,1},{s,-5,5},
        AspectRatio->Automatic]
p3=ParametricPlot[t{3,-2},{t,-2,2},
        AspectRatio->Automatic]
Show[p1,p2,p3]
```

第25章 変換の特質をさぐる ～固有値・固有ベクトル～

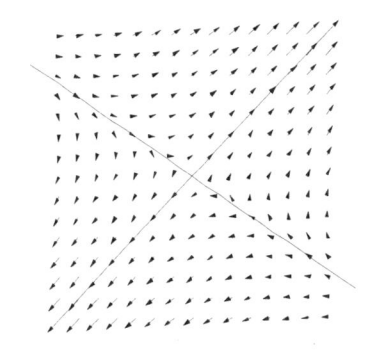

まとめると，行列 A について，
$$A\begin{pmatrix}1\\1\end{pmatrix}=4\begin{pmatrix}1\\1\end{pmatrix},\ A\begin{pmatrix}3\\-2\end{pmatrix}=-\begin{pmatrix}3\\-2\end{pmatrix}$$
が成り立ちます．言い換えると，ベクトル $\begin{pmatrix}1\\1\end{pmatrix}$，$\begin{pmatrix}3\\-2\end{pmatrix}$ は，行列 A によって同じ向きに変換され，その倍率がそれぞれ 4 倍，− 1 倍になることを示しています．また，これらの実数倍のベクトルも，線形性より同じ向きに同じ倍率で変換されることが言えます．変換により向きの変わらないこれらのベクトルを行列 A の **固有ベクトル**，変換による倍率を **固有値** といいます．一般に，

> n 次正方行列 A に対し，
> $$A\vec{x}=\lambda\vec{x}$$
> を満たす $\vec{0}$ でない $\vec{x}$ が存在するとき，数 λ を A の固有値，$\vec{x}$ を A の固有ベクトルという．

固有値，固有ベクトルは，行列の性質，ひいてはその変換で記述される現象を解明するために，たいへん重要な役割を果たします．

では，固有値を求める手順をみておきましょう．
$A\vec{x}=\lambda\vec{x}$ を解くためには，A と同じ次数の単位行列 E を用いて
$$A\vec{x}-\lambda E\vec{x}=\vec{0}$$
$$(A-\lambda E)\vec{x}=\vec{0}$$
を解く必要があります．この方程式が $\vec{x}=\vec{0}$ 以外の解をもつ必要十分条件は，
$$\det(A-\lambda E)=0$$
です．この式を行列 A の **特性方程式** といいます．

2 次の行列では，$A=\begin{pmatrix}a&b\\c&d\end{pmatrix}$ とおくと，
$$A-\lambda E=\begin{pmatrix}a&b\\c&d\end{pmatrix}-\lambda\begin{pmatrix}1&0\\0&1\end{pmatrix}=\begin{pmatrix}a-\lambda&b\\c&d-\lambda\end{pmatrix}$$

ですから，
$$\det(A-\lambda E)=(a-\lambda)(d-\lambda)-bc=0$$
が特性方程式です．展開して
$$\lambda^2-(a+d)\lambda+ad-bc=0$$
を解くことで固有値を求めることができます．λ の係数に A の対角成分の和（**トレース**といいます）の（− 1）倍，定数項に A の行列式が現れ，興味深いですね．

例えば，$A=\begin{pmatrix}1&3\\2&2\end{pmatrix}$ の特性方程式は
$$\begin{vmatrix}1-\lambda&3\\2&2-\lambda\end{vmatrix}=\lambda^2-3\lambda-4=0$$
よって固有値は $\lambda=4,\ -1$
$\lambda=4$ に対する固有ベクトルは
$$\begin{pmatrix}-3&3\\2&-2\end{pmatrix}\begin{pmatrix}x\\y\end{pmatrix}=\begin{pmatrix}0\\0\end{pmatrix}$$
を満たす $\vec{x}=\begin{pmatrix}x\\y\end{pmatrix}$ です．この連立方程式は
$-x+y=0$ すなわち $y=x$ と 1 つの式にまとまってしまいます．行列式が 0 から求めたので，$A-\lambda E$ の逆行列は当然存在せず，連立方程式は不定になる運命なのです．ここではそれをそのまま受け入れ，$y=x$ を満たす $\vec{x}$ 全体を解とします．すなわち固有ベクトルは
$$\vec{x}=s\begin{pmatrix}1\\1\end{pmatrix}\quad (s は任意の実数)$$
と表すことができます．このベクトル全体を，行列 A の $\lambda=4$ に対する **固有空間** といいます．
$\lambda=-1$ に対する固有ベクトルは，
$$\begin{pmatrix}2&3\\2&3\end{pmatrix}\begin{pmatrix}x\\y\end{pmatrix}=\begin{pmatrix}0\\0\end{pmatrix}$$
より，$2x+3y=0$ を満たすベクトル全体で，
$$\vec{x}=t\begin{pmatrix}3\\-2\end{pmatrix}\quad (t は任意の実数)$$

Mathematica では，行列の固有値，固有ベクトルを求める命令として，**Eigenvalues**,**Eigenvectors** があります．

```
a={{1,3},{2,2}}
Eigenvalues[a]    ⇒  {-1,4}
Eigenvectors[a]   ⇒  {{-3,2},{1,1}}
```

トライ！2 次の行列の固有値と固有ベクトルを求めなさい．また，Mathematica で確認してみましょう．**PlotVectorField** で行列による変換の様子も見てみましょう．

(1) $\begin{pmatrix} 1 & 2 \\ 2 & 1 \end{pmatrix}$　　(2) $\begin{pmatrix} 3 & 1 \\ 2 & 4 \end{pmatrix}$

(3) $\begin{pmatrix} 3 & -1 \\ 1 & 1 \end{pmatrix}$　　(4) $\begin{pmatrix} 1 & -1 \\ 1 & 1 \end{pmatrix}$

トライ！3 固有値や固有ベクトルがどんな場面で現れるか，書籍やインターネットなどで調べてみましょう．

トライ！4 $A = \begin{pmatrix} 1 & 3 \\ 2 & 2 \end{pmatrix}$ の固有ベクトルを列にもつ行列 $P = \begin{pmatrix} 1 & 3 \\ 1 & -2 \end{pmatrix}$ について，$P^{-1}AP$ を計算しなさい．

固有ベクトルを並べた行列とその逆行列でもとの行列をサンドイッチにすると，対角線上に固有値が並ぶ対角行列になります．この操作を**行列の対角化**といい，行列や変換の本質を浮き上がらせる重要な手法です．一般に，次のことが成り立ちます．

---
n 次正方行列 A が n 個の線形独立な固有ベクトル $\vec{x}_1, \vec{x}_2, \cdots, \vec{x}_n$ をもっているとき，これらを列にもつ行列を $P = (\vec{x}_1, \vec{x}_2, \cdots, \vec{x}_n)$ とすれば，$P^{-1}AP$ は対角行列となり，その対角成分は A の固有値である．すなわち，

$$P^{-1}AP = \begin{pmatrix} \lambda_1 & & \\ & \ddots & \\ & & \lambda_n \end{pmatrix}$$

---

2 次の場合について証明しておきます．A の固有値を λ_1, λ_2，それらに対応する固有ベクトルを $\vec{x}_1, \vec{x}_2$ とすると，$P = (\vec{x}_1, \vec{x}_2)$ によって

$$AP = A(\vec{x}_1, \vec{x}_2)$$
$$= (A\vec{x}_1, A\vec{x}_2)$$
$$= (\lambda_1\vec{x}_1, \lambda_2\vec{x}_2)$$
$$= (\vec{x}_1, \vec{x}_2)\begin{pmatrix} \lambda_1 & 0 \\ 0 & \lambda_2 \end{pmatrix}$$

よって

$$AP = P\begin{pmatrix} \lambda_1 & 0 \\ 0 & \lambda_2 \end{pmatrix}$$

$\vec{x}_1, \vec{x}_2$ は線形独立ですから，それらを列にもつ P には逆行列が存在します．上式の両辺に左から P^{-1} をかけて

$$P^{-1}AP = P^{-1}P\begin{pmatrix} \lambda_1 & 0 \\ 0 & \lambda_2 \end{pmatrix}$$

$$\therefore \quad P^{-1}AP = \begin{pmatrix} \lambda_1 & 0 \\ 0 & \lambda_2 \end{pmatrix}$$

この式は，行列の累乗を求めるときにも威力を発揮します．対角化された行列を

$D = \begin{pmatrix} \lambda_1 & 0 \\ 0 & \lambda_2 \end{pmatrix}$ とおくと，$D^n = \begin{pmatrix} \lambda_1^n & 0 \\ 0 & \lambda_2^n \end{pmatrix}$ です．この，対角行列の n 乗は成分の n 乗を計算するだけでよいという性質を使います．

$$P^{-1}AP = D$$

の両辺に左から P，右から P^{-1} をかけると

$$A = PDP^{-1}$$

という逆サンドイッチができます．この両辺を n 乗すると

$$A^n = (PDP^{-1})(PDP^{-1})\cdots(PDP^{-1})$$

と右辺は PDP^{-1} の n 個の積になりますが，隣接する $P^{-1}P$ は単位行列 E になりますから，結合法則を用いて

$$A^n = PDP^{-1}PDP^{-1}\cdots PDP^{-1}$$
$$= PDEDE\cdots EDP^{-1}$$
$$= PDD\cdots DP^{-1}$$
$$= PD^nP^{-1}$$

と，結局 D^n の逆サンドイッチでいいことになります．このように行列の n 乗は，固有値の n 乗と深く関わっているのです．

$A = \begin{pmatrix} 1 & 3 \\ 2 & 2 \end{pmatrix}$ では，$D^n = \begin{pmatrix} 4^n & 0 \\ 0 & (-1)^n \end{pmatrix}$ より

$$A^n = PD^nP^{-1}$$
$$= \frac{1}{5}\begin{pmatrix} 2\cdot 4^n + 3\cdot(-1)^n & 3\cdot 4^n - 3\cdot(-1)^n \\ 2\cdot 4^n - 2\cdot(-1)^n & 3\cdot 4^n + 2\cdot(-1)^n \end{pmatrix}$$

Mathematica を用いて，**MatrixPower[a,n]** で計算することもできます．

トライ！5 次の行列の n 乗を求めなさい．

(1) $\begin{pmatrix} 4 & -2 \\ 1 & 1 \end{pmatrix}$　　(2) $\begin{pmatrix} 5 & -7 \\ 2 & -4 \end{pmatrix}$

第25章 変換の特質をさぐる 〜固有値・固有ベクトル〜

演習問題

$A = \begin{pmatrix} \frac{3}{2} & \frac{1}{2} \\ \frac{1}{2} & \frac{3}{2} \end{pmatrix}$ とする．つぎの各問に答えよ．

(1) $A\begin{pmatrix} s \\ t \end{pmatrix} = k\begin{pmatrix} s \\ t \end{pmatrix}$ が成り立つような実数 k の値を2つ求めよ．ただし，$\begin{pmatrix} s \\ t \end{pmatrix} \neq \begin{pmatrix} 0 \\ 0 \end{pmatrix}$ とする．

(2) (1)で求めた k の値を k_1, k_2 $(k_1 < k_2)$ とし，$B = \begin{pmatrix} k_1 & 0 \\ 0 & k_2 \end{pmatrix}$ とする．このとき，$A = P^{-1}BP$ を満たし，かつ，$P'P = E$ となる $P = \begin{pmatrix} a & b \\ c & d \end{pmatrix}$ $(a > 0, c > 0)$ を求めよ．ただし，$P = \begin{pmatrix} a & b \\ c & d \end{pmatrix}$ に対して $P' = \begin{pmatrix} a & c \\ b & d \end{pmatrix}$ であり，$E = \begin{pmatrix} 1 & 0 \\ 0 & 1 \end{pmatrix}$ である．

以下では，(2)で求めた P を用いる．

(3) 実数 x, y に対して，x', y' を $\begin{pmatrix} x' \\ y' \end{pmatrix} = P\begin{pmatrix} x \\ y \end{pmatrix}$ で定める．点 (x, y) が円 $x^2 + (y-1)^2 = 1$ の上を動くとき，点 (x', y') の軌跡を図示せよ．

(4) すべての実数 x, y に対して $P^n \begin{pmatrix} x \\ y \end{pmatrix} = \begin{pmatrix} x \\ y \end{pmatrix}$ となる最小の自然数 n を求めよ．

(名古屋大)

(略解)

(1) $(A - kE)\begin{pmatrix} s \\ t \end{pmatrix} = \begin{pmatrix} 0 \\ 0 \end{pmatrix}$ より，$A - kE$ の逆行列が存在しないことが必要十分条件であり，$\det(A - kE) = k^2 - 3k + 2 = 0$ より

$$\underline{k = 1, 2}$$

(2) $A = P^{-1}BP$ より $PA = BP$

$\begin{pmatrix} 3a+b & a+3b \\ 3c+d & c+3d \end{pmatrix} = \begin{pmatrix} 2a & 2b \\ 4c & 4d \end{pmatrix}$

成分を比較して $\begin{cases} b = -a \\ d = c \end{cases}$

$P'P = \begin{pmatrix} a & c \\ -a & c \end{pmatrix}\begin{pmatrix} a & -a \\ c & c \end{pmatrix}$

$= \begin{pmatrix} a^2+c^2 & c^2-a^2 \\ c^2-a^2 & a^2+c^2 \end{pmatrix}$

$E = \begin{pmatrix} 1 & 0 \\ 0 & 1 \end{pmatrix}$ と成分を比較して $\begin{cases} a^2+c^2 = 1 \\ c^2-a^2 = 0 \end{cases}$

$a > 0, c > 0$ より $a = c = \dfrac{1}{\sqrt{2}}$

$$\underline{P = \frac{1}{\sqrt{2}}\begin{pmatrix} 1 & -1 \\ 1 & 1 \end{pmatrix}}$$

(3) $\begin{pmatrix} x \\ y \end{pmatrix} = P^{-1}\begin{pmatrix} x' \\ y' \end{pmatrix} = \dfrac{1}{\sqrt{2}}\begin{pmatrix} x'+y' \\ -x'+y' \end{pmatrix}$

を $x^2 + (y-1)^2 = 1$ に代入して整理すると

$$\left(x' + \frac{1}{\sqrt{2}}\right)^2 + \left(y' - \frac{1}{\sqrt{2}}\right)^2 = 1$$

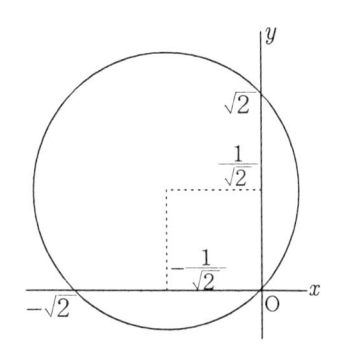

(4) $P = \begin{pmatrix} \cos\frac{\pi}{4} & -\sin\frac{\pi}{4} \\ \sin\frac{\pi}{4} & \cos\frac{\pi}{4} \end{pmatrix}$ であり，P^n による線形変換は原点中心に $\dfrac{n\pi}{4}$ だけ回転させる変換を表す．したがって $P^n\begin{pmatrix} x \\ y \end{pmatrix} = \begin{pmatrix} x \\ y \end{pmatrix}$ となる最小の自然数 n は，$\dfrac{n\pi}{4} = 2\pi$ より $\underline{n = 8}$

第26章 i が開く世界 〜複素数〜

2次方程式
$$x^2 = -1$$
の解は，実数の中には存在しません．「ない」で片づけてしまうのは簡単ですが，その存在を作り上げることで，新たなる発展があります．

虚数単位 i は，次を満たす数です．
$$i^2 = -1$$

これを用いて，
$a > 0$ のとき $\sqrt{-a} = \sqrt{a}\,i$
と定めれば，
$x^2 = -a\ (a > 0)$ の解は $x = \pm\sqrt{a}\,i$
のように解を形にすることができます．

2つの実数 a, b を用いて
$$a + bi$$
と表される数を**複素数**とよびます．このとき a を**実部**，b を**虚部**といいます．

トライ！1 複素数の四則演算は，i を普通の文字と同じように扱い，i^2 が現れたら -1 に置き換えることで行えます．次の計算をしてみましょう．
(1) $(2+5i)+(4-3i)$
(2) $(3-2i)-(4+7i)$
(3) $(1+2i)(3-4i)$ (4) $\dfrac{3+i}{2-3i}$

トライ！2 次の方程式の解を求めなさい．
(1) $x^2 = -3$ (2) $x^2 - 3x + 5 = 0$
(3) $x^3 - 8 = 0$ (4) $x^3 + 2x^2 + x - 4 = 0$

Mathematicaでは，虚数単位を大文字の I または記号 $\mathbb{i}$ で表現します．
```
(1+2I)(3-4I)  ⇒  11+2 I
Solve[x^2 == -4, x]  ⇒  {{x -> -2 I}, {x -> 2 I}}
```

複素数 $z = a + bi$ に対して，実部 (real part) を $\mathrm{Re}\,z$，虚部 (imaginary part) を $\mathrm{Im}\,z$ で表します．また，虚部の符号を変えた $a - bi$ を z の**共役複素数**とよび，$\bar{z}$ で表します．
$$z\bar{z} = (a+bi)(a-bi) = a^2 + b^2$$
は実数となり，$z \neq 0$ に対して正の数となります．この数の平方根を z の**絶対値**とよび，$|z|$ で表します．すなわち
$$|z| = \sqrt{z\bar{z}} = \sqrt{a^2 + b^2}$$

座標平面上で，複素数 $z = a + bi$ に対して点 (a, b) を対応させたとき，この平面を**複素数平面**または**ガウス平面**とよびます．この平面の x 軸，y 軸をそれぞれ**実軸**，**虚軸**とよびます．

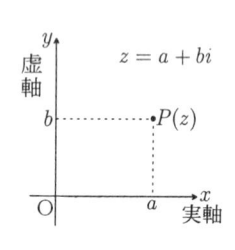

複素数平面上の点 $P(z)$ は，原点を基準とした位置ベクトル $\overrightarrow{OP}$ に対応させることができます．これにより，複素数 z をベクトル $\overrightarrow{OP}$ におきかえ，幾何学的な関係によって複素数を調べていくこともできます．

トライ！3 $z_1 = 3 + 2i$，$z_2 = 2 - i$ とするとき，次の複素数を複素数平面上に図示しなさい．
(1) z_1 (2) z_2 (3) $\bar{z_1}$ (4) $-z_2$
(5) $z_1 + z_2$ (6) $z_1 - z_2$ (7) $2z_1 + 3z_2$

複素数の和・差・実数倍がベクトルの演算に対応する様が見えるのではないでしょうか．

さて，複素数平面では，y 軸は，i を基準とした数直線とするのですが，これが妥当であることが，次のように説明できます．

いま，x 軸上の点をすべて (-1) 倍する変換を考えます．数直線が逆向きにひっくり返るイメージです．これは平面上では原点まわりの $180°$ の回転を表しています．$i^2 = -1$ ですから，i に対応する変換は，2回行うと $180°$ の

第26章 i が開く世界 ～複素数～

回転になる変換，すなわち，原点中心の90°の回転を表しています．そのため，x 軸上の点を90°回転させて虚数単位による新たな軸とする発想は自然であるのです．

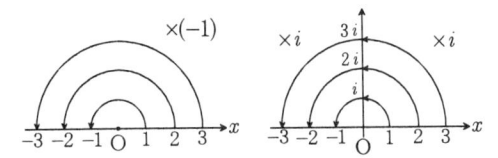

Mathematica では，z の実部，虚部は **Re[z]**, **Im[z]** で求められます．また，共役複素数を表す関数は **Conjugate** です．これらにより，複素数を実部と虚部のリストとして表す関数 **ri** が次のように定義できます．

```
ri[z_]:= If[ z == Conjugate[z], {z,0},
         {Re[z],Im[z]}]
```

z が実数である判定を $z = \bar{z}$ で行い，実数であれば虚部を示す成分を0にしています．

この関数を用いて，複素数平面上の4点 A(0), B(1), C(1+i), D(i) を結んだ四角形は次のような命令で図示することができます．

```
zukei={ 0, 1, 1+I, I, 0 }
p1=ListPlot[Map[ri,zukei],
PlotJoined->True,AspectRatio->Automatic]
```

トライ！4 四角形 $ABCD$ の各頂点に次の複素数をかけた点をそれぞれ A', B', C', D' とするとき，四角形 $A'B'C'D'$ をそれぞれ図示しなさい．また，四角形 $ABCD$ との位置関係を述べなさい．
(1) $1+i$ (2) $1-i$ (3) i (4) $-i$
(5) $1+\sqrt{3}i$ (6) $-1+\sqrt{3}i$

Mathematica では，$1+i$ による **zukei** の移動を次の命令で描くことができます．

```
zukei2=(1+I)zukei
p2=ListPlot[Map[ri,zukei2],
PlotJoined->True,AspectRatio->Automatic]
Show[p1,p2]
```

かける複素数の値を様々に変えて試し，もとの複素数との関連を考察してください．

さて，$1+i$ をかけることにより，図形は原点のまわりに $\pi/4$ だけ回転し，辺の比率が $\sqrt{2}$ 倍になりました．この事情を理解するには，"回転"を基準に複素数を見直す必要があります．

複素数 $z = a + bi$ を表す点を P とし，線分 OP の長さを r，半直線 OP が実軸の正の部分となす角を θ とすると，
$$a = r\cos\theta$$
$$b = r\sin\theta$$
これより，z は次の形で表されます．
$$z = r(\cos\theta + i\sin\theta)$$
（ただし $r > 0$）

これを，複素数の**極形式**といいます．r は z の絶対値に等しくなります．また，角 θ を z の**偏角**といい，$\arg z$ で表します．すなわち，
$$r = |z| \qquad \theta = \arg z$$

複素数 z の偏角 θ は，$0 \leq \theta < 2n\pi$ の範囲ではただ1通りに定まりますが，一般的には一意に定まらず $\theta + 2n\pi$ ($n = 0, \pm 1, \pm 2, \cdots$) も z の偏角となります．

例えば，$1 + \sqrt{3}i$ では
$r = \sqrt{1^2 + (\sqrt{3})^2} = 2$
$\cos\theta = \dfrac{1}{2}$, $\sin\theta = \dfrac{\sqrt{3}}{2}$
より $0 \leq \theta < 2\pi$ で $\theta = \dfrac{\pi}{3}$
ゆえに $1+\sqrt{3}i = 2\left(\cos\dfrac{\pi}{3} + i\sin\dfrac{\pi}{3}\right)$

トライ！5 次の複素数を極形式で表しなさい．
(1) $\sqrt{3}+i$ (2) -1 (3) i
(4) $1-i$ (5) $-1-\sqrt{3}i$ (6) $\sqrt{2}-\sqrt{6}i$

トライ！6 0でない2つの複素数
$z_1 = r_1(\cos\theta_1 + i\sin\theta_1)$,
$z_2 = r_2(\cos\theta_2 + i\sin\theta_2)$ について，三角関数の加法定理を用いて次が成り立つことを示しなさい．

積 $z_1 z_2 = r_1 r_2 \{\cos(\theta_1 + \theta_2) + i\sin(\theta_1 + \theta_2)\}$
$|z_1 z_2| = |z_1||z_2|$, $\arg(z_1 z_2) = \arg z_1 + \arg z_2$
商 $\dfrac{z_1}{z_2} = \dfrac{r_1}{r_2}\{\cos(\theta_1 - \theta_2) + i\sin(\theta_1 - \theta_2)\}$
$\left|\dfrac{z_1}{z_2}\right| = \dfrac{|z_1|}{|z_2|}$, $\arg\dfrac{z_1}{z_2} = \arg z_1 - \arg z_2$

このことから，先ほどの図形の移動が説明できます．

$1 + i = \sqrt{2}\left(\cos\dfrac{\pi}{4} + i\sin\dfrac{\pi}{4}\right)$ より，$z = r(\cos\theta + i\sin\theta)$ において，$(1+i)z$ は絶対値 $\sqrt{2}\,r$，偏角 $\theta + \pi/4$ となります．そのため，複素数平面上で $1+i$ をかけることは，$\sqrt{2}$ 倍の拡大と $\pi/4$ の回転した点で図示されるのです．これは，行列

$$A = \sqrt{2}\begin{pmatrix}\cos\dfrac{\pi}{4} & -\sin\dfrac{\pi}{4} \\ \sin\dfrac{\pi}{4} & \cos\dfrac{\pi}{4}\end{pmatrix} = \begin{pmatrix}1 & -1 \\ 1 & 1\end{pmatrix}$$

による線形変換に対応する作用ですね．

さて，複素数 $z = \cos\theta + i\sin\theta$ について考えてみましょう．$|z|=1$ ですから，複素数平面上では，原点中心，半径 1 の円周上の点となります．整数 n に対し，z^n では，

$|z^n| = 1$，$\arg z^n = n\arg z = n\theta$

となりますから，一般に次の**ド・モアブルの定理**が成り立ちます．

$$(\cos\theta + i\sin\theta)^n = \cos n\theta + i\sin n\theta$$

n 乗が n 倍になるのは，指数関数と同じ性質ですね．これを用いると，次の例のように複素数の累乗が計算できます．

$(1+i)^7 = \{\sqrt{2}(\cos(\pi/4) + i\sin(\pi/4))\}^7$
$= \sqrt{2}^7(\cos(7\pi/4) + i\sin(7\pi/4)) = 8 - 8i$

トライ！7 次の値を求めなさい．
(1) $(\sqrt{3}+i)^8$　(2) $\left(\dfrac{\sqrt{3}+3i}{1-\sqrt{3}i}\right)^{10}$

トライ！8 次の方程式の解を求め，それらを表す点を複素数平面上に図示しなさい．
(1) $z^2 - 2z + 5 = 0$　(2) $z^3 = 1$
(3) $z^4 = 1$　(4) $z^6 = 1$　(5) $z^8 = 1$

自然数 n に対して，1 の n 乗根，すなわち $z^n = 1$ の解は，単位円上に等間隔に並ぶ次の n 個の複素数となります．

$$z_k = \cos\dfrac{2k\pi}{n} + i\sin\dfrac{2k\pi}{n}$$
$(k = 0, 1, \cdots n-1)$

また，0 でない複素数 $\alpha = r(\cos\theta + i\sin\theta)$ について，$z^n = \alpha$ の解は，

$$z_k = \sqrt[n]{r}\left(\cos\dfrac{\theta + 2k\pi}{n} + i\sin\dfrac{\theta + 2k\pi}{n}\right)$$
$(k = 0, 1, \cdots n-1)$

トライ！9 次の方程式の解を求め，それらを表す点を複素数平面上に図示しなさい．
(1) $z^3 = i$　(2) $z^4 = -16$　(3) $z^6 = -i$
(3) $z^2 = 1 + \sqrt{3}i$　(4) $z^3 = -2 + 2i$

Mathematica で $z^6 = -i$ の解を描く一例を示します．

sol = z /. Solve[z^6 == -I, z]
ListPlot[Map[ri,sol],AspectRatio->Automatic,
**　PlotStyle->PointSize[0.03]]**

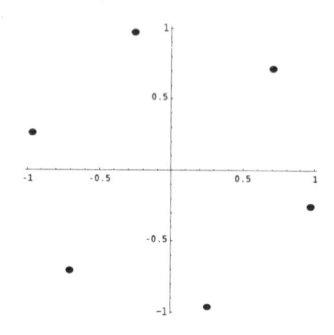

複素数平面により，図形の性質を複素数で記述することができます．

$A(\alpha), B(\beta), C(\gamma)$ とするとき，線分 AB を $m:n$ に内分する点 $P(z)$ は，

$$z = \dfrac{n\alpha + m\beta}{m + n}$$

なす角は次の式で求められます．
$$\angle BAC = \arg\dfrac{\gamma - \alpha}{\beta - \alpha}$$

点 $A(\alpha)$ を中心とする半径 r の円は
$$|z - \alpha| = r$$

トライ！10 3 点 $A(\alpha), B(\beta), C(\gamma)$ が同じ直線上にあるとき，$\dfrac{\bar{\gamma} - \bar{\alpha}}{\bar{\beta} - \bar{\alpha}} = \dfrac{\gamma - \alpha}{\beta - \alpha}$ であることを示しなさい．また，直線 AB が次の方程式で表せることを示しなさい．

第26章 i が開く世界 ～複素数～

$(\bar{\beta}-\bar{\alpha})z-(\beta-\alpha)\bar{z}-\alpha\bar{\beta}+\bar{a}\beta=0$

トライ！11 複素数平面上で, 次の等式を満たす点 z 全体の描く図形を図示しなさい.
(1) $|z-1|=|z+i|$　(2) $|z+3|=2|z|$

演習問題

$\boxed{1}$ 行列 $\begin{pmatrix} 1 & 0 \\ 0 & 1 \end{pmatrix}$ を E で表し, 行列 $\begin{pmatrix} 0 & -1 \\ 1 & 0 \end{pmatrix}$ を J で表す. 複素数 $a+bi$ (a,b は実数) に行列 $aE+bJ$ を対応させる. 例えば, 複素数 $1+i$ には行列 $\begin{pmatrix} 1 & -1 \\ 1 & 1 \end{pmatrix}$ が対応する.

(1) 次の複素数に対応する行列を $\begin{pmatrix} s & t \\ u & v \end{pmatrix}$ の形で表せ.
(a) $\sqrt{3}+i$　(b) $(1+i)(\sqrt{3}+i)$
(c) $(\sqrt{3}+i)^{-1}$

(2) 複素数 α に対応する行列が A であり, 複素数 β に対応する行列が B ならば, 複素数 α,β の積 $\alpha\beta$ に対応する行列は行列 A,B の積 AB であることを証明せよ.

(3) 次の複素数を極形式で表せ.
(a) $1+i$　(b) $\sqrt{3}+i$　(c) $\dfrac{1+i}{\sqrt{3}+i}$

(4) $\dfrac{1+i}{\sqrt{3}+i}$ に対応する行列を D とするとき, D^{18} を求めよ.　　(東京理科大)

$\boxed{2}$ (1) 複素数 z が $1+z+z^2+z^3+z^4=0$ を満たすとき $(1-z)(1-z^2)(1-z^3)(1-z^4)$ の値を求めよ.

(2) 絶対値 1, 偏角 2θ ($0\leq\theta<\pi$) の複素数 ω に対して $r=|1-\omega|$ とおくとき, $\sin\theta$ を r を用いて表せ.

(3) $\sin\dfrac{\pi}{5}\sin\dfrac{2\pi}{5}\sin\dfrac{3\pi}{5}\sin\dfrac{4\pi}{5}$ の値を求めよ.　　(東京医科歯科大)

(略解)

$\boxed{1}$ (1) (a) $\begin{pmatrix} \sqrt{3} & -1 \\ 1 & \sqrt{3} \end{pmatrix}$

(b) $\begin{pmatrix} \sqrt{3}-1 & -\sqrt{3}-1 \\ \sqrt{3}+1 & \sqrt{3}-1 \end{pmatrix}$

(c) $\begin{pmatrix} \sqrt{3}/4 & 1/4 \\ -1/4 & \sqrt{3}/4 \end{pmatrix}$

(2) $\alpha=a+bi$, $\beta=c+di$ (a,b,c,d は実数) とすると,
$\alpha\beta=(a+bi)(c+di)$
$\quad=(ac-bd)+(ad+bc)i$
一方, $AB=\begin{pmatrix} a & -b \\ b & a \end{pmatrix}\begin{pmatrix} c & -d \\ d & c \end{pmatrix}$
$\quad=\begin{pmatrix} ac-bd & -(ad+bc) \\ ad+bc & ac-bd \end{pmatrix}$
したがって, 積 $\alpha\beta$ は積 AB に対応する.

(3) (a) $\sqrt{2}\left(\cos\dfrac{\pi}{4}+i\sin\dfrac{\pi}{4}\right)$

(b) $2\left(\cos\dfrac{\pi}{6}+i\sin\dfrac{\pi}{6}\right)$

(c)
$\dfrac{1+i}{\sqrt{3}+i}=\dfrac{\sqrt{2}}{2}\left\{\cos\left(\dfrac{\pi}{4}-\dfrac{\pi}{6}\right)+i\sin\left(\dfrac{\pi}{4}-\dfrac{\pi}{6}\right)\right\}$
$\quad=\dfrac{1}{\sqrt{2}}\left(\cos\dfrac{\pi}{12}+i\sin\dfrac{\pi}{12}\right)$

(4)
$\left(\dfrac{1+i}{\sqrt{3}+i}\right)^{18}=\left(\dfrac{1}{\sqrt{2}}\right)^{18}\left(\cos\dfrac{18}{12}\pi+i\sin\dfrac{18}{12}\pi\right)$
$=-\dfrac{1}{512}i$　　$\therefore$　$\underline{D^{18}=\dfrac{1}{512}\begin{pmatrix} 0 & 1 \\ -1 & 0 \end{pmatrix}}$

$\boxed{2}$ (1) z^5-1
$\quad=(z-1)(1+z+z^2+z^3+z^4)=0$
より, $z^5=1$
$(1-z)(1-z^2)(1-z^3)(1-z^4)$
$=\{(1-z)(1-z^4)\}\{(1-z^2)(1-z^3)\}$
$=\{2-(z+z^4)\}\{2-(z^2+z^3)\}$
$=4-2(z+z^2+z^3+z^4)+(z^3+z^4+z^6+z^7)$
$=\underline{5}$

(2) $r=|1-\omega|$
$\quad=\sqrt{(1-\cos 2\theta)^2+\sin^2 2\theta}=2|\sin\theta|$
$0\leq\theta<\pi$ より　$\underline{\sin\theta=\dfrac{r}{2}}$

(3) $z=\cos\dfrac{2\pi}{5}+i\sin\dfrac{2\pi}{5}$ とおけば
$\sin\dfrac{k\pi}{5}=\dfrac{|1-z^k|}{2}$
したがって　$\sin\dfrac{\pi}{5}\sin\dfrac{2\pi}{5}\sin\dfrac{3\pi}{5}\sin\dfrac{4\pi}{5}$
$=\dfrac{|(1-z)(1-z^2)(1-z^3)(1-z^4)|}{2^4}=\underline{\dfrac{5}{16}}$

第27章

無限に展開　〜テイラー級数〜

数列の和

$$P_n(x) = \sum_{k=0}^{n} \frac{x^k}{k!}$$
$$= 1 + \frac{1}{1!}x + \frac{1}{2!}x^2 + \frac{1}{3!}x^3 + \cdots + \frac{1}{n!}x^n$$

を考えます．$n=1$ のときは

$$P_1(x) = 1 + x$$

ですから，$y = P_1(x)$ のグラフは直線となります．

$$y = P_2(x) = 1 + x + \frac{x^2}{2}$$

のグラフは，放物線ですね．さて，こういった n を変化させて様子を見るのは，Mathematica の得意とするところです．数列の和は **Sum** を用いて計算できますね．

Sum[x^k/k!, {k,0,3}] $\Rightarrow 1 + x + \frac{x^2}{2} + \frac{x^3}{6}$

項の数を順次ふやして，この関数のグラフを描かせてみましょう．

```
Do[fx=Sum[x^k/k!,{k,0,n}];
   Plot[Evaluate[fx],{x,-2,2},
        PlotLabel->fx],
{n,1,5}]
```

形を見ると，指数関数のグラフに近づいている感じがしますね．そこで，$y = e^x$ のグラフと重ねて描いてみます．せっかく変更するのですから，ついでに **PlotStyle** で2つのグラフの太さを変えて描き分けましょう．

```
Do[fx=Sum[x^k/k!,{k,0,n}];
   Plot[{ Evaluate[fx], Exp[x] },{x,-2,2},
        PlotStyle->{Thickness[0.01],
                    Thickness[0.005]},
        PlotLabel->fx],
{n,1,5}]
```

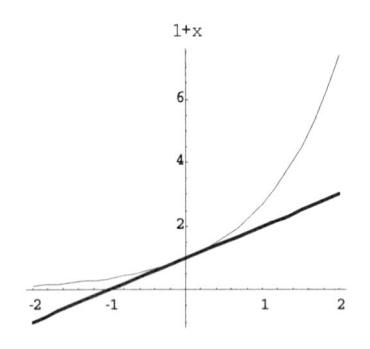

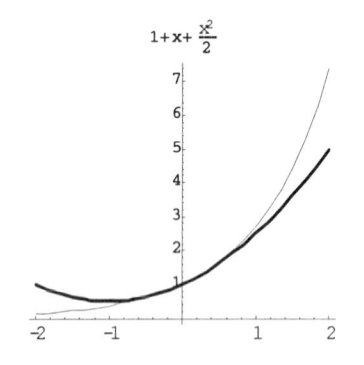

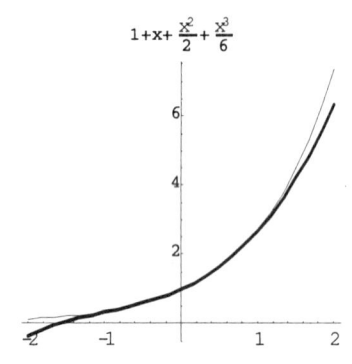

n を大きくしていくに従い，$y = \sum_{k=0}^{n} \frac{x^k}{k!}$ が $y = e^x$ のグラフに近づいていく様が見てとれますね．実は，

$$e^x = 1 + \frac{x}{1!} + \frac{x^2}{2!} + \frac{x^3}{3!} + \cdots + \frac{x^n}{n!} + \cdots$$

と，e^x は無限級数で表すことができます．この背景を探っていきましょう．

まず，x の n 次関数 $f(x)$ が $x-a$ の多項式として，次の形に書けるとします．

第27章 無限に展開 〜テイラー級数〜

$$f(x) = c_0 + c_1(x-a) + c_2(x-a)^2 + \cdots$$
$$\cdots + c_n(x-a)^n$$

$f(x)$ を順次微分していくと

$$f'(x) = c_1 + 2c_2(x-a) + 3c_3(x-a)^2 + \cdots$$
$$\cdots + nc_n(x-a)^{n-1}$$
$$f''(x) = 2c_2 + 3 \cdot 2c_3(x-a) + \cdots$$
$$\cdots + n(n-1)c_n(x-a)^{n-2}$$
$$\vdots$$
$$f^{(n)}(x) = n!\, c_n$$

これらすべての式に $x=a$ を代入すると

$$f(a) = c_0,\quad f'(a) = c_1,\quad f''(a) = 2c_2,$$
$$f'''(a) = 3!\, c_3,\ \cdots,\ f^{(n)}(a) = n!\, c_n$$

したがって各係数は

$$c_k = \frac{f^{(k)}(a)}{k!} \quad (k=1,2,\cdots,n)$$

と表せるので,

$$f(x) = f(a) + f'(a)(x-a) + \frac{f''(a)}{2!}(x-a)^2$$
$$\cdots + \frac{f^{(n)}(a)}{n!}(x-a)^n$$

これを n 次関数 $f(x)$ の点 $x=a$ における**テイラー展開**といいます.

$f(a) = f^{(0)}(a)$, $0! = 1$ と定めれば,テイラー展開は和の記号を用いて簡潔に書けます.

$$f(x) = \sum_{k=0}^{n} \frac{f^{(k)}(a)}{k!}(x-a)^k$$

トライ!1 $f(x) = x^3$ の $x=2$ におけるテイラー展開を表す次の恒等式の係数 c_0, c_1, c_2, c_3 を求めなさい.

$$x^3 = c_0 + c_1(x-2) + c_2(x-2)^2 + c_3(x-2)^3$$

次に,$f(x)$ を<u>一般の関数</u>とします.以下,$f(x)$ が必要なだけ何回でも微分可能であると仮定します.ここで,テイラー展開の式の右辺にこの $f(x)$ をあてはめたものを $P_n(x)$ とすると

$$P_n(x) = f(a) + f'(a)(x-a) + \frac{f''(a)}{2!}(x-a)^2$$
$$\cdots + \frac{f^{(n)}(a)}{n!}(x-a)^n$$

n 次関数 $P_n(x)$ は $f(x)$ の近似式とみなせます.$P_n(x)$ と $f(x)$ の誤差の形が決まれば,$f(x)$ は n 次関数で表すことができます.この定式化に関わるのが,次の**テイラーの定理**です.

関数 $f(x)$ が閉区間 $[a, b]$ で $(n-1)$ 回微分可能,開区間 (a, b) で n 回微分可能,$[a, b]$ で連続であるとすれば,

$$f(b) = \sum_{k=0}^{n-1} \frac{f^{(k)}(a)}{k!}(b-a)^k + R_n,$$
$$R_n = \frac{f^{(n)}(c)}{n!}(b-a)^n$$

なる $c\ (a < c < b)$ が存在する.

R_n は**剰余項**とよばれます.

$n=1$ のときは

$$f(b) = f(a) + f'(c)(b-a)$$

となりますが,これは**平均値の定理**です.テイラーの定理は,平均値の定理の拡張でもあり,微積分学で重要な役割を果たします.

テイラーの定理で,$b=x$ とすれば,関数 $f(x)$ の n 次多項式による近似式となります.

$$f(x) = \sum_{k=0}^{n-1} \frac{f^{(k)}(a)}{k!}(x-a)^k + R_n$$
$$R_n = \frac{f^{(n)}(c)}{n!}(x-a)^n \quad (a < c < x)$$

これもテイラー展開とよばれます.

特に $a=0$ のとき,テイラーの定理は次のように表せます.

$$f(x) = \sum_{k=0}^{n-1} \frac{f^{(k)}(0)}{k!}x^k + R_n$$
$$R_n = \frac{f^{(n)}(\theta x)}{n!}x^n \quad (0 < \theta < 1)$$

この式を $f(x)$ の**マクローリン展開**とよびます.

例えば,$f(x) = e^x$ のとき,この関数は何度微分しても同じで $f^{(k)}(x) = e^x$ となりますから,$f^{(k)}(0) = 1$ であり,マクローリン展開の式にあてはめると

$$e^x = \sum_{k=0}^{n-1} \frac{1}{k!} x^k + R_n$$
$$= 1 + \frac{1}{1!}x + \frac{1}{2!}x^2 + \frac{1}{3!}x^3 + \cdots + \frac{1}{(n-1)!}x^{n-1} + R_n$$
$$R_n = \frac{e^{\theta x}}{n!} x^n$$

トライ！2 $f(x) = \sin x$ について
$f'(x) = \cos x = \sin\left(x + \frac{\pi}{2}\right)$ を用いて，マクローリン展開が次のようになることを示しなさい．
$$\sin x = x - \frac{x^3}{3!} + \frac{x^5}{5!} - \cdots + (-1)^{n-1}\frac{x^{2n-1}}{(2n-1)!}$$
$$+ (-1)^n \frac{\cos(\theta x)}{(2n+1)!} x^{2n+1}$$

トライ！3 $|x|$ が小さいとき，次の近似式が成り立つことを示しなさい．
(1) $\log(1+x) \fallingdotseq x - \frac{x^2}{2}$
(2) $\sqrt{1+x} \fallingdotseq 1 + \frac{x}{2} - \frac{x^2}{8} + \frac{x^3}{16}$

n を無限に大きくしていけば，$P_n(x)$ が $f(x)$ に限りなく近づき，最後には値が一致するのではないかと考えられますが，この発想は重要です．

$f(x)$ が何回でも微分可能であり，点 a のまわりでのテイラー展開において剰余項の極限が 0 になる，すなわち
$$\lim_{n \to \infty} R_n = 0$$
を満たせば，$f(x)$ は次の形に展開できます．

$$f(x) = \sum_{k=0}^{\infty} \frac{f^{(k)}(a)}{k!} (x-a)^k$$
$$= f(a) + f'(a)(x-a) + \frac{f''(a)}{2!}(x-a)^2$$
$$\cdots + \frac{f^{(n)}(a)}{n!}(x-a)^n + \cdots$$

これを $x = a$ における**テイラー級数**といいます．
$$e^x = 1 + \frac{x}{1!} + \frac{x^2}{2!} + \frac{x^3}{3!} + \cdots + \frac{x^n}{n!} + \cdots$$
は，$f(x) = e^x$ の $x = 0$ におけるテイラー級数に他ならないのです．ちなみに，これを各項ごとに微分すると

$$(e^x)' = (1)' + \left(\frac{x}{1!}\right)' + \left(\frac{x^2}{2!}\right)' + \left(\frac{x^3}{3!}\right)' +$$
$$\cdots + \left(\frac{x^n}{n!}\right)' + \cdots$$
$$= 1 + \frac{x}{1!} + \frac{x^2}{2!} + \cdots + \frac{x^{n-1}}{(n-1)!} + \frac{x^n}{n!} + \cdots$$

となり，項が1つづつずれて $(e^x)' = e^x$ に収まる様子が見られますね．

$f(x) = \sin x$ も剰余項が 0 に収束しますので，次のようなテイラー級数で表せます．
$$\sin x = x - \frac{x^3}{3!} + \frac{x^5}{5!} - \frac{x^7}{7!} + \cdots$$
$$\cdots + (-1)^{n-1} \frac{x^{2n-1}}{(2n-1)!} + \cdots$$

三角関数が，無限次元の x の整式で表されるのは，なんだか不思議な感じがしますね．このようなことに素直に感慨を抱く心が，数学を学んでいく原動力になるのかもしれません．

トライ！4 $f(x) = \cos x$ において $x = 0$ におけるテイラー級数が次の形になることを示しなさい．
$$\cos x = 1 - \frac{x^2}{2!} + \frac{x^4}{4!} - \cdots + (-1)^n \frac{x^{2n}}{(2n)!} + \cdots$$

Mathematica では，テイラー展開は **Series** という関数で行います．例えば，$f(x) = e^x$ の $x = 0$ における 3 次までのテイラー展開は

Series[Exp[x],{x,0,3]}
$\Rightarrow \quad 1 + x + \frac{x^2}{2} + \frac{x^3}{6} + o[x]^4$

$o[x]^4$ は，剰余項を表しています．剰余項を除いた式で表すためには，**Normal** を用います．グラフを描くときにも必要となります．

s=Normal[Series[Sin[x],{x,0,7}]]
Plot[{s,Sin[x]},{x,-2Pi,2Pi}]

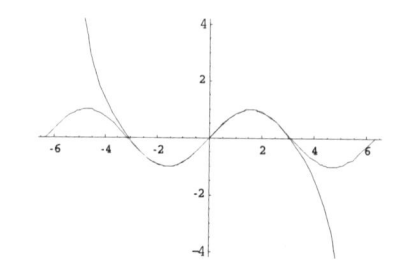

第27章 無限に展開 〜テイラー級数〜

トライ！5 次の Mathematica の命令で示されるテイラー展開を筆算で求めなさい．また，そのグラフを Mathematica で描いてみましょう．

(1) Series[Cos[x],{x,0,5}]
(2) Series[Log[x],{x,1,3}]
(3) Series[Exp[x-x^2],{x,0,3}]
(4) Series[1/(1+x),{x,0,4}]

一般に，級数
$$\sum_{n=0}^{\infty} a_n (z-z_0)^n$$
を，数列 $\{a_n\}$ を係数とし，z_0 を中心とする**ベキ級数**とよびます．この級数が収束する範囲を示す大きさを**収束半径**といいます．

ベキ級数は整式という，代数的に極めてシンプルな構造を基にした形式です．テイラー級数は，一般の関数をこの構造に渡す架け橋の役割を果たしているのです．

e^x，$\sin x$，$\cos x$ などは，すべての実数 x でテイラー展開が収束します．そのため，これらの関数は特別に重要なのです．一方，$\log(1+x)$，$1/(1+x)$ などは，収束する範囲が限られます．

さて，先ほどのベキ級数で「z_0 を"中心"とする」とか，「収束"半径"」など，円に関わる言葉が出てきましたが，これらは実数上では見えず，複素数にまで範囲を拡張して初めて"円"が登場するのです．最後に複素数の世界を少しだけのぞいてみたいと思います．

$$e^x = 1 + \frac{x}{1!} + \frac{x^2}{2!} + \frac{x^3}{3!} + \cdots + \frac{x^n}{n!} + \cdots$$

において，虚数単位 i と実数 θ を用いて x を形式的に $i\theta$ としてみます．$i^2 = -1$ ですから，
$$e^{i\theta} = 1 + \frac{i\theta}{1!} + \frac{(i\theta)^2}{2!} + \frac{(i\theta)^3}{3!} + \frac{(i\theta)^4}{4!} + \frac{(i\theta)^5}{5!} \cdots$$
$$= 1 + \frac{i\theta}{1!} - \frac{\theta^2}{2!} - \frac{i\theta^3}{3!} + \frac{\theta^4}{4!} + \frac{i\theta^5}{5!} - \cdots$$
$$= \left(1 - \frac{\theta^2}{2!} + \frac{\theta^4}{4!} - \cdots\right) + i\left(\theta - \frac{\theta^3}{3!} + \frac{\theta^5}{5!} - \cdots\right)$$
$$= \cos\theta + i\sin\theta$$

実に味わい深い式が導かれましたね．

$$e^{i\theta} = \cos\theta + i\sin\theta$$

これは**オイラーの公式**とよばれます．この式により，複素数の極形式は，
$$z = re^{i\theta}$$
と表せることになります．e^x は，変数の範囲を複素数に拡張すると，主役に踊り出るのです．実際，複素数平面上では，
$$e^x = \sum_{n=0}^{\infty} \frac{x^n}{n!}$$
を指数関数と定義して理論を進めていくのです．

トライ！6 $z_1 = \frac{\pi}{6}i$，$z_2 = \frac{\pi}{4}i$ とするとき，次の式を $a+bi$ の形で表しなさい．

(1) e^{z_1}　(2) e^{z_2}　(3) e^{2z_1}
(4) e^{2z_2}　(5) $e^{z_1} \cdot e^{2z_2}$　(6) $e^{z_1+2z_2}$
(7) $\dfrac{e^{z_1} + e^{-z_1}}{2}$　(8) $\dfrac{e^{z_1} - e^{-z_1}}{2i}$

ド・モアブルの定理から，
$$e^{i\theta} \cdot e^{i\varphi} = (\cos\theta + i\sin\theta)(\cos\varphi + i\sin\varphi)$$
$$= \cos(\theta+\varphi) + i\sin(\theta+\varphi)$$
$$= e^{i(\theta+\varphi)}$$
となり，e^x の変数が $i\theta$ のような虚数を含む形であっても指数法則が受け継がれています．

前章で，複素数を実部と虚部に分ける関数
ri[z_]:= If[z == Conjugate[z],{z,0}, {Re[z],Im[z]}]
を紹介しましたが，これを用いると
ri[Exp[Pi/3 I]] ⇒ $\left\{\dfrac{1}{2}, \dfrac{\sqrt{3}}{2}\right\}$
のように複素数平面上の座標として表すことができます．

トライ！7 次の出力結果を予想しなさい．

(1) ep=Table[Exp[k I],{k,0,2Pi,Pi/6}]
　　ListPlot[Map[ri,ep],
　　　　AspectRatio->Automatic,
　　　　PlotStyle->PointSize[0.03]]

(2) Plot[Exp[t I]+Exp[-t I], {t,0,2Pi}]

第28章　再起的構造　～フィボナッチ数列～

漸化式
$$\begin{cases} a_1 = 1, \quad a_2 = 1 \\ a_n = a_{n-1} + a_{n-2} \quad (n = 3, 4, \cdots) \end{cases}$$
は，前の2項の和を次の項とすることを示しますが，これによって得られる数列

$$1, \ 1, \ 2, \ 3, \ 5, \ 8, \ 13, \ 21, \ 34, \ 55, \cdots$$

を**フィボナッチ数列**といいます．

この漸化式は，Mathematica の関数を用いて次のように素直な形で表現できます．

fib[1]=1; fib[2]=1;
fib[n_]:=fib[n-1]+fib[n-2]

fib[n] の定義の中で再び **fib[n]** を用いていますが，このような形を「**再帰的**」とよびます．初めて再帰的な定義に出会うと，これで本当によいのかと戸惑いますが，**fib[6]** とすれば第6項の8が求まりますし，次のように n が10までの項をリストとして出力することもできます．

Table[fib[n], {n,1,10}]
　　　⇒　{1,1,2,3,5,8,13,21,34,55}

Mathematica の構造が柔軟であることがわかりますね．実際内部でどんな処理をしているのかを確認するために，**Trace** という関数があります．この命令は，処理過程で現れる全ての式のリストを出力します．

Trace[fib[5]]

順次値を減じながら計算している様子がみられますね．ただし，このままでは処理速度は速くありません．何度も同じ関数の値を参照して計算するからです．もっと効率を高めるためには，次のような形にします．

fi[1]=1;fi[2]=1;
fi[n_]:=fi[n]=fi[n-1]+fi[n-2]

これにより，各段階で関数に適応される式や値が求まった時点で記録されるため，参照がすばやくなされて処理速度は大幅に改善されま

す．
　　f[x_]:=f[x]=（式）
の形で求まった関数の値を記録していく方法を**動的プログラミング**とよびます．

トライ！1　関数 **Timing** によって，単純な再帰的プログラミングと動的プログラミングの計算時間を比べてみましょう．
　Timing[fib[30]]
　Timing[fi[30]]

トライ！2　n の階乗を再帰的に表現した関数
$$\begin{cases} f(1) = 1 \\ f(n) = nf(n-1) \quad (n = 2, 3, \cdots) \end{cases}$$
を Mathematica で表しなさい．

再帰的プログラミングの例として，枝が二本づつ分かれていく「二分木」を描く関数を考えていきましょう．

まず，一本の枝があるとき，その先から二本に分かれる枝を求めるユニットとなる関数を作ります．

引数として，
　{{x1,y1},{x2,y2}}　：基になる枝の両端の座標
　　　　len　：開く枝の長さ
　　　　th　：枝が両方に開く角度
を指定します．

branch[{{x1_,y1_},{x2_,y2_}},len_,th_]:=
　Module[{v0,v1,v2,dir},
　　v0={x2,y2};
　　If[Abs[x2-x1]<0.0001,
　　　dir=Pi/2,dir=ArcTan[(y2-y1)/(x2-x1)]];
　　If[x1>x2,dir=Pi+dir];
　　v1=len {Cos[dir+th],Sin[dir+th]}+v0;
　　v2=len {Cos[dir-th],Sin[dir-th]}+v0;
{{v0,v1},{v0,v2}}]

この関数は，分かれる2本の枝の座標をリストとして出力します．例えば，$(0,0)$ から $(0,1)$

第28章 再帰的構造 〜フィボナッチ数列〜

に伸びる枝の先を両側に15°開いた長さ1の枝を表す座標の組は次のように求められます．

```
br0={{0,0},{0,1}};
br=branch[br0,1,Pi/12]
```

$$\Rightarrow \left\{\left\{\{0,1\}, \left\{-\frac{-1+\sqrt{3}}{2\sqrt{2}}, 1+\frac{1+\sqrt{3}}{2\sqrt{2}}\right\}\right\}, \left\{\{0,1\}, \left\{\frac{-1+\sqrt{3}}{2\sqrt{2}}, 1+\frac{1+\sqrt{3}}{2\sqrt{2}}\right\}\right\}\right\}$$

枝をグラフィックスとして描画するには，これらの座標をMapを用いてLineに適用します．

```
Show[Graphics[Map[Line,Append[br,br0]]],
    AspectRatio->Automatic]
```

さて，branch で1本の枝を2本に分岐させることができました．分けられた枝の先をさらに2本に分け，その先もさらに枝分かれさせてと繰り返してゆく仕組みは，このbranchを用いて再帰的な定義で表すことができます．次に示す tree1[n] は，枝の長さを半分にしながら，n 回分岐を繰り返す関数です．

```
tree1[n_]:=
  Module[{br,b0,k,tlist},
   br[0]={{{0,0},{0,1}}};
   Do[br[k]=Flatten[
     Map[branch[#,1/2^k,Pi/12]&,br[k-1]],1],
    {k,1,n}];
   tlist=Flatten[Table[br[k],{k,0,n}],1];
   Show[Graphics[Map[Line,tlist]],
      AspectRatio->Automatic,
      PlotRange->{0,2} ]]
```

tree1[5]

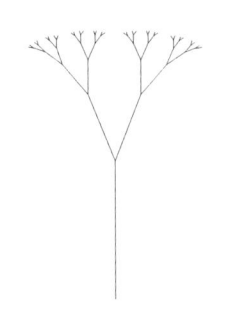

ポイントは次の部分です．

```
br[k]=Flatten[
  Map[branch[#,1/2^k,Pi/12]&,br[k-1]],1]
```

k 段目の枝の座標をリストとして br[k] に記憶させておき，それを branch に渡して再帰的に

リストを作っています．

また，乱数を発生させる関数 Random を用いて，分岐する枝の長さや角度をずらすことで，実行する度に枝振りを変えるプログラムにアレンジすることもできます．

```
branch2[{{x1_,y1_},{x2_,y2_}},len_,th_]:=
  Module[{v0,v1,v2,dir,rd1,rd2,rd3,rd4},
   v0={x2,y2};
   If[Abs[x2-x1]<0.0001,
    dir=Pi/2,dir=ArcTan[(y2-y1)/(x2-x1)]];
     If[x1>x2,dir=Pi+dir];
   rd1=Random[Real,{0.5,1.5}];
   rd2=Random[Real,{0.5,1.5}];
   rd3=Random[Real,{0,2}];
   rd4=Random[Real,{0,2}];
   v1=rd1*
    len {Cos[dir+th*rd3],Sin[dir+th*rd3]}+v0;
   v2=rd2*
    len {Cos[dir-th*rd4],Sin[dir-th*rd4]}+v0;
   {{v0,v1},{v0,v2}}]

tree2[n_]:=
  Module[{br,b0,k,tlist},
   br[0]={{{0,0},{0,1}}};
   Do[br[k]=Flatten[
    Map[branch2[#,1/1.6^k,Pi/12]&,br[k-1]],1],
   {k,1,n}];
   tlist=Flatten[Table[br[k],{k,0,n}],1];
  Show[Graphics[Map[Line,tlist]],
     AspectRatio->Automatic,
     PlotRange->{0,2.8} ]]
```

tree2[5]

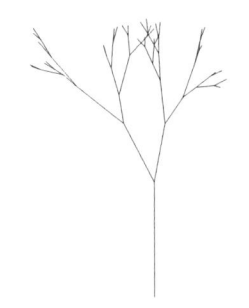

さて，各ステップにおける分岐のルールを，次のように定めてみます．

2本に分岐した枝のうち，片方は次のステップで枝分かれし，もう片方の枝は枝分かれしない．

栄養が多い方が分かれ，少ない方はそのままというルールは，単純化した自然界の法則でもあります．

プログラミングのために，各段で次に分岐する枝を 1，分岐しない枝を 0 とするリストを先ほどのルールで生成する関数 blist をつくります．

```
blist[n_]:=blist[n]=
  Module[{br={},k},
  blist[0]={1};
  Do[If[blist[n-1][[k]]==1,
    br=Flatten[Append[br,{0,1}]],
    br=Append[br,1]],
  {k,1,Length[blist[n-1]]}];
  br]
```

5 段目の枝の状況を見ると

blist[5]　⇒　{0,1,1,0,1,1,0,1,0,1,1,0,1}

次の命令で各段の状態を把握できます．

Table[blist[k],{k,0,4}]//TableForm

また，各ステップでの枝の数は

Table[Length[blist[k]],{k,0,8}]
　⇒　{1,2,3,5,8,13,21,34,55}

ここでもフィボナッチ数列が現れています．

この枝分かれをグラフィックスにするために，枝がそのまま伸びるプログラムを作ります．

```
straight[{{x1_,y1_},{x2_,y2_}},len_,th_]:=
  Module[{v0,v1,v2,dir},
    v0={x2,y2};
    v1=len {Cos[th],Sin[th]}+v0;
    {v0,v1}]
```

次に示す treef が木を描くプログラムです．blist で得た枝分かれの状況を bls[n] という変数に記憶させ，この情報を基に branch を用いるか，straight なのかの判断をさせています．配列 b[n,t]に，n 段目の左から t 番目の枝の座標がリストとして保存されます．

```
treef[age_]:=
Module[{bls,bpre,k,t,d1,d2,tlist},
  b[0,1]={{0,0},{0,1}};
  tlist={b[0,1]};
  bls[0]=blist[0];
  Do[bls[n]=blist[n];t=1;
    Do[bpre=b[n-1,k];
      If[bls[n-1][[k]]==1,
        If[Random[ ]<0.5,{d1=1,d2=2},
                       {d1=2,d2=1}];
      (b[n,t]=
      branch[bpre,1/1.3^n,Pi/12][[d1]];
      b[n,t+1]=
      branch[bpre,1/1.3^n,Pi/12][[d2]];
      tlist=Join[tlist,{b[n,t]}];
      tlist=Join[tlist,{b[n,t+1]}];
      t=t+2;),
      (b[n,t]=straight[bpre,1/1.3^n,Pi/2];
      tlist=Join[tlist,{b[n,t]}];
      t=t+1;)],
  {k,1,Length[bls[n-1]]} ],
 {n,1,age}];
Show[Graphics[Map[Line,tlist]],
     AspectRatio->Automatic] ]
```

treef[5]

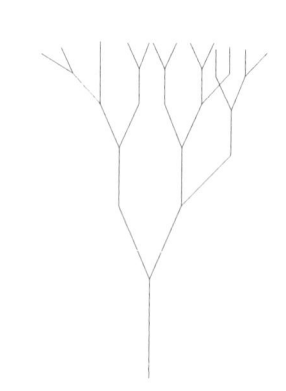

トライ！3　連分数

$$1+\cfrac{1}{1+\cfrac{1}{1+\cfrac{1}{\cdots}}}$$

を調べるために，次の漸化式を考えます．

$$\begin{cases} a_1 = 1 \\ a_n = 1 + \dfrac{1}{a_{n-1}} \quad (n=2,3,\cdots) \end{cases}$$

この数列を Mathematica で求めなさい．
また，極限はどんな値になりますか．

トライ！4　フィボナッチ数列を表す漸化式

$$\begin{cases} F_0 = 1, \ F_1 = 1 \\ F_{n+2} = F_{n+1} + F_n \end{cases}$$

の一般項を求めなさい．

第 10 章で示したように 3 項間漸化式は

第28章 再帰的構造 〜フィボナッチ数列〜

$F_{n+2} - \alpha F_{n+1} = \beta(F_{n+1} - \alpha F_n)$

という変形により一般項を求める方法がよく行われますが，ここでは行列を使った解法を示しておきます．$F_{n+2} = F_{n+1} + F_n$ において

$$u_n = \begin{pmatrix} F_{n+1} \\ F_n \end{pmatrix} \text{とおくと，}$$

$$\begin{cases} F_{n+2} = F_{n+1} + F_n \\ F_{n+1} = F_{n+1} \end{cases} \text{より} \quad u_{n+1} = \begin{pmatrix} 1 & 1 \\ 1 & 0 \end{pmatrix} u_n$$

$A = \begin{pmatrix} 1 & 1 \\ 1 & 0 \end{pmatrix}$ とおくと，行列 A の固有値は

$$\det(A - \lambda E) = \begin{vmatrix} 1-\lambda & 1 \\ 1 & -\lambda \end{vmatrix} = \lambda^2 - \lambda - 1 = 0$$

を解いて $\lambda_1 = \dfrac{1+\sqrt{5}}{2}$, $\lambda_2 = \dfrac{1-\sqrt{5}}{2}$

また固有ベクトルは

$P = \begin{pmatrix} \lambda_1 & \lambda_2 \\ 1 & 1 \end{pmatrix}$ と表せ，$D = \begin{pmatrix} \lambda_1 & 0 \\ 0 & \lambda_2 \end{pmatrix}$ とすれば，行列 A は $P^{-1}AP = D$ と対角化され，

$$A^n = PD^nP^{-1}$$
$$= \frac{1}{\lambda_1 - \lambda_2} \begin{pmatrix} \lambda_1 & \lambda_2 \\ 1 & 1 \end{pmatrix} \begin{pmatrix} \lambda_1^n & 0 \\ 0 & \lambda_2^n \end{pmatrix} \begin{pmatrix} 1 & -\lambda_2 \\ -1 & \lambda_1 \end{pmatrix}$$

初期値 $F_0 = 1$, $F_1 = 1$ より $u_0 = \begin{pmatrix} 1 \\ 1 \end{pmatrix}$ であり，$u_n = A^n u_0$ より，$\lambda_1 + \lambda_2 = 1$ に留意して

$$\begin{pmatrix} F_{n+1} \\ F_n \end{pmatrix}$$
$$= \frac{1}{\lambda_1 - \lambda_2} \begin{pmatrix} \lambda_1^{n+1} & \lambda_2^{n+1} \\ \lambda_1^n & \lambda_2^n \end{pmatrix} \begin{pmatrix} 1 & -\lambda_2 \\ -1 & \lambda_1 \end{pmatrix} \begin{pmatrix} 1 \\ 1 \end{pmatrix}$$
$$= \frac{1}{\lambda_1 - \lambda_2} \begin{pmatrix} \lambda_1^{n+1} & \lambda_2^{n+1} \\ \lambda_1^n & \lambda_2^n \end{pmatrix} \begin{pmatrix} \lambda_1 \\ -\lambda_2 \end{pmatrix}$$
$$= \frac{1}{\lambda_1 - \lambda_2} \begin{pmatrix} \lambda_1^{n+2} - \lambda_2^{n+2} \\ \lambda_1^{n+1} - \lambda_2^{n+1} \end{pmatrix}$$

したがって一般項は

$$F_n = \frac{1}{\sqrt{5}} \left\{ \left(\frac{1+\sqrt{5}}{2}\right)^{n+1} - \left(\frac{1-\sqrt{5}}{2}\right)^{n+1} \right\}$$

最後に，無限級数とフィボナッチ数列の関わりを垣間見ておきたいと思います．

分数式 $1/(1-x-x^2)$ について，
$$\frac{1}{1-x-x^2} = a_0 + a_1 x + a_2 x^2 + a_3 x^3 + \cdots$$
と展開できるとします．分母を両辺にかけて

$$1 = (1 - x - x^2)(a_0 + a_1 x + a_2 x^2 + a_3 x^3 + \cdots)$$

左辺を展開し，両辺の係数を比較すると，

定数項 $a_0 = 1$

x の係数 $a_1 - a_0 = 1$

x^n の係数 $a_n - a_{n-1} - a_{n-2} = 0$

となり，ここでもフィボナッチ数列を表す漸化式が登場します．実際，$1/(1-x-x^2)$ のテイラー展開を Mathematica で計算すると，

Series[1/(1-x-x^2),{x,0,7}]
$\Rightarrow \quad 1 + x + 2x^2 + 3x^3 + 5x^4 + 8x^5$
$\qquad\qquad + 13x^6 + 21x^7 + o[x]^8$

と，係数がフィボナッチ数列をなすことが確認できます．

分数式 $1/(1-x-x^2)$ の展開を求める次の手法にもフィボナッチ数列の本質が潜んでいます．

$$\frac{1}{1-x} = 1 + x + x^2 + \cdots + x^n + \cdots \quad (|x| < 1)$$

より

$$\frac{1}{x-a} = -\frac{1}{a} \cdot \frac{1}{1 - \frac{x}{a}} = -\sum_{n=0}^{\infty} \frac{1}{a^{n+1}} x^n$$

$\alpha = \dfrac{-1+\sqrt{5}}{2}$, $\beta = \dfrac{-1-\sqrt{5}}{2}$ とおいて前式を用いると

$$\frac{1}{1-x-x^2} = \frac{1}{\alpha-\beta} \left(\frac{1}{x-\beta} - \frac{1}{x-\alpha} \right)$$
$$= \sum_{n=0}^{\infty} \frac{1}{\sqrt{5}} \left(\frac{1}{\alpha^{n+1}} - \frac{1}{\beta^{n+1}} \right) x^n$$
$$= \sum_{n=0}^{\infty} \frac{1}{\sqrt{5}} \left\{ \left(\frac{1+\sqrt{5}}{2}\right)^{n+1} - \left(\frac{1-\sqrt{5}}{2}\right)^{n+1} \right\} x^n$$

この本の内容は，数学と Mathematica のほんの入口に過ぎません．ここから先の世界は，皆さん自身で，自由に探求して下さい．

Von voyage !!

トライ！ 略解と答

Mathematica ですぐに結果を確認できるものや，本文中に解説があるものは省略しました．

第1章 Mathematica の演算

1. $\dfrac{13}{21}$，0.785714
2. $\sqrt{2}$，1.41421
3. π を 1000 桁出力
4. $2\sqrt{3}$，2I または 2 𝐢
   I や 𝐢 は虚数単位を表す．
   $\{\{2,3\},\{3,1\},\{5,1\}\}$
   これは，$120 = 2^3 \times 3^1 \times 5^1$ となることを示す．
5. (1) $x^4 + 4x^3y + 6x^2y^2 + 4xy^3 + y^4$
   (2) $a^2 + b^2 + c^2 + d^2$
       $+ 2ab + 2ac + 2ad + 2bc + 2bd + 2cd$
   (3) $x^4 + 10x^3 + 35x^2 + 50x + 24$
6. (1) $(x-1)(x^2+x+1)$
   (2) $(x+1)(x-1)(x^2+1)$
   (3) $(x-1)(x^4+x^3+x^2+x+1)$
   (4) $(x+1)(x-1)(x^2+x+1)(x^2-x+1)$
   (5) $(3x-y+2)(x+y-3)$
   (6) $(a-b)(a-b-c)$
   (7) $(a+b+c)(a^2+b^2+c^2-ab-bc-ca)$
7. (1) $x = -1, \dfrac{5}{3}$ (2) $x = -2, 8$
   (3) $x = a+b, a-b$
   (4) $x = a, a \pm \sqrt{a^2-b}$
8. $x+y$，$1+5(x+y)$，
   $x^3 + 3x^2y + 3xy^2 + y^3$
9. **True, False, x+y==z**
10. (1) 9 (2) a^2 (3) $(1+z)^2$
    (4) $\dfrac{-a^2+b^2}{-a+b}$ (5) $a+b$
11. (1) 7 (2) $-1+8a^3$ (3) $-1+(a+b)^3$
    (4) $(-1+x^2-y^2)(1+x^2+x^4-y^2-2x^2y^2+y^4)$
    (5) $-1+(x-y)^3(x+y)^3$

12. **Solve[v.v==1,k]**
    より，$k = \pm\dfrac{1}{\sqrt{14}}$ が求められる．このときの v は，長さ 1 のベクトル，すなわち単位ベクトルとなる．
13. (1) $ad - bc \neq 0$ のとき次の解をもつ
       $x = \dfrac{ds-bt}{ad-bc}$，$y = \dfrac{at-cs}{ad-bc}$
    (2) 解となる (x, y) の組は，
       $(0, 1), (1, 2), (2, 5), (3, 10)$
14. **Plot[{x^2+1,3x+1,3x-1},{x,-2,3}]**
    により，2直線と放物線との交点の座標が連立方程式の解となることを確認できます．

第2章 2次関数(1)

1. ～3． 略
4. $y = x^2 + bx$ の頂点は，放物線 $y = -x^2$ 上を動きます．また，$y = bx$ は $y = x^2 + bx$ の原点における接線となります．
5. **Do[Plot[x^2+c,{x,-3,3},**
   PlotRange -> {-4,4}],{c,-4,4}]
6. ～7． 略
8. $y = (x+2)^3 + 3$
9. $y = \dfrac{1}{1+(x-3)^2}$
10. 変形した関数，頂点の座標，軸の方程式の順に
    (1) $y = (x-2)^2 - 3$，$(2, -3)$，$x = 2$
    (2) $y = 2(x+2)^2$，$(-2, 0)$，$x = -2$
    (3) $y = -(x-3)^2 + 9$，$(3, 9)$，$x = 3$
    (4) $y = \dfrac{1}{2}(x-3)^2 - \dfrac{1}{2}$，$\left(3, -\dfrac{1}{2}\right)$，
       $x = 3$
11. 本文参照
12. (1) $x = \dfrac{3}{2}$ のとき最小値 $-\dfrac{1}{4}$
       最大値はない
    (2) $x = -\dfrac{5}{4}$ のとき最大値 $\dfrac{33}{8}$

最小値はない
(3) $x=-1$ のとき最大値 16
$x=1$ のとき最小値 -8
(4) $x=\dfrac{5}{4}$ のとき最大値 $\dfrac{121}{4}$
$x=-2$ のとき最小値 -12

|補足| 次のような関数を作っておくと，頂点を確認する際，便利です．

```
choten[y_,x_]:=
  Module[{a,b,c},
    a = Coefficient[y,x,2];
    b = Coefficient[y,x,1];
    c = Coefficient[y,x,0];
{-b/(2 a), -(b^2-4 a c)/(4a)}]
```
例えば，
```
y = x^2-4x+1
choten[y,x]        ⇒  {2, -3}
```

第3章 2次関数(2)

1. (1) $x=-2, 3$ (2) $x=\dfrac{1}{2}, 3$
   (3) $x=0, 1, 3$ (4) $x=0, \pm\sqrt{2}$
   (5) $x=1, 2, 3, 5$

2. (1) $x=\dfrac{3\pm\sqrt{5}}{2}$

   (2) $x=\dfrac{3}{2}$

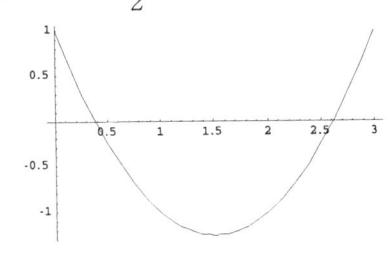

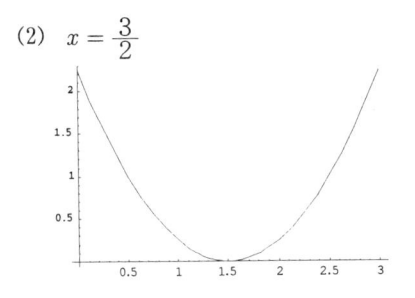

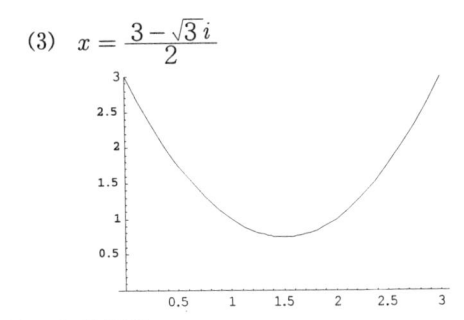

   (3) $x=\dfrac{3-\sqrt{3}i}{2}$

3. 本文参照

4. (1) $D=6^2-4(2k-1)$ より
   $D>0$ すなわち $k<5$ のとき
   　　実数解は2個
   $D=0$ すなわち $k=5$ のとき
   　　実数解は1個
   $D<0$ すなわち $k>5$ のとき
   　　実数解はない

   (2) $k=0$ のときは実数解1個
   $k\neq 0$ のとき，$D=9-4k$ を基に考える
   $k<0$, $0<k<\dfrac{9}{4}$ のとき 実数解は2個
   $k=0$, $k=\dfrac{9}{4}$ のとき 実数解は1個
   $k>\dfrac{9}{4}$ のとき 実数解をもたない

5. (1) $k<5$ のとき 共有点2個
   $k=5$ のとき 共有点1個
   $k>5$ のとき 共有点はない

   (2) $a=\dfrac{39}{8}$

   (3) $|x^2-4x+3|$
   $=\begin{cases} x^2-4x+3 & (x<1, 3<x) \\ -(x^2-4x+3) & (1\leq x\leq 3) \end{cases}$

   この関数のグラフと $y=x+k$ の共有点を調べることにより，
   $k>-\dfrac{3}{4}$ のとき 2個
   $k=-\dfrac{3}{4}$ のとき 3個
   $-1<k<-\dfrac{3}{4}$ のとき 4個
   $k=-1$ のとき 3個
   $-3<k<-1$ のとき 2個
   $k=-3$ のとき 1個
   $k<-3$ のとき 0個

6．本文参照

[補足] Mathematica のパッケージから，
  <<Algebra`InequalitySolve`
と，InequalitySolve を読み込むことで，不等式の解を求めることができます．
  InequalitySolve[x^2+x-6>0,x]
  $\Rightarrow$ x<-3||x>2

ここで，||は，Or すなわち，「または」を表す論理演算子です．他の不等式についても，Mathematica で解がどのように表現されるか確認してみることをお勧めします．

7．本文参照
```
Do[Plot[x^2+m x+2m-3,{x,-6,2},
    PlotRange->{-5,5},
    AspectRatio->Automatic,
    PlotLabel->"m="<>ToString[m]],
  {m,1,7}]
```
などで確認できますね．

第4章 図形と式

1．略

2．(1) ```Show[Graphics[
    {Circle[{1,0},2],Circle[{2,0},3]},
    AspectRatio->Automatic,Axes->True]]```
 (2) ```Show[Graphics[
    {Circle[{0,0},1], Polygon[
    {{0,1},{-Sqrt[3]/2,-1/2},{Sqrt[3]/2,-1/2}}] },
    AspectRatio->Automatic,Axes->True]]```

3．略

4．(1) $\sqrt{13}$ (2) 13   (3) $2\sqrt{5}$
 (4) $|c-d|\sqrt{1+(c+d)^2}$ (5) $\sqrt{10}$

5．3点 $A(a)$, $B(b)$, $Q(q)$ において，点 Q が線分 AB を $m:n$ に外分しているとき，
$$(q-a):(q-b) = m:n$$
より
$$q = \frac{-na+mb}{m-n}$$
座標平面上では，$A(x_1, y_1)$，$B(x_2, y_2)$ を $m:n$ に外分する点の座標は

$$\left(\frac{-nx_1+mx_2}{m-n}, \frac{-ny_1+my_2}{m-n}\right)$$

6．$M\left(\frac{7}{2}, -3\right)$, $P(4, -2)$, $Q(-14, -38)$

7．点 $A(1, 3)$ との傾きが2となる直線上の点 $P(x, y)$ は，$x \neq 1$ のとき $\frac{y-3}{x-1} = 2$ となるため，$y-3 = 2(x-1)$ をみたす．また，$x=1$ のとき，$y-3 = 2(x-1)$ をみたせば，$y=3$ であり，このときは点 $A(1, 3)$ を表す．したがって，点 $A(1, 3)$ を通り傾き2の直線は $y-3 = 2(x-1)$ で表される．

8．(1) $y = \frac{1}{3}x + 6$ (2) $y = 2x - 5$
 (3) $y = -\frac{1}{3}x + \frac{13}{3}$
 (4) $3x + 5y + 30 = 0$
 (5) 2点を結ぶ線分に垂直で，2点の中点 $(-1, 3)$ を通ることより
$$y = \frac{4}{5}x + \frac{19}{5}$$

9．(1) $bx - ay = 0$
 (2) $H\left(-\frac{ac}{a^2+b^2}, -\frac{bc}{a^2+b^2}\right)$
 (3) $\frac{|c|}{\sqrt{a^2+b^2}}$
 (4) (3) の c を $ax_1 + by_1 + c$ に置き換えて
$$\frac{|ax_1 + by_1 + c|}{\sqrt{a^2+b^2}}$$

10．(1) 半径 $\sqrt{2}$
 (2) $(x+1)^2 + (y-3)^2 = 16$
  より中心の座標 $(-1, 3)$，半径4の円
 (3) $x^2 + y^2 - 2x + 4y - 20 = 0$

[補足] 演習問題 3 (1) を Mathematica で解き，アニメーションで表現する手順を示します．(2)以降を Mathematica で解くことにもトライしてみましょう．
```
Clear[x,y,p,q]
l= 2 x+p y -3q= =0 /. q->3p+2
SolveAlways[l,p]
p0={x,y}/.%
Solve[l,y]
yl=y/.%
Do[ Plot[yl,{x,-5,10},PlotRange->{-3,13},
```

AspectRatio->Automatic],
　{p,-3.1,3,0.5}]

(SolveAlways[l,p] は，式 l が p についての恒等式となるような条件を求める命令です．)

第5章　三角関数

1．(1) $\dfrac{\pi}{6}$　(2) $\dfrac{\pi}{4}$　(3) $\dfrac{2}{3}\pi$　(2) $\dfrac{3}{2}\pi$

2．(1) $\sin 135° = \dfrac{1}{\sqrt{2}}$，$\cos 135° = -\dfrac{1}{\sqrt{2}}$，
$\tan 135° = -1$

(2) $\sin(-60°) = -\dfrac{\sqrt{3}}{2}$，$\cos(-60°) = \dfrac{1}{2}$，
$\tan(-60°) = -\sqrt{3}$

(3) $\sin 90° = 1$，$\cos 90° = 0$，
$\tan 90°$ の値は定義されません．（不定であるが，絶対値が無限大となる量）

(4) $\sin 1305° = -\dfrac{1}{\sqrt{2}}$，
$\cos 1305° = -\dfrac{1}{\sqrt{2}}$，
$\tan 1305° = 1$

(5) $\sin \pi = 0$，$\cos \pi = -1$，$\tan \pi = 0$

(6) $\sin\left(-\dfrac{\pi}{6}\right) = -\dfrac{1}{2}$，$\cos\left(-\dfrac{\pi}{6}\right) = \dfrac{\sqrt{3}}{2}$
$\tan\left(-\dfrac{\pi}{6}\right) = -\dfrac{1}{\sqrt{3}}$

(7) $\sin \dfrac{3}{2}\pi = -1$，　$\cos \dfrac{3}{2}\pi = 0$
$\tan \dfrac{3}{2}\pi$ は定義されない

(8) $\sin \dfrac{21}{4}\pi = -\dfrac{1}{\sqrt{2}}$，
$\cos \dfrac{21}{4}\pi = -\dfrac{1}{\sqrt{2}}$
$\tan \dfrac{21}{4}\pi = 1$

3．5行目の **Point[{0,y}]** を **Point[{x,0}]** に変更．

4．$y = 0.5\sin t$ により描かれる図形は，円が y 軸方向に $1/2$ 倍縮小された楕円．

5．(1)　**Plot[Cos[x],{x,0,2Pi},**
　　Ticks->{{0,Pi/2,Pi,3Pi/2,2Pi},{-1,0,1}}]

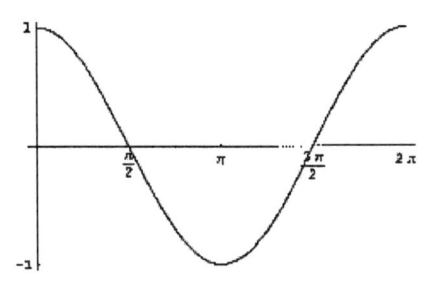

(2)

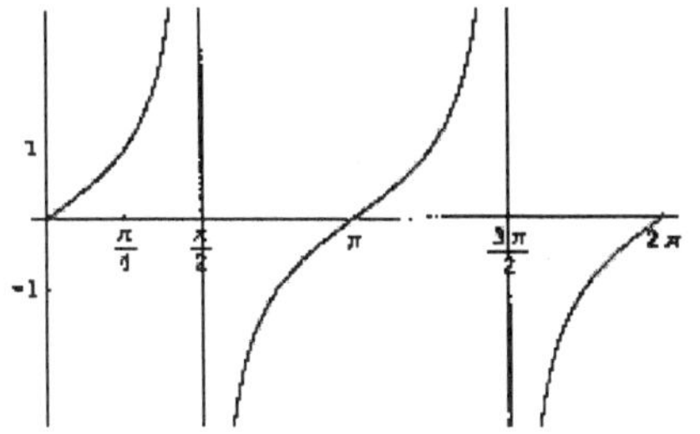

(3)

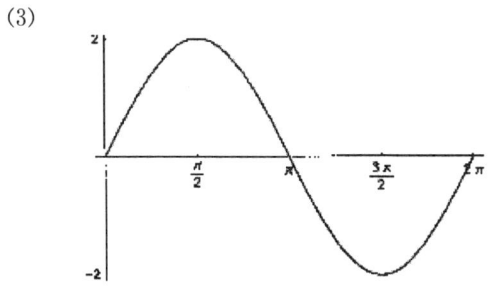

(4)

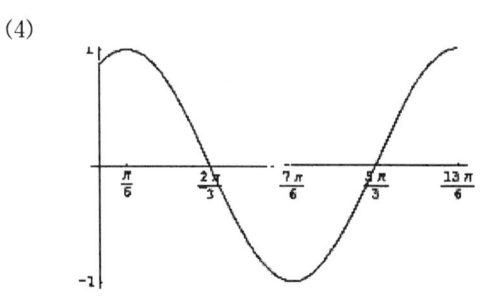

(5)

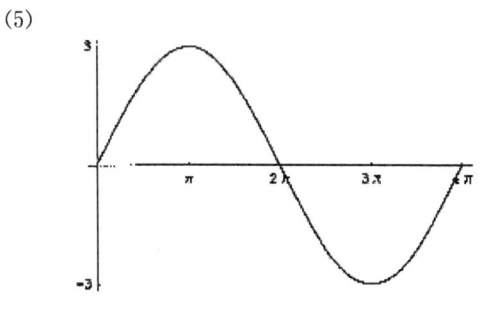

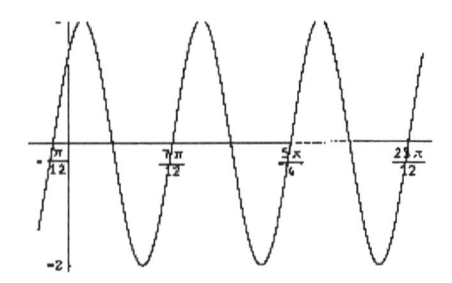

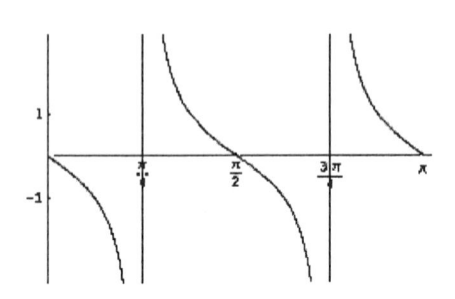

(6)

(7)

6．略

7．$\theta + 90°$ の公式について示しておきます．角 $\theta + 90°$ の表す動径 OQ は，角 θ の表す動径を原点のまわりに 90°回転した位置にあり，図より点 P の座標を (a, b) とすると，点 Q の座標は $(-b, a)$ であるから，

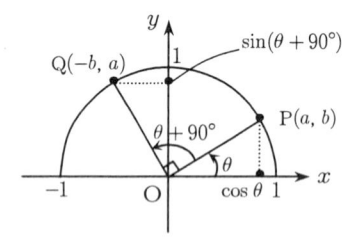

$$\sin(\theta + 90°) = a = \cos\theta$$
$$\cos(\theta + 90°) = -b = -\sin\theta$$
$$\tan(\theta + 90°) = -\frac{a}{b} = -\frac{1}{\tan\theta}$$

8．P, Q の座標はそれぞれ $(\cos\alpha, \sin\alpha)$, $(\cos\beta, \sin\beta)$ であるから 2 点間の距離の公式より

$$PQ^2 = (\cos\beta - \cos\alpha)^2 + (\sin\beta - \sin\alpha)^2$$
$$= 2 - 2(\cos\alpha\cos\beta + \sin\alpha\sin\beta)$$

一方，R の座標は $(\cos(\alpha - \beta), \sin(\alpha - \beta))$ であるから，

$$AR^2 = \{\cos(\alpha - \beta) - 1\}^2 + \sin^2(\alpha - \beta)$$
$$= 2 - 2\cos(\alpha - \beta)$$

$PQ = AR$ より
$$\cos(\alpha - \beta) = \cos\alpha\cos\beta + \sin\alpha\sin\beta$$
上式の β を $-\beta$ に置き換えることにより
$$\cos(\alpha + \beta) = \cos\alpha\cos\beta - \sin\alpha\sin\beta$$
また，
$$\sin(\alpha + \beta) = \cos\{90° - (\alpha + \beta)\}$$
$$= \cos\{(90° - \alpha) - \beta)\}$$
$$= \cos(90° - \alpha)\cos\beta + \sin(90° - \alpha)\sin\beta$$
$$= \sin\alpha\cos\beta + \cos\alpha\sin\beta$$
上式の β を $-\beta$ に置き換えることにより
$$\sin(\alpha - \beta) = \sin\alpha\cos\beta - \cos\alpha\sin\beta$$

9．$\tan(\alpha + \beta) = \dfrac{\sin(\alpha + \beta)}{\cos(\alpha + \beta)}$

$$= \frac{\sin\alpha\cos\beta + \cos\alpha\sin\beta}{\cos\alpha\cos\beta - \sin\alpha\sin\beta}$$

分母と分子を $\cos\alpha\cos\beta$ で割ることにより

$$\tan(\alpha + \beta) = \frac{\tan\alpha + \tan\beta}{1 - \tan\alpha\tan\beta}$$

上式の β を $-\beta$ に置き換えることにより

$$\tan(\alpha - \beta) = \frac{\tan\alpha - \tan\beta}{1 + \tan\alpha\tan\beta}$$

10．$\sin 2\alpha = \sin\alpha\cos\alpha + \cos\alpha\sin\alpha$
$$= 2\sin\alpha\cos\alpha$$
$\cos 2\alpha = \cos\alpha\cos\alpha - \sin\alpha\sin\alpha$
$$= \cos^2\alpha - \sin^2\alpha$$
$$= (1 - \sin^2\alpha) - \sin^2\alpha = 1 - 2\sin^2\alpha$$
$$= \cos^2\alpha - (1 - \cos^2\alpha) = 2\cos^2\alpha - 1$$
$\tan 2\alpha = \dfrac{\tan\alpha + \tan\alpha}{1 - \tan\alpha\tan\alpha} = \dfrac{2\tan\alpha}{1 - \tan^2\alpha}$

11．$\cos 2\alpha = 1 - 2\sin^2\alpha = 2\cos^2\alpha - 1$
より
$$\sin^2\alpha = \frac{1 - \cos 2\alpha}{2}, \quad \cos^2\alpha = \frac{1 + \cos 2\alpha}{2}$$
$$\tan^2\alpha = \frac{\sin^2\alpha}{\cos^2\alpha} = \frac{1 - \cos 2\alpha}{1 + \cos 2\alpha}$$

α を $\dfrac{\alpha}{2}$ に置き換えることにより半角公式が得られる．

12．　$a\sin\theta + b\cos\theta$
$$= r\cos\alpha\sin\theta + r\sin\alpha\cos\theta$$
$$= r(\sin\theta\cos\alpha + \cos\theta\sin\alpha)$$
$$= r\sin(\theta + \alpha)$$

第6章　軌跡

1．～2．本文参照

3．略

4．
 (1) 直線 $4x+6y-9=0$
 (2) $\left(x-\dfrac{9}{5}\right)^2+\left(y+\dfrac{4}{5}\right)^2=\dfrac{72}{25}$
   中心の座標 $\left(\dfrac{9}{5},-\dfrac{4}{5}\right)$，半径 $\dfrac{6\sqrt{2}}{5}$ の円
 (3) 中心の座標 $(1,1)$，半径 2 の円

5．～6．本文参照

第7章　指数関数

1．～5．略

6．移調は，**Map[tone,2^(4/12)*notes2]** のように notes2 のリストの値に2の n/12 をかけて実現できます。

　また，演奏速度は，**tone** を定義するときの t の範囲を変えます。

　　tone[x_]:=Play[Sin[x 2 Pi t],{t,0,4}]

この部分はコンピュータ本体のサウンド機能とも関わる部分ですので調整が必要です。本文に示した **{t,0,2}** では，場合によっては速すぎて何を演奏しているのかわからないかも知れません。その場合も t の範囲を大きめにとってください。

7． (1) 4　(2) $\dfrac{1}{5}$　(3) 100000　(4) 16
　　(5) 4　(6) 6　(7) $\dfrac{4}{3}\sqrt[3]{3}$

8． (1) $\sqrt{a}$　(2) $a^{\frac{7}{8}}$　(3) $a+b$

9． (1) $y=2^x$ と x 軸に関して対称なグラフ
　 (2) $y=2^x$ と y 軸に関して対称なグラフ
　 (3) $y=2^x$ を x 軸方向に -1 平行移動したグラフ
　 (4) $y=2^x$ を x 軸に関して対称移動し，続けて x 軸方向に2平行移動したグラフ

10．略

第8章　対数関数

1．本文参照

2． (1) 4　(2) -2　(3) -3
　　(4) $\dfrac{1}{2}$　(5) 0　(6) $\dfrac{3}{2}$

3． $a^0=1$ より $\log_a 1=0$
　　$a^1=a$ より $\log_a a=1$
　　$y=a^{\log_a b}$ とおいて両辺の a を底とする対数をとると
　　　$\log_a y=\log_a a^{\log_a b}=\log_a b$
　　　$y=b$ より $a^{\log_a b}=b$

4．(Ⅱ) の証明
　　$\log_a P=p$, $\log_a Q=q$ とおくと，
　　　$\log_a P=p \iff P=a^p$
　　　$\log_a Q=q \iff Q=a^q$
　　指数法則より
　　　$\dfrac{P}{Q}=a^p\cdot a^{-q}=a^{p-q}$
　　よって
　　　$\log_a \dfrac{P}{Q}=p-q=\log_a P-\log_a Q$

(Ⅲ) の証明
　　$P^n=(a^p)^n=a^{np}$ より
　　　$\log_a P^n=np=n\log_a P$

(Ⅱ)で $P=1$ とすることにより
　　　$\log_a \dfrac{1}{Q}=-\log_a Q$ が得られる。

(Ⅲ)で n を $\dfrac{1}{n}$ に置き換えることにより
　　　$\log_a \sqrt[n]{P}=\dfrac{1}{n}\log_a P$

5． $\log_a P=p$ とおくと，$P=a^p$
　　両辺の b を底とする対数をとると
　　　$\log_b P=\log_b a^p$
　　　$\log_b P=p\log_b a$
　　$a\neq 1$ により $\log_b a\neq 0$ であるから
　　$p=\dfrac{\log_b P}{\log_b a}$ すなわち $\log_a P=\dfrac{\log_b P}{\log_b a}$

6． (1) 2　(2) $\dfrac{1}{2}$　(3) $\dfrac{3}{2}$

7． (1) $y=\log x$
　　(2) $y=\log_{\frac{1}{2}} x$ あるいは $y=-\log_2 x$
　　(3) $y=\dfrac{1}{2}x+\dfrac{1}{2}$　(4) $y=\sqrt{x}$

8．略

9．　**f[x_+y_]:=f[x]+f[y]**

```
f[a_ x_]:=a f[x]
```
これは，線形性という重要な性質です．
$$f(x) = kx \quad (k \text{ は定数}) \text{ などは,}$$
$$k(x+y) = kx + ky$$
$$k(ax) = a(kx)$$
のように，規則に従います．しかし，$f(x) = x^2$ などは，一般に $(x+y)^2 \neq x^2 + y^2$ であることからわかるように，この規則に従いません．

第9章　微分

1．略

2．(1) $f'(x) = \lim_{h \to 0} \dfrac{(x+h)^3 - x^3}{h}$
$= \lim_{h \to 0}(3x^2 + 3xh + h^2)$
$= 3x^2$

(2) $f'(x)$
$= \lim_{h \to 0} \dfrac{\{(x+h)^2 + 5(x+h) + 3\} - (x^2 + 5x + 3)}{h}$
$= 2x + 5$

(3) $f'(x) = \lim_{h \to 0} \dfrac{1}{h}\left\{\dfrac{1}{x+h} - \dfrac{1}{x}\right\}$
$= \lim_{h \to 0} \dfrac{1}{h} \cdot \dfrac{x - (x+h)}{x(x+h)} = \lim_{h \to 0} \dfrac{-1}{x(x+h)}$
$= -\dfrac{1}{x^2}$

(4) $f'(x) = \lim_{h \to 0} \dfrac{\sqrt{x+h} - \sqrt{x}}{h}$
$= \lim_{h \to 0} \dfrac{(\sqrt{x+h} - \sqrt{x})(\sqrt{x+h} + \sqrt{x})}{h(\sqrt{x+h} + \sqrt{x})}$
$= \lim_{h \to 0} \dfrac{x + h - x}{h(\sqrt{x+h} + \sqrt{x})}$
$= \dfrac{1}{2\sqrt{x}}$

3．`D[x^n, x]` $\Rightarrow$ `n x^-1+n`

4．(1) $2x - 5$　(2) $3(x+2)^2$

5．(1) $\dfrac{dS}{dr} = 2\pi r$　(2) $\dfrac{dh}{dt} = v_0 - gt$

6．(1) $y' = 2x - 2$ に $x = 3$ を代入することにより，接線の傾きは 4．曲線上の点 $(3, 3)$ を通ることより，接線の方程式は
$$y - 3 = 4(x - 3)$$
$$y = 4x - 9$$

(2) 曲線 $y = x^2$ 上の点 (a, a^2) における接線の方程式は，$y' = 2x$ より

$$y - a^2 = 2a(x - a) \quad \text{すなわち}$$
$$y = 2ax - a^2 \quad \cdots \text{①}$$
この直線が点 $(1, -3)$ を通るとき，
$$-3 = 2a - a^2$$
この方程式の解 $a = -1, 3$ を①に代入して
$$y = -2x - 1, \quad y = 6x - 9$$

7．(1) $y' = -3x(x-2)$

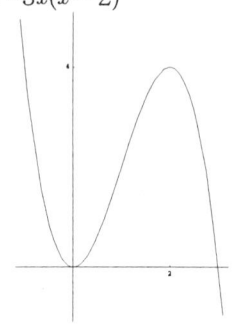

(2) $y' = 3(x^2 - 2)$

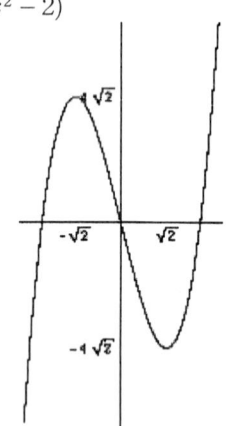

(3) $y' = 3x^2 + 2x + 1$

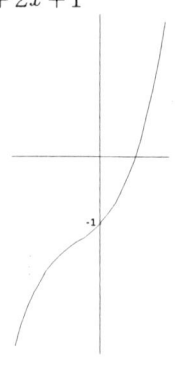

(4) $y' = 4x(x+1)(x-1)$

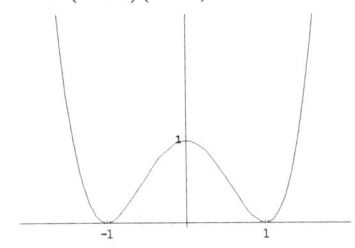

(5) $y' = 12x(x-1)(x-3)$

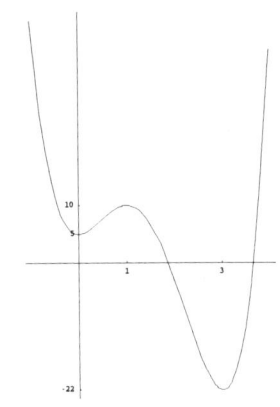

8. (1) $x = -2, 4$ のとき 最大値 16
   $x = 2$ のとき 最小値 -16
   (2) $x = -2$ のとき 最大値 18
   $x = 2$ のとき 最小値 -14

9. $k = -x^3 + 3x^2 + 9x$
より,
$y = -x^3 + 3x^2 + 9x$ と
$y = k$ との共有点の個数
が 3 となる k の範囲を求
めればよい.
グラフより

$-5 < k < 27$

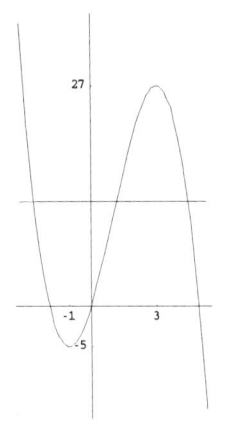

第 10 章 数列

1. 略

2. (1) **Table[3n-1,{n,1,5}]**
   (2) **Table[10-2n,{n,1,7}]**
   (3) **Table[2^(n-1),{n,1,6}]**
   (4) **Table[3*2^(n-1),{n,1,6}]**
   (5) **Table[64*(-1/2)^(n-1),{n,1,7}]**

3. 略

4. (1) 292 (2) $\dfrac{n(145-7n)}{2}$

5. (1) $\dfrac{n(n+1)}{2}$ (2) n^2

6. **Table[(-1/2)^(n-1),{n,1,10}]**
により出力されます.
和は $\dfrac{\{1-(-1/2)^{10}\}}{1-(-1/2)} = \dfrac{341}{512}$

7. 略

8. (1) $n(n-1)^2$
   (2) $\displaystyle\sum_{k=1}^{n}(3k-2)^2 = \dfrac{n(6n^2-3n-1)}{2}$
   (3) 第 n 項までの和を S_n とすると
   $x = 1$ のとき $S_n = \dfrac{n(n+1)}{2}$
   $x \neq 1$ のとき $S_n - xS_n$
   $= 1 + x + x^2 + x^3 + \cdots + x^{n-1} - nx^n$
   $(1-x)S_n = \dfrac{1-x^n}{1-x} - nx^n$
   $S_n = \dfrac{1-(n+1)x^n + nx^{n+1}}{(1-x)^2}$

9. (1) $a_n = 2 + \displaystyle\sum_{k=1}^{n-1}(6k+1)$
   $= 3n^2 - 2n + 1$
   (2) $a_n = 1 + \displaystyle\sum_{k=1}^{n-1}3^{k-1} = \dfrac{3^{n-1}+1}{2}$

10. (1) $a_n = 2^{n-1}$
    (2) $a_n = 2 + \displaystyle\sum_{k=1}^{n-1}3k = \dfrac{3n^2-3n+4}{2}$
    (3) $a_n = n!$
    (4) $a_n = 2 \cdot 3^{n-1} - 1$

11. (1) $a_{n+1} - 1 = 5(a_n - 1)$ より
    $a_n = 5^n + 1$
    (2) $a_{n+1} + 2 = \dfrac{1}{2}(a_n + 2)$ より
    $a_n = 3 \cdot \left(\dfrac{1}{2}\right)^{n-1} - 2$

12. (1) 特性方程式 $x^2 = 5x - 6$
    より $x = 2, 3$
    $\begin{cases} a_{n+2} - 2a_{n+1} = 3(a_{n+1} - 2a_n) \\ a_{n+2} - 3a_{n+1} = 2(a_{n+1} - 3a_n) \end{cases}$

したがって
$$\begin{cases} a_{n+1} - 2a_n = 3^{n-1} \\ a_{n+1} - 3a_n = -2^{n-1} \end{cases}$$
両辺をそれぞれ引くと
$$a_n = 3^{n-1} + 2^{n-1}$$

(2) $a_{n+2} - 2a_{n+1} = 2(a_{n+1} - 2a_n)$ より
$$a_{n+1} - 2a_n = 2^n$$
両辺を 2^{n+1} で割ると
$$\frac{a_{n+1}}{2^{n+1}} - \frac{a_n}{2^n} = \frac{1}{2}$$
数列 $\left\{\frac{a_n}{2^n}\right\}$ が初項 $\frac{1}{2}$，公差 $\frac{1}{2}$ の等差数列となることより $\frac{a_n}{2^n} = \frac{n}{2}$
ゆえに $a_n = n \cdot 2^{n-1}$

第 11 章　二項定理

1. 略
2. **Union[Map[Take[#,3]&,**
　　　　Permutations[{a,b,c,d,e}]]]
で 60 個の要素が出力される．これは 5! の 1/2 である．5 個並べたときの，最後の 2 つを入れ替えたものは，5 個から 3 個とった順列では同一とみなされるので，5!/2 の個数になる．
3. **perm[n_,r_]:=n! / (n-r)!**
4. 〜 5. 略
6. 本文参照
7. 略
8. 係数が ${}_6C_0$, ${}_6C_1$, ${}_6C_2$, ${}_6C_3$, ${}_6C_4$, ${}_6C_5$, ${}_6C_6$ になっている．
9. 略
10. (1) ${}_nC_{n-r} = \frac{n!}{(n-r)!\{n-(n-r)\}!}$
$$= \frac{n!}{r!(n-r)!} = {}_nC_r$$

(2) 二項定理より
$$(1+x)^n = {}_nC_0 + {}_nC_1 x + {}_nC_2 x^2 + \cdots$$
$$\cdots + {}_nC_{n-1} x^{n-1} + {}_nC_n x^n$$
$x=1$ を代入して
$${}_nC_0 + {}_nC_1 + {}_nC_2 + \cdots + {}_nC_n = 2^n$$

(3) $(1+x)^n$ の展開式に $x=-1$ を代入して
$${}_nC_0 - {}_nC_1 + {}_nC_2 - \cdots + (-1)^n {}_nC_n = 0$$

(4) $n \cdot {}_mC_n = n \cdot \frac{m!}{n!(m-n)!}$
$$= \frac{m \cdot (m-1)!}{(n-1)!\{(m-1)-(n-1)\}!}$$
$$= m \cdot {}_{m-1}C_{n-1}$$

第 12 章　数列の極限

1. 本文参照
2. (1) $\frac{3}{2}$　(2) ∞

(3) $\lim_{n\to\infty}(\sqrt{n+1} - \sqrt{n}) = \lim_{n\to\infty} \frac{1}{\sqrt{n+1}+\sqrt{n}} = 0$

(4) $\lim_{n\to\infty} \frac{\sqrt{n+2} - \sqrt{n}}{\sqrt{n+1} - \sqrt{n}}$
$$= \lim_{n\to\infty} \frac{2(\sqrt{n+1}+\sqrt{n})}{\sqrt{n+2}+\sqrt{n}}$$
$$= \lim_{n\to\infty} \frac{2\left(\sqrt{1+\frac{1}{n}}+\sqrt{\frac{1}{n}}\right)}{\sqrt{1+\frac{2}{n}}+\sqrt{\frac{1}{n}}} = 2$$

3. 本文参照
4. (1) $S_n = \frac{1-(1/3)^n}{1-1/3} = \frac{3}{2}\left\{1-\left(\frac{1}{3}\right)^n\right\}$
$$\lim_{n\to\infty} S_n = \frac{3}{2}$$

(2)
$$S_n = \left(\frac{1}{1}-\frac{1}{2}\right) + \left(\frac{1}{2}-\frac{1}{3}\right) + \cdots + \left(\frac{1}{n}-\frac{1}{n+1}\right)$$
$$= 1 - \frac{1}{n+1} \qquad \lim_{n\to\infty} S_n = 1$$

(3)
$$S_n = \frac{1}{2}\left\{\left(\frac{1}{1}-\frac{1}{3}\right) + \left(\frac{1}{3}-\frac{1}{5}\right) + \cdots + \left(\frac{1}{2n-1}-\frac{1}{2n+1}\right)\right\}$$
$$= \frac{n}{2n+1} \qquad \lim_{n\to\infty} S_n = \frac{1}{2}$$

(4) $S_n = \sqrt{n+1} - 1 \qquad \lim_{n\to\infty} S_n = \infty$

5. (1) $\frac{3}{5}$　(2) $2(2+\sqrt{2})$　(3) $\frac{7}{9}$

第 13 章　区分求積法

1.
$$\frac{1}{10}\left(\frac{0}{10}\right)^2 + \frac{1}{10}\left(\frac{1}{10}\right)^2 + \frac{1}{10}\left(\frac{2}{10}\right)^2 + \cdots + \frac{1}{10}\left(\frac{9}{10}\right)^2$$
$$= \frac{1}{10^3}(0^2 + 1^2 + 2^2 + \cdots + 9^2) = 0.285$$
$$r_n = \sum_{k=0}^{n-1} \frac{1}{n} \cdot \left(\frac{k}{n}\right)^2 = \frac{1}{n^3} \sum_{k=0}^{n-1} k^2$$

$$= \frac{1}{n^3} \cdot \frac{(n-1)n(2n-1)}{6} = \frac{(n-1)(2n-1)}{6n^2}$$

短冊を描くプログラム
Rectangle[{(k-1)/n,0},{k/n,f[k/n]}]},
　　　　{k,1,n}]]
の **f[k/n]** を **f[(k-1)/n]** と変更．

2．(1)
$$\lim_{n\to\infty}\sum_{k=1}^{n}\frac{1}{n}\cdot\left(\frac{k}{n}\right)=\lim_{n\to\infty}\frac{1}{2}\left(1+\frac{1}{n}\right)=\frac{1}{2}$$

(2)
$$\lim_{n\to\infty}\sum_{k=1}^{n}\frac{1}{n}\cdot\left(\frac{k}{n}\right)^3$$
$$=\lim_{n\to\infty}\frac{1}{n^4}\cdot\left\{\frac{n(n+1)}{2}\right\}^2$$
$$=\lim_{n\to\infty}\frac{1}{4}\left(1+\frac{1}{n}\right)^2=\frac{1}{4}$$

(3) $\lim_{n\to\infty}\sum_{k=1}^{n}\frac{2}{n}\cdot\left(\frac{2k}{n}\right)^2$
$$=\lim_{n\to\infty}\frac{8}{n^3}\cdot\frac{n(n+1)(2n+1)}{6}=\frac{8}{3}$$

(4) $\lim_{n\to\infty}\sum_{k=1}^{n}\frac{2}{n}\cdot\left(1+\frac{2k}{n}\right)^2$
$$=\lim_{n\to\infty}\left\{2+4\left(1+\frac{1}{n}\right)+\frac{4}{3}\left(1+\frac{1}{n}\right)\left(2+\frac{1}{n}\right)\right\}$$
$$=\frac{26}{3}$$

3．(1) $\int_0^1 x\,dx = \lim_{n\to\infty}\sum_{k=1}^{n}\left(\frac{k}{n}\right)\frac{1}{n}=\frac{1}{2}$

(2) $\int_0^1 x^2\,dx = \lim_{n\to\infty}\sum_{k=1}^{n}\left(\frac{k}{n}\right)^2\frac{1}{n}=\frac{1}{3}$

(3) $\int_0^1 x^3\,dx = \lim_{n\to\infty}\sum_{k=1}^{n}\left(\frac{k}{n}\right)^3\frac{1}{n}=\frac{1}{4}$

(4) $\int_1^5 x\,dx = \lim_{n\to\infty}\sum_{k=1}^{n}\left(1+\frac{4k}{n}\right)\frac{4}{n}=12$

(5) $\int_0^1 3x^2\,dx = \lim_{n\to\infty}\sum_{k=1}^{n}3\left(\frac{k}{n}\right)^2\frac{1}{n}=1$

(6) $\int_1^3 x^3\,dx = \lim_{n\to\infty}\sum_{k=1}^{n}\left(1+\frac{2k}{n}\right)^3\frac{2}{n}$
$$=\lim_{n\to\infty}\frac{2}{n}\left\{n+\frac{6}{n}\cdot\frac{n(n+1)}{2}\right.$$
$$\left.+\frac{12}{n^2}\cdot\frac{n(n+1)(2n+1)}{6}+\frac{8}{n^3}\cdot\frac{n^2(n+1)^2}{4}\right\}$$
$$=20$$

4．$\int_0^2 x^2\,dx = \frac{8}{3}$ を x の区間 2 で割った $\frac{4}{3}$

5．(1) $\dfrac{1}{4-1}\displaystyle\int_1^4 x\,dx = \dfrac{5}{2}$

(2) $\dfrac{1}{1-0}\displaystyle\int_0^1 (1-3x^2)\,dx = 0$

(3) $\dfrac{1}{1-(-2)}\displaystyle\int_{-2}^1 x^3\,dx = -\dfrac{5}{4}$

第 14 章　微分積分学の基本定理

1．(1) $\dfrac{1}{2}x^2$　(2) x^3　(3) $\dfrac{5}{4}x^4$

（それぞれに定数を足したものでもよい）

2．(1) $\dfrac{5}{3}x^3 + 2x^2 + x + C$

(2) $\dfrac{1}{4}t^4 - t^3 + \dfrac{3}{2}t^2 - t + C$

3．(1) $\dfrac{17}{2}$

(2) $\displaystyle\int_{-1}^{3} |x|\,dx = \int_{-1}^{0}(-x)\,dx + \int_{0}^{3} x\,dx$
$$= 5$$

(3)
$$\int_{-4}^{1}(x^3-2x+5)\,dx + \int_{1}^{4}(x^3-2x+5)\,dx$$
$$= \int_{-4}^{4}(x^3-2x+5)\,dx = 40$$

4．(1) n が奇数のとき，$y = x^n$ のグラフは原点について対称であり
$$\int_{-a}^{0} x^n\,dx = -\int_{0}^{a} x^n\,dx$$
したがって
$$\int_{-a}^{a} x^n\,dx = \int_{-a}^{0} x^n\,dx + \int_{0}^{a} x^n\,dx$$
$$= -\int_{0}^{a} x^n\,dx + \int_{0}^{a} x^n\,dx = 0$$

(2) n が偶数のとき，$y = x^n$ のグラフは y 軸について対称であり
$$\int_{-a}^{0} x^n\,dx = \int_{0}^{a} x^n\,dx$$
したがって
$$\int_{-a}^{a} x^n\,dx = \int_{-a}^{0} x^n\,dx + \int_{0}^{a} x^n\,dx$$

$$= \int_0^a x^n dx + \int_0^a x^n dx = 2\int_0^a x^n dx$$

(3) $\int_\alpha^\beta a(x-\alpha)(x-\beta)dx$

$= a\int_\alpha^\beta \{x^2 - (\alpha+\beta)x + \alpha\beta\}dx$

$= a\left\{\dfrac{(\beta-\alpha)^3}{3} - \dfrac{(\alpha+\beta)(\beta-\alpha)^2}{2} + \alpha\beta(\beta-\alpha)\right\}$

$= a\left\{\dfrac{(\beta-\alpha)^3}{3} - \dfrac{(\beta-\alpha)\{(\beta+\alpha)^2 - 2\alpha\beta\}}{2}\right\}$

$= a\left\{\dfrac{(\beta-\alpha)^3}{3} - \dfrac{(\beta-\alpha)^3}{2}\right\} = -\dfrac{a}{6}(\beta-\alpha)^3$

5．(1) $\int_{-1}^2 (x^2+3)dx = 12$

(2) $-\int_1^3 (x-1)(x-3)dx = \dfrac{4}{3}$

(3) $\int_{\frac{1}{2}}^2 \{(2x-1) - (2x^2 - 3x+1)\}dx = \dfrac{9}{8}$

(4) $\int_{-\sqrt{3}}^{\sqrt{3}} \{(-2x^2+2x+8) - (x^2+2x-1)\}dx$
$= 12\sqrt{3}$

(5) $\int_0^1 (x^3 - 3x^2 + 2x)dx$
$\quad -\int_1^2 (x^3 - 3x^2 + 2x)dx = \dfrac{1}{2}$

6．$\dfrac{d}{dx}\int_0^x (t^2 - 5t + 4)dt = x^2 - 5x + 4$
$\qquad\qquad\qquad\qquad = (x-1)(x-4)$

$x=1$ のとき 極大値 $\dfrac{11}{6}$

$x=4$ のとき 極小値 $-\dfrac{8}{3}$

7．〜 8．略

第 15 章　関数の極限

1．(1) $\dfrac{8}{5}$　(2) $\lim\limits_{x\to 0}\dfrac{x}{x(\sqrt{x+1}+1)} = \dfrac{1}{2}$

(3) $\lim\limits_{x\to\infty}\log_2\sqrt{2 + \dfrac{3}{x^2}} = \log_2\sqrt{2} = \dfrac{1}{2}$

(4) $x > 0$ のとき $|x| = x$ より
$\lim\limits_{x\to +0}\dfrac{x^2+x}{|x|} = \lim\limits_{x\to +0}(x+1) = 1$

(5) $x < 0$ のとき $|x| = -x$ より
$\lim\limits_{x\to -0}\dfrac{x^2+x}{|x|} = \lim\limits_{x\to -0}(-x-1) = -1$

(6) $t = -x$ とおくと，$x<0$ のとき $t>0$
$\lim\limits_{x\to -\infty}\sqrt{x^2+3x} + x = \lim\limits_{t\to\infty}\sqrt{t^2-3t} - t$
$= \lim\limits_{t\to\infty}\dfrac{-3t}{\sqrt{t^2-3t}+t}$
$= \lim\limits_{t\to\infty}\dfrac{-3}{\sqrt{1-\dfrac{3}{t}}+1} = -\dfrac{3}{2}$

(7) $2x-1 < [2x] \leqq 2x$ より
$\dfrac{2x-1}{x} < \dfrac{[2x]}{x} \leqq \dfrac{2x}{x}$
$\lim\limits_{x\to\infty}\dfrac{2x-1}{x} = 2$，$\lim\limits_{x\to\infty}\dfrac{2x}{x} = 2$ より
$\lim\limits_{x\to\infty}\dfrac{[2x]}{x} = 2$

2．(1) $\lim\limits_{x\to\infty}(x-1) = 0$ より
$\lim\limits_{x\to 1}(a\sqrt{x} + b) = 0$
よって $a + b = 0$　このとき
$\lim\limits_{x\to 1}\dfrac{a(\sqrt{x}-1)}{x-1} = \lim\limits_{x\to 1}\dfrac{a}{\sqrt{x}+1} = \dfrac{a}{2}$
$\dfrac{a}{2} = 2$　∴ $a = 4$，$b = -4$

(2) $x > 0$ のとき
$\sqrt{ax^2+x+1} - (bx+1)$
$= \dfrac{(a-b^2)x + (1-2b)}{\sqrt{a + \dfrac{1}{x} + \dfrac{1}{x^2}} + b + \dfrac{1}{x}}$
$\lim\limits_{x\to\infty}\{\sqrt{ax^2+x+1} - (bx+1)\} = 0$ より
$a - b^2 = 0$, $1 - 2b = 0$
∴ $a = \dfrac{1}{4}$，$b = \dfrac{1}{2}$

3．(1) $\lim\limits_{x\to 0}\dfrac{\sin 3x}{x} = \lim\limits_{x\to 0}3\cdot\dfrac{\sin 3x}{3x} = 3$

(2) $\lim\limits_{x\to 0}\dfrac{\tan x - \sin x}{x^3} = \lim\limits_{x\to 0}\dfrac{\sin x - \sin x\cdot\cos x}{x^3\cos x}$
$= \lim\limits_{x\to 0}\left(\dfrac{\sin x}{x}\right)^3 \dfrac{1}{\cos x(1+\cos x)} = \dfrac{1}{2}$

(3) $\theta = x - \dfrac{\pi}{2}$ とおくと
$\lim\limits_{x\to\frac{\pi}{2}}\dfrac{(2x-\pi)\cos 3x}{\cos^2 x} = \lim\limits_{\theta\to 0}\dfrac{2\theta\cos\left(3\theta + \dfrac{3}{2}\pi\right)}{\cos^2\left(\theta + \dfrac{\pi}{2}\right)}$
$= \lim\limits_{\theta\to 0}\dfrac{2\theta\sin 3\theta}{\sin^2\theta}$
$= \lim\limits_{\theta\to 0}6\left(\dfrac{\theta}{\sin\theta}\right)^2 \dfrac{\sin 3\theta}{3\theta} = 6$

(4) $\lim_{x\to\infty}\left(\dfrac{x+3}{x}\right)^x = \lim_{x\to\infty}\left\{\left(1+\dfrac{3}{x}\right)^{\frac{x}{3}}\right\}^3 = e^3$

(5) $\lim_{x\to 0}\dfrac{\log_2(1+x)}{x}$
$=\lim_{x\to 0}\log(1+x)^{\frac{1}{x}}\cdot\dfrac{1}{\log 2}$
$=\dfrac{1}{\log 2}$

4．(1) 0 (2) 2

(3) $\lim_{x\to +0}\dfrac{|x|}{x}=1$, $\lim_{x\to -0}\dfrac{|x|}{x}=-1$ より

$\lim_{x\to 0}\dfrac{|x|}{x}$ は存在しない

(4)
$\lim_{x\to 0}\dfrac{-1}{4}\left(\dfrac{x}{\sin x}\right)^4 \dfrac{1}{\sqrt{1-x^2}+\left(1-\dfrac{x^2}{2}\right)} = -\dfrac{1}{8}$

第16章 微分の計算

1．略

2．(1) $8x^3-3x^2+10$ (2) $15(3x+2)^4$

(3) $2\cos 2x$ (4) $-3\cos^2 x\sin x$

(5) $-\dfrac{\cos x}{\sin^2 x}$ (6) $2e^{2x}$

(7) $e^{-x}(\cos x-\sin x)$ (8) $\dfrac{3}{x}$

(9) $y'=\dfrac{1}{2}\sqrt{\dfrac{1+\sin x}{1-\sin x}}\cdot\dfrac{-2\cos x}{(1+\sin x)^2}$
$=\dfrac{-\cos x}{|\cos x|}\cdot\dfrac{1}{1+\sin x}$

∴ $\cos x>0$ のとき $-\dfrac{1}{1+\sin x}$

$\cos x<0$ のとき $\dfrac{1}{1+\sin x}$

(10) $y'=\dfrac{(x+\sqrt{x^2-1})'}{x+\sqrt{x^2-1}}=\dfrac{1}{\sqrt{x^2-1}}$

3．(1) $x=\sin y$ とおく

$-\dfrac{\pi}{2}\leqq y\leqq\dfrac{\pi}{2}$ より $\cos y\geqq 0$ よって

$\dfrac{dy}{dx}=\dfrac{1}{\dfrac{dx}{dy}}=\dfrac{1}{\cos y}=\dfrac{1}{\sqrt{1-x^2}}$

(2) $x=\cos y$ とおく

$0\leqq y\leqq\pi$ より $\sin y\geqq 0$ よって

$\dfrac{dy}{dx}=\dfrac{1}{\dfrac{dx}{dy}}=\dfrac{1}{-\sin y}=-\dfrac{1}{\sqrt{1-x^2}}$

4．(1) $\dfrac{dy}{dx}=\dfrac{dy/dt}{dx/dt}=\dfrac{2t}{2}=t$

(2) $\dfrac{dy}{dx}=\dfrac{dy/dt}{dx/dt}=\dfrac{2+2t^2}{(1-t^2)^2}\cdot\dfrac{(1-t^2)^2}{4t}$
$=\dfrac{1+t^2}{2t}$

(3)
$\dfrac{dy}{dx}=\dfrac{dy/dt}{dx/dt}=\dfrac{a}{2}\left(1-\dfrac{1}{t^2}\right)\cdot\dfrac{t}{a}=\dfrac{t^2-1}{2t}$

5．$y'=-4xe^{-2x^2}$ $x=0$ のとき極大値 1
$y''=4(4x^2-1)e^{-2x^2}$
変曲点 $\left(-\dfrac{1}{2},\dfrac{1}{\sqrt{e}}\right)$, $\left(\dfrac{1}{2},\dfrac{1}{\sqrt{e}}\right)$

6．(1) $-\cos x$ (2) $n(n-1)(n-2)x^{n-3}$
(3) $a^3 e^{ax}$ (4) $(x^2+6x+6)e^x$

7．$y''+2y'+2y$
$=-2e^{-x}\cos x+2e^{-x}(\cos x-\sin x)+2e^{-x}\sin x$
$=0$

8．(1) 接線 $y=x-1$ 法線 $y=-x+1$

(2) 接線 $y=\dfrac{1}{\sqrt{2}}x+\dfrac{1}{\sqrt{2}}\left(1-\dfrac{\pi}{4}\right)$

法線 $y=-\sqrt{2}x+\dfrac{\sqrt{2}(\pi+2)}{4}$

(3) $\sqrt{x}+\sqrt{y}=3$ の両辺を x で微分して

$\dfrac{1}{2\sqrt{x}}+\dfrac{y'}{2\sqrt{y}}=0$ $y'=-\sqrt{\dfrac{y}{x}}$

接線 $y=-2x+6$

法線 $y=\dfrac{1}{2}x+\dfrac{7}{2}$

(4) $\dfrac{dy}{dx}=\dfrac{dy/dt}{dx/dt}=\dfrac{e^t(\sin\pi t+\pi\cos\pi t)}{e^t(\cos\pi t-\pi\sin\pi t)}$

$t=2$ のとき $(x,y)=(e^2,0)$, $\dfrac{dy}{dx}=\pi$

接線 $y=\pi x-\pi e^2$

法線 $y=-\dfrac{1}{\pi}x+\dfrac{e^2}{\pi}$

第17章 中間値の定理・平均値の定理

1．略

2．(1) $f(x)=2^x-3x$ とおくと，$f(x)$ は連続，$f(3)=-1<0$，$f(4)=4>0$

(2) $f(x)=x\sin x+\cos x$ とおくと，$f(x)$ は連続，$f\left(\dfrac{\pi}{2}\right)=\dfrac{\pi}{2}>0$，$f(\pi)=-1<0$

(3) $f(x)=\dfrac{1}{1+e^x}-x$ とおくと，$f(x)$ は連続，$f(0)=\dfrac{1}{2}>0$，$f(1)=\dfrac{1}{1+e}-1<0$

(4) $f(x)=\tan x+\dfrac{1}{x}-1$ とおくと，$f(x)$ は与えられた区間で連続，$f(\pi)=\dfrac{1}{\pi}-1<0$，
$f\left(\dfrac{5}{4}\pi\right)=\dfrac{4}{5\pi}>0$

3．(1) $x=0$ のとき $f(x)=0$
$x\neq 0$ のとき $f(x)$ は 初項 x^2，
公比 $\dfrac{1}{1+x^2}$ の無限等比級数であり，
$\left|\dfrac{1}{1+x^2}\right|<1$ より収束し，
$f(x)=\dfrac{x^2}{1-\dfrac{1}{1+x^2}}=x^2+1$

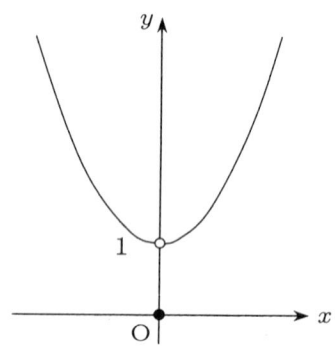

(2) $\lim\limits_{x\to 0}f(x)=\lim\limits_{x\to 0}(x^2+1)=1$
したがって $\lim\limits_{x\to 0}f(x)\neq f(0)$ より
$f(x)$ は $x=0$ で連続とならない．

4．$F(b)=F(a)$ であるから，ロルの定理より
$F'(c)=0,\ a<c<b$
をみたす実数 c が存在する．このとき
$F'(c)=f'(c)-k$ より $f'(c)=k$
$f'(c)=\dfrac{f(b)-f(a)}{b-a},\ a<c<b$

5．(1) $f(x)=e^x$ は区間 $[a,b]$ で微分可能であり，平均値の定理より
$\dfrac{e^b-e^a}{b-a}=e^c,\ a<c<b$
となる c が存在する．$f(x)=e^x$ は単調増加であるから
$e^a<e^c<e^b$ ∴ $e^a<\dfrac{e^b-e^a}{b-a}<e^b$

(2) $f(x)=\sin x$ は区間 $[x,x+h]$ で微分可能であり，平均値の定理より
$\dfrac{\sin(x+h)-\sin x}{h}=\cos\theta,\ x<\theta<x+h$
となる θ が存在する．

$-1\leq\cos\theta\leq 1$ であるから
$-h\leq\sin(x+h)-\sin x\leq h$

第 18 章 不定積分

1．略

2．(1) $\dfrac{1}{2}e^{2x}+C$ (2) $\dfrac{1}{4}\sin 4x+C$
(3) $\dfrac{2}{9}(3x-1)\sqrt{3x-1}+C$
(4) $-2\sqrt{1-x}+C$
(5) $\dfrac{1}{4}x^4+\dfrac{3}{2}x^2+3\log|x|-\dfrac{1}{2x^2}+C$
(6) $\dfrac{2^x}{\log 2}+C$ (7) $\log|\sin x|+C$
(8) $\log|x^2-4x+1|+C$
(9) $\dfrac{1}{3}(x-1)\sqrt{2x+1}+C$
(10) $\log|e^x-e^{-x}|+C$
$=\log|e^{2x}-1|-x+C$

3．(1) $\dfrac{1}{4}(2x-1)e^{2x}+C$
(2) $-\dfrac{1}{3}x\cos 3x+\dfrac{1}{9}\sin 3x+C$
(3) $(x+1)\log(x+1)-x+C$
(4) $x^2\sin x+2x\cos x-2\sin x+C$
(5) $\left(\dfrac{1}{2}x^2+\dfrac{2}{3}x\sqrt{x}\right)\log x-\dfrac{1}{4}x^2$
$-\dfrac{4}{9}x\sqrt{x}+C$
(6) $\displaystyle\int e^x\sin x\,dx=e^x\sin x-\int e^x\cos x\,dx$
$=e^x\sin x-e^x\cos x-\displaystyle\int e^x\sin x\,dx$
∴ $\displaystyle\int e^x\sin x\,dx=\dfrac{1}{2}e^x(\sin x-\cos x)+C$

4．$I=\displaystyle\int e^{ax}\sin bx\,dx$,
$J=\displaystyle\int e^{ax}\cos bx\,dx$ とおく．
$(e^{ax}\sin bx)'=ae^{ax}\sin bx+be^{ax}\cos bx$
$(e^{ax}\cos bx)'=ae^{ax}\cos bx-be^{ax}\sin bx$
両辺をそれぞれ積分して
$e^{ax}\sin bx=aI+bJ$ … ①
$e^{ax}\cos bx=aJ-bI$ … ②
①×a－②×b および ①×b＋②×a より

$$I = \frac{e^{ax}}{a^2+b^2}(a\sin bx - b\cos bx) + C$$

$$J = \frac{e^{ax}}{a^2+b^2}(b\sin bx + a\cos bx) + C$$

5. $\sin(\alpha+\beta) = \sin\alpha\cos\beta + \cos\alpha\sin\beta \cdots$ ①
   $\sin(\alpha-\beta) = \sin\alpha\cos\beta - \cos\alpha\sin\beta \cdots$ ②
   $\cos(\alpha+\beta) = \cos\alpha\cos\beta - \sin\alpha\sin\beta \cdots$ ③
   $\cos(\alpha-\beta) = \cos\alpha\cos\beta + \sin\alpha\sin\beta \cdots$ ④
   ①+②, ①−②, ③+④, ③−④ を両辺に対して行うことで得られる.

6. $\sin 3x = \sin 2x\cos x + \cos 2x\sin x$
   $= 2\sin x\cos^2 x + (1-2\sin^2 x)\sin x$
   $= -4\sin^3 x + 3\sin x$

   $\cos 3x = \cos 2x\cos x - \sin 2x\sin x$
   $= (2\cos^2 x - 1)\cos x - 2\sin^2 x\cos x$
   $= 4\cos^3 x - 3\cos x$

   $\int \sin^3 x\,dx = \frac{1}{4}\int(-\sin 3x + 3\sin x)dx$
   $= \frac{1}{12}\cos 3x - \frac{3}{4}\cos x + C$

   $\int \cos^3 x\,dx = \frac{1}{4}\int(\cos 3x + 3\cos x)dx$
   $= \frac{1}{12}\sin 3x + \frac{3}{4}\sin x + C$

7. 略

8. (1) $\frac{1}{2}\int(\cos 3x + \cos x)dx$
   $= \frac{1}{6}\sin 3x + \frac{1}{2}\sin x + C$

   (2) $\int \sin^3 x(\sin x)'dx = \frac{1}{4}\sin^4 x + C$

   (3) $\int\left(\frac{1-\cos 2x}{2}\right)^2 dx$
   $= \frac{1}{32}\sin 4x - \frac{1}{4}\sin 2x + \frac{3}{8}x + C$

   (4) $\log x = t$ とおくと $x = e^t$, $\frac{dx}{dt} = e^t$
   $\int \sin(\log x)dx = \int \sin t \cdot e^t dt$
   $= \frac{1}{2}x\{\sin(\log x) - \cos(\log x)\} + C$

9. (1) $\int\left(\frac{1}{x-1} - \frac{1}{x}\right)dx = \log\left|\frac{x-1}{x}\right| + C$

   (2) $\int\left(\frac{1}{x+1} + \frac{2}{x+2}\right)dx$
   $= \log|x+1|(x+2)^2 + C$

   (3) $\int\left(-\frac{1}{x} + \frac{1}{x^2} + \frac{1}{x+1}\right)dx$
   $= \log\left|\frac{x+1}{x}\right| - \frac{1}{x} + C$

   (4) $\int\left(\frac{x+1}{x^3-1} + x\right)dx$
   $= \int\left\{\frac{1}{3}\left(\frac{2}{x-1} - \frac{2x+1}{x^2+x+1}\right) + x\right\}dx$
   $= \frac{1}{3}\log\frac{(x-1)^2}{x^2+x+1} + \frac{1}{2}x^2 + C$

10. 2倍角の公式より $\tan x = \frac{2t}{1-t^2}$
    $t^2 = \tan^2\frac{x}{2} = \frac{1-\cos x}{1+\cos x}$ より
    $\cos x = \frac{1-t^2}{1+t^2}$
    $\sin x = \cos x \cdot \tan x = \frac{2t}{1+t^2}$
    また, $1+t^2 = \frac{1}{\cos^2\frac{x}{2}}$ より
    $\frac{dt}{dx} = \frac{1}{2}\cdot\frac{1}{\cos^2\frac{x}{2}} = \frac{1+t^2}{2}$
    ∴ $\frac{dx}{dt} = \frac{2}{1+t^2}$

11. (i) $u = \cos x$ とおくと
    $\int \frac{1}{\sin x}dx = \int \frac{1}{\cos^2 x - 1}(-\sin x)dx$
    $= \int \frac{1}{u^2-1}du = \frac{1}{2}\log\left|\frac{u-1}{u+1}\right| + C$
    $= \frac{1}{2}\log\frac{1-\cos x}{1+\cos x} + C$

    (ii) $t = \tan\frac{x}{2}$ とおくと
    $\int \frac{1}{\sin x}dx = \int \frac{1+t^2}{2t}\cdot\frac{2}{1+t^2}dt$
    $= \int \frac{1}{t}dt = \log\left|\tan\frac{x}{2}\right| + C$

第19章　定積分

1. (1) $\left[-\cos x\right]_0^{\frac{\pi}{2}} = 1$　(2) $\left[\log x\right]_1^e = 1$

   (3) $\left[2\sqrt{x} - 2x + \frac{2}{3}x\sqrt{x}\right]_1^4 = \frac{2}{3}$

   (4) $\int_0^{\frac{\pi}{4}}\left(\frac{1}{\cos^2 x} - 1\right)dx = \left[\tan x - x\right]_0^{\frac{\pi}{4}}$
   $= 1 - \frac{\pi}{4}$

2. 略

3. $I = \int_0^\pi \frac{1}{2}\{\sin(m+n)x + \sin(m-n)x\}dx$

$m+n$ が奇数のとき $\dfrac{2m}{m^2-n^2}$

$m+n$ が偶数のとき 0

4. (1) $\sqrt{4-x^2}=t$ とおくと $x^2=4-t^2$
$$2xdx=-2tdt$$
$$\int_0^2 x^2\sqrt{4-x^2}\cdot xdx=\int_2^0 (4-t^2)t\cdot(-t)dt$$
$$=\dfrac{64}{15}$$

(2) $\sin x=t$ とおくと
$$\int_0^1 \dfrac{1}{1+2t}dt=\dfrac{1}{2}\log 3$$

(3) $x=a\sin\theta$ とおくと
$$\int_{-a}^a \sqrt{a^2-x^2}dx=2\int_0^a \sqrt{a^2-x^2}dx$$
$$=2\int_0^{\frac{\pi}{2}} a\cos\theta\cdot a\cos\theta d\theta$$
$$=2a^2\int_0^{\frac{\pi}{2}} \dfrac{1+\cos 2\theta}{2}d\theta=\dfrac{\pi a^2}{2}$$

これは半径 a の半円の面積に相当します.

(4) $x=\sqrt{3}\tan\theta$ とおくと
$$\int_{\frac{\pi}{6}}^{\frac{\pi}{4}} \dfrac{\cos^2\theta}{3}\cdot\dfrac{\sqrt{3}}{\cos^2\theta}d\theta=\dfrac{\sqrt{3}}{36}\pi$$

(5) $x^4=\tan\theta$ とおくと $4x^3dx=\dfrac{1}{\cos^2\theta}d\theta$
$$\int_0^{\frac{\pi}{4}} \cos^2\theta\cdot\dfrac{1}{4\cos^2\theta}d\theta=\dfrac{\pi}{16}$$

(6) $\cos x=t$ とおくと
$$\int_{\frac{\pi}{4}}^{\frac{3}{4}\pi} \dfrac{1}{\sin x}dx=\int_{\frac{\pi}{4}}^{\frac{3}{4}\pi} \dfrac{\sin x}{1-\cos^2 x}dx$$
$$=\int_{\frac{1}{\sqrt{2}}}^{-\frac{1}{\sqrt{2}}} \dfrac{-1}{1-t^2}dt=2\log(1+\sqrt{2})$$

5. (1) e^2 (2) $\dfrac{\sqrt{2}}{24}\pi-\dfrac{\sqrt{2}}{18}-\dfrac{1}{9}$

(3) $\dfrac{1}{2}(1-\log 2)$ (4) $\dfrac{1}{2}(e^{\frac{\pi}{2}}+1)$

6. $I_n=\int_0^{\frac{\pi}{2}} \sin^{n-1}x\cdot(-\cos x)'dx$
$$=\left[-\sin^{n-1}x\cos x\right]_0^{\frac{\pi}{2}}$$
$$+(n-1)\int_0^{\frac{\pi}{2}} \sin^{n-2}x\cos^2 xdx$$
$$=(n-1)\int_0^{\frac{\pi}{2}} \sin^{n-2}x(1-\sin^2 x)dx$$

$$=(n-1)I_{n-2}-(n-1)I_n$$

よって $I_n=\dfrac{n-1}{n}I_{n-2}$

$I_1=\int_0^{\frac{\pi}{2}} \sin xdx=1$, $I_0=\int_0^{\frac{\pi}{2}} dx=\dfrac{\pi}{2}$

より
$$I_7=\dfrac{6}{7}\cdot\dfrac{4}{5}\cdot\dfrac{2}{3}\cdot 1=\dfrac{16}{35}$$
$$I_8=\dfrac{7}{8}\cdot\dfrac{5}{6}\cdot\dfrac{3}{4}\cdot\dfrac{1}{2}\cdot\dfrac{\pi}{2}=\dfrac{35}{256}\pi$$

第20章 積分の応用

1. (1) $\sqrt{1-x^2}=t$ とおくと $-2xdx=2tdt$
$$S=\int_0^1 x\sqrt{1-x^2}dx=\int_1^0 t\cdot(-t)dt=\dfrac{1}{3}$$

(2) $S=\int_0^{\log 3}(e^x-x-1)dx$
$$+\int_{\log 3}^2(3-x-1)dx$$
$$=4-3\log 3$$

あるいは
$$S=\int_1^3(y-1-\log y)dy=4-3\log 3$$

(3) $S=\dfrac{\pi}{4}-\int_0^{\frac{\pi}{4}}\tan xdx=\dfrac{\pi}{4}-\dfrac{1}{2}\log 2$

(4) $S=2\int_0^{2a}\left(\dfrac{8a^3}{x^2+4a^2}-\dfrac{1}{4a}x^2\right)dx$
$$=2a^2\left(\pi-\dfrac{2}{3}\right)$$

2. $S=4\int_0^a \dfrac{b}{a}\sqrt{a^2-x^2}dx=\pi ab$

3. (1) $\cos^2 2t+\sin^2 2t=1$ より
$$(2x^2-1)^2+4y^2=1$$

したがって,この曲線は x 軸および y 軸に関して対称である.
$$S=4\int_0^1 ydx$$
$$=4\int_{\frac{\pi}{2}}^0 \sin t\cos t\cdot(-\sin t)dt=\dfrac{4}{3}$$

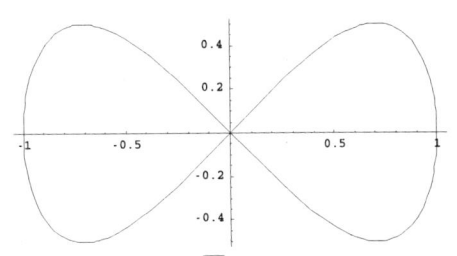

(2) $y = \pm \dfrac{\sqrt{x}}{3\sqrt{3}}(9-x)$ よりこの曲線は x 軸に関して対称であり，$0 \leq x \leq 9$, $y \geq 0$ には $0 \leq t \leq \sqrt{3}$ が対応する．

$$S = 2\int_0^{\sqrt{3}} (3t - t^3) \cdot 6t\,dt = \dfrac{72\sqrt{3}}{5}$$

4. (1) $V = \pi \int_0^2 e^{-2x} dx = \dfrac{\pi}{2}\left(1 - \dfrac{1}{e^4}\right)$

(2) $V = \pi \int_1^e (x-1)^2 dx - \pi \int_1^e (\log x)^2 dx$
$= \dfrac{\pi}{3}(e^3 - 3e^2 + 5)$

(3) $V = \pi \int_{-r}^r (r^2 - x^2) dx = \dfrac{4}{3}\pi r^3$

(4) $V = 2\pi \int_0^1 \{1 + \sqrt{2(1-x^2)}\}^2 dx$
$\quad - 2\pi \int_{\frac{\sqrt{2}}{2}}^1 \{1 - \sqrt{2(1-x^2)}\}^2 dx$
$= \dfrac{3\sqrt{2}}{2}\pi^2 + \dfrac{5\sqrt{2}}{3}\pi$

5. $dy = -\sin x\, dx$ より
$$V = \pi \int_0^1 x^2 dy$$
$$= \pi \int_{\frac{\pi}{2}}^0 x^2(-\sin x)dx = \pi^2 - 2\pi$$

6. 略

7. (1) $L = a\int_0^{2\pi} \sqrt{(1-\cos\theta)^2 + \sin^2\theta}\, d\theta$
$= a\int_0^{2\pi} \sqrt{4 \cdot \dfrac{1-\cos\theta}{2}}\, d\theta$
$= 2a \int_0^{2\pi} \left|\sin\dfrac{\theta}{2}\right| d\theta = 8a$

(2) $L = \int_0^3 \sqrt{1+x}\, dx = \dfrac{14}{3}$

(3) $1 + y'^2 = 1 + \left(\dfrac{e^x - e^{-x}}{2}\right)^2$
$\qquad\qquad = \left(\dfrac{e^x + e^{-x}}{2}\right)^2$

$L = \int_{-1}^1 \dfrac{e^x + e^{-x}}{2} dx = e - \dfrac{1}{e}$

第21章 ベクトル

1. (1) $\{6, 2\}$ (2) $\{1, -3\}$ (3) $\{-5, 5\}$

2. $(s+t, 2s-t) = (5, 4)$ より $s = 3$, $t = 2$

3. $\overrightarrow{PA} + \overrightarrow{PB} + \overrightarrow{PC} = \vec{0}$
$(\vec{a} - \vec{p}) + (\vec{b} - \vec{p}) + (\vec{c} - \vec{p}) = \vec{0}$
$\vec{p} = \dfrac{\vec{a} + \vec{b} + \vec{c}}{3}$

4. 余弦定理より
$|\vec{b} - \vec{a}|^2 = |\vec{a}|^2 + |\vec{b}|^2 - 2|\vec{a}||\vec{b}|\cos\theta$
したがって
$\vec{a} \cdot \vec{b} = |\vec{a}||\vec{b}|\cos\theta$
$= \dfrac{1}{2}\left(|\vec{a}|^2 + |\vec{b}|^2 - |\vec{b}-\vec{a}|^2\right)$
$= \dfrac{1}{2}\{(a_1^2 + a_2^2) + (b_1^2 + b_2^2)$
$\quad - ((b_1 - a_1)^2 + (b_2 - a_2)^2)\}$
$= a_1 b_1 + a_2 b_2$

5. (1) $|\vec{b} - k\vec{a}|^2 = (2-k)^2 + (4-k)^2$
$\qquad\qquad = 2(k-3)^2 + 2$
$k = 3$ のとき 最小値 $\sqrt{2}$

(2) $(\vec{b} - k\vec{a}) \cdot \vec{a} = (2-k) + (4-k)$ より
$(\vec{b} - k\vec{a}) \cdot \vec{a} = 0$ のとき $k = 3$

6. (1) 点 $(1, 4)$ を通り $\vec{d} = (3, 2)$ に平行な直線

(2) 2点 $(1, 2)$, $(3, 1)$ を通る直線

(3) 点 $(4, 3)$ を通り $\vec{n} = (1, 2)$ に垂直な直線

(4) 中心の座標 $(4, 3)$，半径 2 の円

(5) 2点 $(1, 2)$, $(5, 3)$ を直径の両端とする円

第22章 行列と連立1次方程式

1. $\{\{3, 7\}, \{1, -2\}\}$

$\begin{pmatrix} 3 & 2 \\ -4 & 17 \end{pmatrix}$

$$\begin{pmatrix} 8 & -13 \\ 9 & -39 \end{pmatrix}$$

2. (1) 1行目, 2行目をそれぞれ r_1, r_2 で表す.

$$\begin{pmatrix} 1 & -2 & | & 7 \\ 3 & 4 & | & 11 \end{pmatrix} \xrightarrow{r_2 - 3r_1} \begin{pmatrix} 1 & -2 & | & 7 \\ 0 & 10 & | & -10 \end{pmatrix}$$

$$\xrightarrow{r_2 \div 10} \begin{pmatrix} 1 & -2 & | & 7 \\ 0 & 1 & | & -1 \end{pmatrix} \xrightarrow{r_1 + 2r_2} \begin{pmatrix} 1 & 0 & | & 5 \\ 0 & 1 & | & -1 \end{pmatrix}$$

$$\begin{pmatrix} 1 & 0 \\ 0 & 1 \end{pmatrix} \begin{pmatrix} p \\ q \end{pmatrix} = \begin{pmatrix} 5 \\ -1 \end{pmatrix} \quad \text{すなわち} \quad \begin{cases} p = 5 \\ q = -1 \end{cases}$$

(2) $\begin{pmatrix} 2 & -1 & | & 1 \\ -4 & 2 & | & -2 \end{pmatrix} \xrightarrow{r_2 + 2r_1} \begin{pmatrix} 2 & -1 & | & 1 \\ 0 & 0 & | & 0 \end{pmatrix}$

$2x - y = 1$ を満たす全ての実数の組 (x, y)

3. 両辺の各成分を比較して
$$\begin{cases} ap + bq = 1 & \cdots ① \\ cp + dq = 0 & \cdots ② \\ ar + bs = 0 & \cdots ③ \\ cr + ds = 1 & \cdots ④ \end{cases}$$

①×d − ②×b より $(ad - bc)p = d$
①×c − ②×a より $(ad - bc)q = -c$
③×d − ④×b より $(ad - bc)r = -b$
③×c − ④×a より $(ad - bc)s = a$

したがて, $ad - bc \neq 0$ のとき①〜④をみたす p, q, r, s が存在し,

$$\begin{pmatrix} p & r \\ q & s \end{pmatrix} = \frac{1}{ad - bc} \begin{pmatrix} d & -b \\ -c & a \end{pmatrix}$$

4. (1) $3p - (p+2)(p-2) \neq 0$ すなわち $p \neq 4, -1$ のとき逆行列が存在し

$$\frac{1}{(p+1)(p-4)} \begin{pmatrix} -3 & p+2 \\ p-2 & -p \end{pmatrix}$$

(2) $\cos^2 \theta + \sin^2 \theta = 1$ より常に逆行列が存在し

$$\begin{pmatrix} \cos \theta & \sin \theta \\ -\sin \theta & \cos \theta \end{pmatrix}$$

5. (1) $\begin{pmatrix} x \\ y \end{pmatrix} = \begin{pmatrix} 2 & 3 \\ 3 & 5 \end{pmatrix}^{-1} \begin{pmatrix} 5 \\ 9 \end{pmatrix} = \begin{pmatrix} -2 \\ 3 \end{pmatrix}$

(2) $2a \cdot a - (a+1) = (2a+1)(a-1)$ より

(i) $a \neq 1, -\frac{1}{2}$ のとき

$$\begin{pmatrix} x \\ y \end{pmatrix} = \frac{1}{(2a+1)(a-1)} \begin{pmatrix} a & -(a+1) \\ -1 & 2a \end{pmatrix} \begin{pmatrix} 2 \\ a \end{pmatrix}$$

$$= \frac{1}{2a+1} \begin{pmatrix} -a \\ 2(a+1) \end{pmatrix}$$

ゆえに $x = -\dfrac{a}{2a+1}$, $y = \dfrac{2(a+1)}{2a+1}$

(ii) $a = 1$ のとき $\begin{cases} 2x + 2y = 2 \\ x + y = 1 \end{cases}$ より

$x + y = 1$ をみたす全ての実数の組 (x, y)

(iii) $a = -\dfrac{1}{2}$ のとき

$\begin{cases} -x + \dfrac{1}{2} y = 2 \\ -x + \dfrac{1}{2} y = \dfrac{1}{2} \end{cases}$ を同時にみたす解はない.

補足 関連する Mathematica の命令として, **RowReduce**, **LinearSolve** を調べてみるとよいでしょう.

第 23 章　3次元ベクトル

1. (1) $(4, 0, -1)$　(2) $\left(\dfrac{7}{2}, \dfrac{1}{2}, -\dfrac{1}{2}\right)$
   (3) $(-7, -1, 1)$

2. $\vec{a} \cdot \vec{b} = -7$
   $\cos \theta = \dfrac{\vec{a} \cdot \vec{b}}{|\vec{a}||\vec{b}|} = -\dfrac{1}{2}$ より $\theta = 120°$

3. $\vec{a}$ と $\vec{b}$ のなす角を θ とすると
   $S = \dfrac{1}{2} |\vec{a}||\vec{b}| \sin \theta$ より
   $S^2 = \dfrac{1}{4} |\vec{a}|^2 |\vec{b}|^2 (1 - \cos^2 \theta)$
   $= \dfrac{1}{4} |\vec{a}|^2 |\vec{b}|^2 \left(1 - \dfrac{(\vec{a} \cdot \vec{b})^2}{|\vec{a}|^2 |\vec{b}|^2}\right)$
   $= \dfrac{1}{4} \{|\vec{a}|^2 |\vec{b}|^2 - (\vec{a} \cdot \vec{b})^2\}$
   $\vec{a} \cdot \vec{b} = |\vec{a}||\vec{b}| \cos \theta \leqq |\vec{a}||\vec{b}|$ であるから
   $S = \dfrac{1}{2} \sqrt{|\vec{a}|^2 |\vec{b}|^2 - (\vec{a} \cdot \vec{b})^2}$
   △PQR の面積 S は
   $\overrightarrow{PQ} = (3, -2, -1)$
   $\overrightarrow{PR} = (2, 1, 2)$ より
   $S = \dfrac{1}{2} \sqrt{|\overrightarrow{PQ}|^2 |\overrightarrow{PR}|^2 - (\overrightarrow{PQ} \cdot \overrightarrow{PR})^2}$
   $= \dfrac{\sqrt{122}}{2}$

4. 2点 A, B を通る直線では, $\overrightarrow{AB}$ すなわち $\vec{b} - \vec{a}$ が方向ベクトルになるので,

$\vec{p} = \vec{a} + t(\vec{b} - \vec{a}) = (1-t)\vec{a} + t\vec{b}$

5．(1) 点$(0, 0, -2)$を通り，$\vec{n} = (1, 1, 2)$ に垂直な平面の方程式
(2) 原点中心，半径 2 の球
(3) 中心の座標$(1, 0, -1)$，半径 1 の球

6．$\vec{a} \cdot (\vec{a} \times \vec{b}) = a_1(a_2b_3 - a_3b_2)$
$\qquad + a_2(a_3b_1 - a_1b_3) + a_3(a_1b_2 - a_2b_1) = 0$
$\vec{b} \cdot (\vec{a} \times \vec{b}) = b_1(a_2b_3 - a_3b_2)$
$\qquad + b_2(a_3b_1 - a_1b_3) + b_3(a_1b_2 - a_2b_1) = 0$
したがって $\vec{a} \perp (\vec{a} \times \vec{b})$，$\vec{b} \perp (\vec{a} \times \vec{b})$
$\vec{a} = (1, -1, 0)$，$\vec{b} = (2, 1, -1)$ のとき
$\vec{a} \times \vec{b} = (1, 1, 3)$

補足 $\vec{a} = (a_1, a_2, a_3)$ と $\vec{b} = (b_1, b_2, b_3)$ によってつくられる平行四辺の面積を S とすると，
$S^2 = |\vec{a}|^2 |\vec{b}|^2 - (\vec{a} \cdot \vec{b})^2$
$= (a_1^2 + a_2^2 + a_3^2)(b_1^2 + b_2^2 + b_3^2)$
$\quad - (a_1b_1 + a_2b_2 + a_3b_3)^2$
$= (a_2b_3 - a_3b_2)^2 + (a_3b_1 - a_1b_3)^2 + (a_1b_2 - a_2b_1)^2$

となり，S が $\vec{a} \times \vec{b}$ の大きさに等しいことが確認できます．

ちなみに，$\vec{a} \times \vec{b}$ の成分の番号は，$23 \to 31 \to 12$ と，しりとり「いた，たこ，こい」のようになっていますので，成分を並べて次のように計算すると便利です．

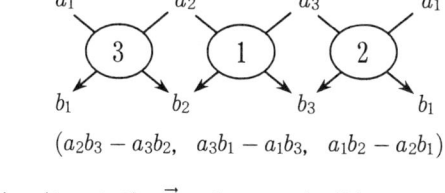

```
a₁     a₂     a₃     a₁
 ╲ ╱    ╲ ╱    ╲ ╱
  3      1      2
 ╱ ╲    ╱ ╲    ╱ ╲
b₁     b₂     b₃     b₁
```
$(a_2b_3 - a_3b_2,\ a_3b_1 - a_1b_3,\ a_1b_2 - a_2b_1)$

$\vec{a} = (1, -1, 0)$，$\vec{b} = (2, 1, -1)$ では

```
 1     -1      0      1
  ╲ ╱    ╲ ╱    ╲ ╱
   3      1      2
  ╱ ╲    ╱ ╲    ╱ ╲
 2      1     -1      2
```
$(1-0,\ 0-(-1),\ 1-(-2)) = (1, 1, 3)$

第 24 章　線形変換

1．本文参照

2．(1) $\begin{pmatrix} 1 & 0 \\ 0 & -1 \end{pmatrix}$　(2) $\begin{pmatrix} -1 & 0 \\ 0 & -1 \end{pmatrix}$　(3) $\begin{pmatrix} 0 & 1 \\ 1 & 0 \end{pmatrix}$

(4) $\begin{pmatrix} 0 & -1 \\ -1 & 0 \end{pmatrix}$　(5) $\begin{pmatrix} 2 & 0 \\ 0 & 2 \end{pmatrix}$　(6) $\begin{pmatrix} 0 & -1 \\ 1 & 0 \end{pmatrix}$

3．(1)～(4) は，それぞれ元の変換と同じものが逆変換（各行列は，2乗すると全て単位行列になることを確認して下さい）

(5) 縦横とも $\frac{1}{2}$ 倍に縮小 $\begin{pmatrix} \frac{1}{2} & 0 \\ 0 & \frac{1}{2} \end{pmatrix}$

(6) 原点中心に $-90°$ の回転　$\begin{pmatrix} 0 & 1 \\ -1 & 0 \end{pmatrix}$

A による変換 $\to$ B による変換 の逆の操作は

B による変換 $\to$ A による変換 より，

$(BA)^{-1} = A^{-1}B^{-1}$

このとき
$(BA)^{-1}(BA) = A^{-1}(B^{-1}B)A = A^{-1}EA$
$\qquad\qquad = A^{-1}A = E$

となり，逆行列であることが確認される．

4．本文参照

5．点を α 回転させ，続けて β 回転させる変換は，$\alpha + \beta$ の回転を表すので，対応する行列は
$\begin{pmatrix} \cos(\alpha+\beta) & -\sin(\alpha+\beta) \\ \sin(\alpha+\beta) & \cos(\alpha+\beta) \end{pmatrix}$

一方，合成変換による行列は
$BA = \begin{pmatrix} \cos\beta & -\sin\beta \\ \sin\beta & \cos\beta \end{pmatrix} \begin{pmatrix} \cos\alpha & -\sin\alpha \\ \sin\alpha & \cos\alpha \end{pmatrix}$

$= \begin{pmatrix} \cos\alpha\cos\beta - \sin\alpha\sin\beta & -(\sin\alpha\cos\beta + \cos\alpha\sin\beta) \\ \sin\alpha\cos\beta + \cos\alpha\sin\beta & \cos\alpha\cos\beta - \sin\alpha\sin\beta \end{pmatrix}$

各成分を比較して，加法定理が得られる．

第 25 章　固有値・固有ベクトル

1．本文参照

2．(1) 固有値 $3, -1$
　　対応する固有ベクトルはそれぞれ

$$s\begin{pmatrix}1\\1\end{pmatrix},\quad t\begin{pmatrix}1\\-1\end{pmatrix}\quad (s,t\text{ は任意の実数})$$

(2) 固有値 5, 2
対応する固有ベクトルはそれぞれ
$$s\begin{pmatrix}1\\2\end{pmatrix},\quad t\begin{pmatrix}1\\-1\end{pmatrix}\quad (s,t\text{ は任意の実数})$$

(3) 固有値 2
対応する固有ベクトルは
$$s\begin{pmatrix}1\\1\end{pmatrix}\quad (s\text{ は任意の実数})$$

(4) 固有値は実数の範囲に存在しない．

3. 略

4. $P^{-1}AP = \begin{pmatrix}4 & 0\\0 & -1\end{pmatrix}$

5. (1) $A = \begin{pmatrix}4 & -2\\1 & 1\end{pmatrix}$ とおく．A の固有値・固有ベクトルを元に
$$D = \begin{pmatrix}3 & 0\\0 & 2\end{pmatrix},\quad P = \begin{pmatrix}2 & 1\\1 & 1\end{pmatrix}\quad\text{とすると}$$
$$A^n = PD^nP^{-1}$$
$$= \begin{pmatrix}2\cdot 3^n - 2^n & -2\cdot 3^n + 2^{n+1}\\3^n - 2^n & -3^n + 2^{n+1}\end{pmatrix}$$

(2) $A = \begin{pmatrix}5 & -7\\2 & -4\end{pmatrix},\ D = \begin{pmatrix}3 & 0\\0 & -2\end{pmatrix},\ P = \begin{pmatrix}7 & 1\\2 & 1\end{pmatrix}$
$$A^n = PD^nP^{-1}$$
$$= \frac{1}{5}\begin{pmatrix}7\cdot 3^n - 2\cdot(-2)^n & -7\cdot 3^n + 7\cdot(-2)^n\\2\cdot 3^n - 2\cdot(-2)^n & -2\cdot 3^n + 7\cdot(-2)^n\end{pmatrix}$$

第26章 複素数

1. (1) $6 + 2i$ (2) $-1 - 9i$
   (3) $11 + 2i$ (4) $\frac{3}{13} + \frac{11}{13}i$

2. (1) $x = \pm\sqrt{3}i$ (2) $x = \frac{3\pm\sqrt{11}i}{2}$
   (3) $x = 2,\ -1\pm\sqrt{3}i$
   (4) $x = 1,\ \frac{-3\pm\sqrt{7}i}{2}$

3. 略

4. 本文参照

5. (1) $2\left(\cos\frac{\pi}{6} + i\sin\frac{\pi}{6}\right)$
   (2) $\cos\pi + i\sin\pi$
   (3) $\cos\frac{\pi}{2} + i\sin\frac{\pi}{2}$
   (4) $\sqrt{2}\left(\cos\frac{\pi}{4} - i\sin\frac{\pi}{4}\right)$
   (5) $2\left(\cos\frac{2\pi}{3} - i\sin\frac{2\pi}{3}\right)$
   (6) $2\sqrt{2}\left(\cos\frac{\pi}{3} - i\sin\frac{\pi}{3}\right)$

6. $z_1 z_2 = r_1 r_2\{(\cos\theta_1\cos\theta_2 - \sin\theta_1\sin\theta_2)$
   $\qquad + i(\sin\theta_1\cos\theta_2 + \cos\theta_1\sin\theta_2)\}$
   $= r_1 r_2\{\cos(\theta_1 + \theta_2) + \sin(\theta_1 + \theta_2)\}$
   $\frac{z_1}{z_2} = \frac{r_1(\cos\theta_1 + i\sin\theta_1)(\cos\theta_2 - i\sin\theta_2)}{r_2(\cos\theta_2 + i\sin\theta_2)(\cos\theta_2 - i\sin\theta_2)}$
   $= \frac{r_1}{r_2}\{(\cos\theta_1\cos\theta_2 + \sin\theta_1\sin\theta_2)$
   $\qquad + i(\sin\theta_1\cos\theta_2 - \cos\theta_1\sin\theta_2)\}$
   $= \frac{r_1}{r_2}\{\cos(\theta_1 - \theta_2) + \sin(\theta_1 - \theta_2)\}$

7. (1) $2^8\left(\cos\frac{8\pi}{6} + i\sin\frac{8\pi}{6}\right)$
   $= -128 - 128\sqrt{3}i$
   (2) $\sqrt{3}^{10}\left(\cos\left(10\cdot\frac{2\pi}{3}\right) + i\sin\left(10\cdot\frac{2\pi}{3}\right)\right)$
   $= -\frac{243}{2} + \frac{243\sqrt{3}}{2}i$

8. (1) $z = 1\pm 2i$ (2) $z = 1,\ \frac{-1\pm\sqrt{3}i}{2}$
   (3) $z = \pm 1,\ \pm i$
   (4) $z^6 - 1 = (z^3 + 1)(z^3 - 1)$ より
   $z = \pm 1,\ \frac{1\pm\sqrt{3}i}{2},\ \frac{-1\pm\sqrt{3}i}{2}$
   (5) $z^8 - 1 = (z^4 + 1)(z^4 - 1)$
   $z^4 + 1 = z^4 + 2z^2 + 1 - 2z^2$
   $= (z^2 + 1) - (\sqrt{2}z)^2$
   $= (z^2 + \sqrt{2}z + 1)(z^2 - \sqrt{2}z + 1)$ より
   $z = \pm 1,\ \pm i,\ \frac{1\pm i}{\sqrt{2}},\ \frac{-1\pm i}{\sqrt{2}}$

   図示については，本文参照

9. (1) $z = -i,\ \frac{\pm\sqrt{3} + i}{2}$
   (2) $z = \sqrt{2}\pm\sqrt{2}i,\ -\sqrt{2}\pm\sqrt{2}i$
   (3) $z = \left(\cos\frac{\pi}{4} + i\sin\frac{\pi}{4}\right)$
   $\qquad\left(\cos\frac{k\pi}{3} + i\sin\frac{k\pi}{3}\right)$
   $\qquad (k = 0, 1, 2, 3, 4, 5)$ より
   $z = \frac{1+i}{\sqrt{2}},\ \frac{(1-\sqrt{3}) + (1+\sqrt{3})i}{2\sqrt{2}},$
   $\frac{(-1-\sqrt{3}) + (-1+\sqrt{3})i}{2\sqrt{2}},\ -\frac{1+i}{\sqrt{2}}$

$$\frac{(-1+\sqrt{3})+(-1-\sqrt{3})i}{2\sqrt{2}},$$
$$\frac{(1+\sqrt{3})+(1-\sqrt{3})i}{2\sqrt{2}},$$

(4) $z = \dfrac{\sqrt{6}+\sqrt{2}i}{2},\ \dfrac{-\sqrt{6}-\sqrt{2}i}{2}$

(5) $z = 1+i,\ \dfrac{(-1-\sqrt{3})+(-1+\sqrt{3})i}{2}$
$$\dfrac{(-1+\sqrt{3})+(-1-\sqrt{3})i}{2}$$

図示については，本文参照

10. 3点 A, B, C が同一直線上にあるとき，
$\angle ABC = 0,\ \pi$ であるから
$\arg \dfrac{\gamma-\alpha}{\beta-\alpha} = 0,\ \pi$
したがって $\dfrac{\gamma-\alpha}{\beta-\alpha}$ は実数であり
$$\dfrac{\overline{\gamma}-\overline{\alpha}}{\overline{\beta}-\overline{\alpha}} = \dfrac{\gamma-\alpha}{\beta-\alpha}$$
この式の γ を z におきかえて整理すると
$$(\overline{\beta}-\overline{\alpha})z - (\beta-\alpha)\overline{z} - \alpha\overline{\beta} + \overline{\alpha}\beta = 0$$

11. (1) 2点 $1,\ -i$ を結ぶ線分の垂直二等分線

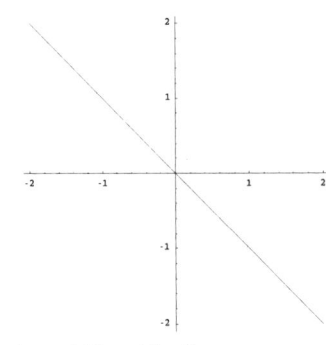

(2) $|z+3|^2 = 4|z|^2$
$(z+3)(\overline{z}+3) = 4z\overline{z}$
$(z-1)(\overline{z}-1) = 4$
$|z-1| = 2$
中心 1，半径 2 の円

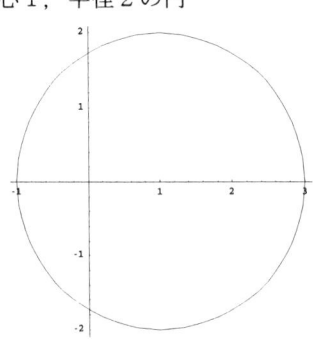

第 27 章 テイラー級数

1. $c_0 = f(2) = 8,\ c_1 = f'(2) = 12$
$c_2 = \dfrac{f''(2)}{2} = 6,\ c_3 = \dfrac{f'''(2)}{3!} = 1$

2. $f(x) = \sin x$
$f'(x) = \cos x = \sin\left(x + \dfrac{\pi}{2}\right)$
$f''(x) = \cos\left(x + \dfrac{\pi}{2}\right) = \sin\left(x + \dfrac{2\pi}{2}\right)$
$f'''(x) = \cos\left(x + \dfrac{2\pi}{2}\right) = \sin\left(x + \dfrac{3\pi}{2}\right)$
一般に
$$f^{(m)}(x) = \sin\left(x + \dfrac{m\pi}{2}\right) \quad (m = 1, 2, 3, \cdots)$$
したがって
$m = 2k$ のとき $f^{(m)}(0) = 0$
$m = 2k+1$ のとき $f^{(m)}(0) = (-1)^k$
ゆえに
$$\sin x = x - \dfrac{x^3}{3!} + \dfrac{x^5}{5!} - \cdots$$
$$\cdots + (-1)^{n-1}\dfrac{x^{2n-1}}{(2n-1)!} + R_{2n+1}$$
$$R_{2n+1} = \dfrac{\sin\left(\theta x + n\pi + \dfrac{\pi}{2}\right)}{(2n+1)!} x^{2n+1}$$
$$= (-1)^n \dfrac{\cos(\theta x)}{(2n+1)!} x^{2n+1}$$

3. (1) $f(x) = \log(1+x)$
$f'(x) = \dfrac{1}{1+x},\ f''(x) = -\dfrac{1}{(1+x)^2}$
$\log(1+x) \fallingdotseq f(0) + f'(0)\cdot x + \dfrac{f''(0)}{2}x^2$
$= x - \dfrac{x^2}{2}$

(2) $f(x) = \sqrt{1+x} = (1+x)^{\frac{1}{2}}$
$f'(x) = \dfrac{1}{2}(1+x)^{-\frac{1}{2}}$,
$f''(x) = -\dfrac{1}{4}(1+x)^{-\frac{3}{2}}$
$f'''(x) = \dfrac{3}{8}(1+x)^{-\frac{5}{2}}$
$\sqrt{1+x} \fallingdotseq$
$f(0) + f'(0)x + \dfrac{f''(0)}{2!}x^2 + \dfrac{f'''(0)}{3!}x^3$
$= 1 + \dfrac{x}{2} - \dfrac{x^2}{8} + \dfrac{x^3}{16}$

4. $f(x) = \cos x$
$f'(x) = -\sin x = \cos\left(x + \dfrac{\pi}{2}\right)$

$$f''(x) = -\sin\left(x + \frac{\pi}{2}\right) = \cos\left(x + \frac{2\pi}{2}\right)$$

一般に

$$f^{(m)}(x) = \cos\left(x + \frac{m\pi}{2}\right) \quad (m = 1, 2, 3, \cdots)$$

したがって

$m = 2k$　のとき　$f^{(m)}(0) = (-1)^k$

$m = 2k+1$　のとき　$f^{(m)}(0) = 0$

剰余項は収束し

$$\cos x = 1 - \frac{x^2}{2!} + \frac{x^4}{4!} - \cdots + (-1)^n \frac{x^{2n}}{(2n)!} + \cdots$$

5．(1)　$\cos x = 1 - \frac{x^2}{2} + \frac{x^4}{24} + \cdots$

(2)　$\log x = (x-1) - \frac{1}{2}(x-1)^2 + \frac{1}{3}(x-1)^3 + \cdots$

(3)　$e^{x-x^2} = 1 + x - \frac{x^2}{2} - \frac{5}{6}x^3 + \cdots$

(4)　$\frac{1}{1+x} = 1 - x + x^2 - x^3 + x^4 - \cdots$

6．(1) $\frac{\sqrt{3}}{2} + \frac{1}{2}i$　(2) $\frac{1}{\sqrt{2}} + \frac{1}{\sqrt{2}}i$

(3) $\frac{1}{2} + \frac{\sqrt{3}}{2}i$　(4) i

(5) $-\frac{1}{2} + \frac{\sqrt{3}}{2}i$　(6) $-\frac{1}{2} + \frac{\sqrt{3}}{2}i$

(7) $\frac{\sqrt{3}}{2}$　(8) $\frac{1}{2}$

7．略

第28章　フィボナッチ数列

1．略

2．　`fact[1]=1;`
　　　`fact[n_]:=n * fact[n-1]`

3．　`ren[1]=1;`
　　　`ren[n_]:=1+1/ren[n-1]`
　　　`Table[ren[n], {n, 1, 10}]`

を実行して得られる．

極限値 α が存在すれば

$\alpha = 1 + \frac{1}{\alpha}$

$\alpha^2 - \alpha - 1 = 0$

$\alpha > 0$　より

$\alpha = \frac{1 + \sqrt{5}}{2}$

これは黄金比とよばれる値．

4．第10章参照

参考文献

[1] S．ウルフラム「Mathematica」アジソン・ウエスレイ
[2] W．グレイ「Mathematica 方法と応用」小島順 監訳　時田節・武沢護 訳　サイエンティスト社
[3] S．ワゴン・E．パッケル「Mathematica アニメで微積分」安田亨 訳　トッパン
[4] R．ゲイロード・S．カーミン・P．ウェリン「Mathematica プログラミング」榊原進 訳　近代科学社
[5] 植野義明・及川久遠・時田節　「Mathematica で見える高校数学」ブレーン出版
[6] 渋谷清雄・藤井幸一・谷澤俊弘　「Mathematica 基礎からの演習」サイエンティスト社
[7] 宮岡悦良「Mathematica 数学の道具箱」（上・下）ブレーン出版
[8] 小林道正「Mathematica による線形代数」朝倉書店
[9] 小寺平治「大学入試数学のルーツ」現代数学社
[10] 三村征雄「微分積分学Ⅰ・Ⅱ」岩波全書
[11] G・ストラング「線形代数とその応用」山口昌哉 監訳・井上昭 訳　産業図書
[12] S．パパート「マインドストーム」奥村貴世子 訳　未来社

　本書の執筆にあたり，参考にした本を掲げます．[1]は Mathematica 開発者によるリファレンス．[2]は，Mathematica をより深く学びたい人にお薦めです．[3]の生きいきとした記述も魅力的です．高校生向きの本としては，[5]，[6]がスタンダードです．[7]は Mathematica の命令を簡潔な例でまとめてあります．高校数学から大学数学の橋渡しという点では，[9]が好著です．微積分の本はたくさんありますが，最終的に[10]を拠り所とする場面が多かったように思います．ベクトル・行列については，[11]がたいへん優れた本です．標準的なテキストとは少し違った視点も多く，刺激を受けました．[12]は，本書の作成にあたって常に潜在的な影響を及ぼしていた本です．

あとがき

　「こんなふうに，いろいろ試しながら数学が学べたら面白いと思わないかい．」
　母校で教育実習をしたとき，クラブ活動の時間にコンピュータで図形を描いていた高校生が，その問いに「はい」と答えたときの輝く笑顔が今でも思い出されます．
　1984 年，パーソナルコンピュータが普及し始めた頃のことです．当時は，パソコンを買うと BASIC という簡単な言語がついてきました．図形を描くといっても，Line や Circle といった命令で線や円を書くことしかできません．しかし，そんな単純なものでも，生徒にとっては自ら入力した数値や式が図形となって現れることは，大きな魅力でした．式を変えることで，図形は様々に変化し，生徒はその結果を楽しんでいました．それは，数学がより身近になる体験でもあったはずです．
　皆がコンピュータに惹かれるのは，何よりその柔軟性ゆえでしょう．個々人の目的に応じ，いろいろなことを試すことができ，うまく行けば心底からの成就感が味わえます．それを数学に適用できれば，生徒はもっと生きいきと学ぶことができるのではという思いがずっとありました．
　Mathematica と出会い，その強力な計算処理，美しいグラフィックス，なによりその柔軟な構造に圧倒されました．手軽な操作性もあり，このソフトを用いれば
　　　「試行錯誤を生かした数学」　「数学の実験場」　「数学による自己表現」
などを軸とした数学教育を形にすることができると感じました．

　2000 年度に勤務先が普通科から総合学科に転換するため，数年前からその準備を始めました．当初から Mathematica を用いた数学の講座が念頭にありました．開講にあたっては，現状のカリキュラムにある程度沿っていて，練習問題を含み，授業で使える形のテキストが必要でした．
　カリキュラムもテキストの構想もほぼ固まり，それを具体化した内容を現代数学社の「理系への数学」誌に 2000 年 5 月号から 2002 年 8 月号まで掲載させていただきました．本書はその連載を元にまとめたものです．現代数学社編集部の方々には，未熟な筆者の拙稿を形にしてくださり，感謝申し上げます．
　総合学科の講座「数理情報」でこの十数年来の思いをようやく実践に移すことができました．群馬県立吉井高等学校の教職員・生徒の皆さん，ありがとうございました．

大塚道明

著者略歴

大塚道明（おおつか　みちあき）

1962年　群馬県生まれ
1985年　東京理科大学理工学部数学科卒
現　在　群馬県立吉井高等学校教諭
　　　　総合学科において「コンピュータ・グラフィックス」
　　　　　「ネットワーク」「マルチメディア」
　　　　　「数理情報」（Mathematicaによる数学の講座）
　　　　および普通科目数学の講座を担当する．
主な著書　グラフィックス自由自在（ミデアム出版社　1985）

Mathematicaでトライ！　試して分かる高校数学

2003年4月3日　発行	著　者　大塚道明
検印省略	発行所　株式会社 現代数学社
Michiaki Ohtsuka ©	〒606-8425　京都市左京区鹿ケ谷西寺の前町1
	TEL・FAX (075) 751-0727　振替 01010-8-11144
	E-Mail：info@gensu.co.jp
	http：//www.gensu.co.jp/
	印刷　株式会社 合同印刷
ISBN4-7687-0287-2　C3041	落丁・乱丁はお取替えいたします．